Blues para un planeta azul

Juan
Fueyo

Blues para un
planeta azul

El último desafío de la civilización
para evitar el abismo del cambio climático

Papel certificado por el Forest Stewardship Council®

Primera edición: octubre de 2022

© 2022, Juan Fueyo Margareto
Autor representado por Silvia Bastos, S. L. Agencia Literaria
© 2022, Penguin Random House Grupo Editorial, S. A. U.
Travessera de Gràcia, 47-49. 08021 Barcelona
© 2022, María Neira, por el prólogo
© Russell Kightley, por las ilustraciones del interior

Printed in Spain — Impreso en España

ISBN: 978-84-666-7270-2
Depósito legal: B-11.958-2022

Compuesto en Llibresimes, S. L.

Impreso en Black Print CPI Ibérica
Sant Andreu de la Barca (Barcelona)

BS 7 2 7 0 2

Para Donato Montero, que fue minero y sabio

Sobre el blues: Las canciones de blues son más líricas que narrativas; los cantantes expresan sentimientos en lugar de contar historias. La emoción que se muestra es tristeza o melancolía, muchas veces por dramas sentimentales, pero también por opresión y tiempos difíciles.

Enciclopedia Británica

Madre Tierra aún viva,
en la inminencia de tu muerte.

O. N. V. Kurup,
«Un réquiem para la madre Tierra»

ÍNDICE

mo. El amanecer de todo. *Mensaje central de* Regeneration. *«Apartar el hierro de nuestras almas», de John Burroughs*.

PRÓLOGO

¿Se puede contar ciencia como se interpreta un blues?
Se puede. O al menos Juan Fueyo puede.

Juan Fueyo interpreta, transporta, viaja, instruye, evoca y, cuando termina, te deja en tu silla de lector como te dejaría un artista en un club de jazz después de que te hubieras impregnado de sus notas maravillosas.

Una vez más, con la sencillez de quien se reclama sobrino de minero, descendiente del carbón de nuestra tierra común, el autor suelta a borbotones «erudición sin molestar», hechos contrastados, hilados a la perfección en una partitura exquisitamente amena.

No es fácil entender el cambio climático ni lo es seguir los complicados caminos de las tediosas negociaciones entre Gobiernos para hacer algo que la ciencia, y tal vez el sentido común, nos dicen que deberíamos haber hecho hace tiempo: reducir emisiones.

Necesitamos entender mejor cómo hemos llegado hasta aquí para poder salir lo más rápido posible sin perdernos. Necesitamos conocer al detalle al tan inmerecidamente famoso CO_2, o, como lo llama nuestro autor, «ese genio hostil escapado de una botella».

Sin entrar en fórmulas químicas, necesitamos entender el metano, un potente gas de efecto invernadero, y para ello en este libro nos cuentan lo que pasa en «vacalandia», en el estómago de millones de vacas del mundo destinadas al consumo humano.

No es fácil comprender el cambio climático, pero bien narrado, en una mezcla de constatación científica, anécdotas, citas magníficas cuidadosamente seleccionadas, todo ello acercado a nuestra realidad, las cartas de navegación que nos ofrece este libro-joya se vuelven más fáciles de descifrar, más útiles.

A veces me asombra cómo se escribe la historia. Una mujer, Eunice Newton Foote, científica americana, inventora y activista, demostró las propiedades de absorción de calor del dióxido de carbono y su efecto potencial sobre el clima. «Una atmósfera de ese gas [CO_2] le daría a nuestra tierra una temperatura alta», declaró Foote en el artículo en el que describía su trabajo. Pero quizá a causa de su género las innovadoras conclusiones de Foote cayeron en la oscuridad. Durante un siglo y medio el mundo ha recordado a John Tyndall, un físico irlandés, como la persona que descubrió el potencial de calentamiento del dióxido de carbono y el vapor de agua, aunque publicó sus hallazgos tres años después que Foote. Historias como esta figuran en el libro.

En este viaje con notas de blues, hablarás con Platón, con Malthus, con Keeping, pero también sabrás más sobre las carboneras, las minas de carbón y los mineros de Asturias. Tendrás entrada en primera fila para entrevistas con personajes brillantes que compartirán conocimientos sobre el calentamiento global, la perentoria transición energética, la llamada «civilización» y la extinción.

Destapando un poco la trama, muy poco, os diré, queridos lectores, que hay un capítulo sobre la sexta extinción, esa en la que ya andamos metidos. Cierto, podríais pensar que esto estrecha el espacio al optimismo, pero el libro culmina con un capítulo sobre regeneración, con ideas, con luces que guían hacia una salida, para que nos enganchemos a ella de forma inteligente.

Necesitamos una acción más rápida, más ambiciosa, más estratégica en la próxima Cumbre del Clima, la COP27, en Egipto. Y, para reclamarla, precisamos una sociedad formada, que entienda lo que está en juego, lo que aún depende de nosotros; una sociedad que entienda la imprescindible transformación radical en la forma en la que producimos, en la que consumimos, en la que nos movemos, en la que reciclamos; en las fuentes de energía que usamos, en la producción de alimentos, en la planificación de nuestras ciudades.

Se nos hace imprescindible una recuperación pos-COVID-19 saludable, verde y justa, y que de forma urgente minimice el riesgo de enfermedades infecciosas emergentes, que ahora está aumentando por las presiones humanas en los ecosistemas, desde la deforestación hasta las prácticas agrícolas intensivas y contaminantes.

Las economías son un producto de sociedades humanas saludables que a su vez dependen del medio ambiente, de la naturaleza, la fuente original de todo: el aire que respiramos, el agua que bebemos y los alimentos que consumimos. Es importante que nos «llevemos bien» con el planeta; en esta lucha absurda los perdedores seremos siempre nosotros.

La elección entre eliminar de manera gradual los combustibles fósiles o continuar en el camino actual es muy clara: es una cuestión de vida o muerte. Calor extremo, inundaciones, sequías, incendios forestales y huracanes: 2021 ha batido muchos récords. La crisis climática está ya con nosotros, impulsada por nuestra adicción a los combustibles fósiles.

Las consecuencias para nuestra salud son reales y a menudo devastadoras. Adoptar medidas rápidas y ambiciosas para revertir la crisis climática traerá muchos beneficios, también para la salud. Y esos beneficios para la salud pública, resultantes de mitigar el cambio climático, superarían con creces su coste. Tal vez el argumento «salud» sea el definitivo para acelerar la acción en los asuntos del cambio climático.

Uno de mis científicos preferidos, Arquímedes, el inventor griego (aunque de Siracusa, en Sicilia) del siglo III a. C., uno de los mejores matemáticos de la historia, físico e ingeniero, decía: «Dadme un punto de apoyo y moveré el mundo».

Para encontrar esa palanca, ese punto de apoyo desde donde vamos a mover el mundo en la buena dirección, con la fuerza transformadora de esos jóvenes que nos lo piden en las calles, hay que leer y releer *Blues para un planeta azul*.

El cambio climático ha dado mucho que hablar; con este libro dará aún más.

Ahora, siéntate, lector, abre este libro y saboréalo despacio dejando sonar de fondo notas de blues.

MARÍA NEIRA

PRÓLOGO Y AGRADECIMIENTOS

No hace falta tener una excusa para escribir un libro. La visión de una tragedia inminente, obvia para muchos, fue el motivo que me empujó a componer *Blues para un planeta azul*. El título está inspirado en otro que Carl Sagan utilizó en un capítulo de *Cosmos*, pero, a diferencia de aquel, aquí lamentamos el futuro aciago de la Tierra, no la pretérita desaparición de la vida del planeta Marte.

El primer género literario fueron las pesadillas. Este libro abunda en ese estilo narrativo porque intenta dar fe de la última pesadilla de la humanidad. No se trata de una metáfora sin sentido o de una hipérbole imprudente: nos adentraremos en un terror auténtico; la crisis climática puede precipitar el colapso de la civilización y la sexta extinción.

Séneca pensaba que los animales, entre los que no incluía al ser humano, solo percibían el presente, que vivían sin ser conscientes del ayer o el mañana. No es descabellado pensar que el ser humano es el único animal con plena consciencia de que existe la muerte, y si algo debería caracterizar a la humanidad de este siglo es la consciencia del ocaso de la civilización tal y como la entendemos hoy.

En *Inclusión*, del poeta inglés Rossetti, resaltan estos impactantes versos: «¿*Qué hombre se ha inclinado sobre el rostro de su hijo / para pensar cómo ese rostro se inclinará sobre él cuando esté muerto?*». El problema que nos ocupa es intergeneracional. Nos queda poco tiempo para reaccionar como sociedad y como especie antes de que nuestros nietos, horrorizados por nuestros desmanes o por la indefendible y negligente falta de acción, víctimas inocentes de la disolución de un mundo caduco, abjuren de nosotros.

No me inspiró ningún pesimismo lóbrego, sino el afán de impedir que el miedo me cerrase los ojos cuando miré cara a cara al monstruo que está devorando la vida del planeta. Ha llegado la hora de desmitificar a ese ogro mutante, antropófago y adicto a la dopamina al que llamamos «progreso». Un progreso que, a estas alturas, consiste más en la compulsiva aceleración de una locomotora sin frenos que en la búsqueda de bienestar, libertad, igualdad y calidad de vida. El horror que acecha al lector entre las líneas no es metafísico, sino una mera transcripción de la realidad. O de una realidad futura y, por ello, al menos parcialmente, evitable; una alegoría presentada sin tapujos que pretende ser una vacuna contra el futuro. Este libro iría en la línea de cuantos esfuerzos se han hecho durante esta crisis para motivar una reacción tan urgente como necesariamente solidaria y efectiva.

No incurriré aquí en revelaciones prematuras. Baste decir que la historia de la crisis climática la escribimos día a día, mientras componemos nuestra vida. El estilo, la forma y la estética carecen de valor frente a lo que se dice, pero quiero pensar que he suprimido lo complejo y lo barroco hasta donde la complejidad y el barroquismo de la situación lo permitían, sin acudir a simplificaciones piadosas. Espero que el lector encuentre ideas, especulación (con base o sin ella) y, quizá, opiniones, pero creo haber omitido obsesiones y prejuicios. Y también espero que la lectora y el lector encuentren la pasión que siento por el tema —me niego a vivir en un siglo desanimado—, porque, como Borges pensaba, sin compromiso, sin pasión, cualquier libro se vería reducido a un juego de palabras.

Me gustaría darles ahora, cuando comienzan a leer el prólogo, una información relevante sobre lo que pueden esperar en los capítulos que siguen. Como intenté por primera vez en *Viral*, mi libro anterior, aquí también usaremos una aleación de ciencia y cultura, si es que alguien sigue considerando que son disciplinas separadas. Y con ello me refiero a que hablaremos, sin pedir disculpas, de literatura, música, cine, arte y filosofía, y, sin sonrojarnos, mezclaremos hallazgos científicos con vivencias personales, con realidades socioculturales y argumentos geológicos, físicos, económicos o de las ciencias políticas, con elucubraciones sobre las sociedades pretéritas y predicciones de las futuras. Muchas discusiones culturales se encuentran en el texto principal y algunas otras en las notas a pie de página. No he intentado reinventar la rueda; amalgamar ciencia y cultura es un estilo trillado por muchos otros antes que yo, y entre ellos están algunos de los grandes divulgadores de nuestro tiempo, como Carl Sagan, Jared Diamond, Desmond Morris o Yuval Noah Harari, gigantes sin cuyas obras maestras este trabajo habría sido imposible.

Hay muchas personas a las que estoy agradecido por ayudarme a entender el problema del cambio climático y por participar de manera activa en diferentes capítulos. Su voz, sus obras y el ejemplo de su vida son lo mejor de este libro. Nunca se podrá exagerar la influencia que María Neira y su trabajo en la OMS han ejercido sobre mí, porque no ha habido ni un día mientras posaba los dedos en el teclado del ordenador en el que no pensase en su misión: ella es la doctora de un planeta enfermo de «poliantroponemia», donde la especie dominante intoxica el aire, el agua y la tierra.

Marga Gómez Manzano editó con paciencia, sabiduría y precisión de cirujano cada párrafo de todas las páginas de los diez capítulos. Perfeccionó enormemente las referencias y citas literarias. Sin ella este libro hubiese sido prácticamente imposible. El surtidor de ideas de Cande Gómez Manzano mejoró y enriqueció el texto, y recopiló la bibliografía. Irene Fueyo Gómez trajo a casa la preocupación sincera y terrible de los más jóvenes por la crisis climática; gracias a ella usamos pajitas metálicas para las bebidas y por ella contemplamos con respeto las dietas veganas. Joan Fueyo Gómez, el auténtico escritor de la casa, leyó el primer capítulo y sufrió lecturas de párrafos de otros a los que dio el visto bueno. Rafael Fueyo Gómez animó en las horas bajas, cuando la duda ganaba terreno a los sueños. Fue a Anna y Silvia a quienes oí por primera vez utilizar la palabra «sostenibilidad». Silvia Bastos y Pau Centellas son capitanes de la nave que navega azarosos mares de libros.

Expertos de varios temas han ensanchado y enriquecido los ángulos de los tópicos que trato. Con ellos me comuniqué por correo electrónico, teléfono o Zoom. Estas conversaciones se han transcrito, con pocas excepciones, de manera literal en el libro. Estoy especialmente agradecido a los siguientes intelectuales, pensadores, escritores y expertos: Bill McKibben, periodista de *The New Yorker* y autor de numerosos libros, y entre ellos del libro pionero en la divulgación de las causas del cambio climático, *El fin de la naturaleza*; a los catedráticos españoles Belén Rodríguez de Fonseca y Enrique Sánchez Sánchez, expertos de renombre internacional en la ciencia del clima, por sus comentarios sobre el cambio climático en el área mediterránea; a David Quammen, autor del libro *Contagio: la evolución de las pandemias*, que predijo la COVID-19; a Peter Hotez, profesor de la Facultad de Medicina de Baylor, en Houston, y una autoridad mundial en enfermedades olvidadas, empeñado en fabricar vacunas para países en desarrollo, autor de *Preventing the Next Pandemic: Vaccine Diplomacy in a Time of Anti-science* y nominado recientemente para el Premio Nobel de la Paz. En el ámbito de la política he hablado con grupos cuya misión se centra en la crisis climática, y doy las gracias a David Díaz Delgado, coportavoz de Alternativa Verde por Asturias EQUO, un gajo de la gran naranja de Los Verdes Europeos, y a María José Caballero, responsable de comunicación de la organización Greenpeace España. Para entender la filosofía del cambio climático contacté con Steven Pinker, quien me dirigió al capítulo diez de su libro *En defensa de la Ilustración* para informarme sobre sus opiniones sobre este tema. El capítulo final está inspirado en *Regeneration*, un libro que abarca una filosofía vital para poder abordar en toda su complejidad los diferentes aspectos del cambio climático. Bernardo Herradón, científico del CSIC, y Manuel Seara, director del programa *A hombros de gigantes* en Radio Nacional de España, me orientaron hacia los científicos españoles que estudian el clima.

El presente no es apto para pusilánimes. En estas páginas me esforzaré en contar las cosas tal y como son: sin filtros ni edulcorantes. Y si al final del libro llega la luz, como en el amanecer o a la salida de un túnel o al abrir los ojos o al entender un nuevo concepto o al tener una gran idea, no será porque me dejé llevar por la sensiblería o la ingenua filosofía de unos cuantos utópicos activistas, sino por el convencimiento de que la desesperación miente tanto o más que la esperanza.

1

CLIMA DE REVOLUCIÓN

Oh, Señor, ¿podrías comprarme un Mercedes Benz?

JANIS JOPLIN

El hombre moderno ya no considera divina a la Naturaleza y se siente libre para tratarla como un arrogante conquistador y tirano.

ALDOUX HUXLEY

Anoche releí a Walt Whitman y Carl Sagan. Sonámbulo, abrí el ordenador y dejé que ellos me dictaran. Una vez vista como el centro del universo, ahora sabemos que la Tierra es solo uno de los billones de planetas de la Vía Láctea y apenas una gota de agua en el río absoluto del espacio cósmico. Pero aquí se han dado todos los besos de la historia, los anhelos de todos los amantes han vibrado solo en este lugar. Solo aquí un niño puede disfrutar del olor de las hojas secas, y una niña admirarse del vaho de su propio aliento, y cualquiera rememorar su infancia.

Los Miguel Ángel y las Marie Curie los engendraron madres nacidas aquí, y sus abuelos y sus hijos también vivieron solo aquí. Aquí nacieron la fe y el instinto, y aquí se descodificó el arcoíris. Aquí estuvieron el humilde caracol, la resbaladiza anaconda, la pulga, los tiranosaurios, el solitario halcón, la gregaria oveja, la hierba baja, la secuoya, el Amazonas y los manglares. La vida que se mece en el aire, se hunde en el mar o perfora la arena; las miríadas de organismos solo existen aquí. Juntos son responsables de un color maravilloso. Este planeta azul es el único lugar donde la esencia del universo desembocó en naturaleza desbocada, donde la fragancia del ADN polinizó la biodiversidad y se multiplicó sin restricción. No hay otro hogar en el Cosmos. Y aquí estamos, frágiles como los pétalos de una orquídea, mecidos en una cuna atmosférica, arropados en la larga noche de nuestra historia por una sábana etérea, melosa y benévola a la que llamamos «clima».

El tiempo atmosférico de la Tierra, como una diosa griega, nació del agua. Hace cuatro mil millones de años, las erupciones volcánicas fueron responsables de la producción del CO_2 y del vapor de agua que crearían el soberbio cielo azul. De ese vapor de agua, en esa atmósfera incipiente, nació la lluvia y, con ella, el primer diluvio universal, que duró un millón de años. Coincidiendo con los cráteres de los impactos de los meteoros, las erupciones volcánicas crearon también las primeras islas; faltaba mucho para que apareciesen continentes. El resultado fue un mundo cubierto de agua en más de un veinte por ciento, bajo un cielo de nubes y con una atmósfera primitiva. Ese día, también, nació el efímero tiempo. Y, con él, la sabiduría perenne de su hermano mayor, el clima.

El tiempo se forma como respuesta y adaptación de la Tierra a la energía del Sol, ese rayo cruel que arrasa sin piedad cuanto atraviesa en su camino. En el sistema solar brilla la ley de un titán. La vida, preciosa para nosotros, brota de la resistencia que el planeta azul ofrece al sol. La falta de sol implica la muerte helada, un poco de sol crea vida y demasiado sol enciende un infierno inhabitable. La vida camina, con un equilibrio precario, sobre un rayo de sol tan afilado como una cuchilla de afeitar.

Entre los factores que controlan el clima se citan cambios en la órbita de la Tierra, variaciones en su eje, la concentración de los gases de efecto invernadero y la capacidad de la superficie del planeta para reflejar la energía del Sol. Los cambios del clima, mediados por cualquiera de esas causas, han sido esenciales para la evolución de la vida y del ser humano. Paul Ehrlich menciona en *Human Natures* que el cambio de clima en África, que sustituyó árboles por sabanas, fue uno de los acontecimientos más importantes para la evolución de los homínidos. Y una mejora del clima, después de una gran sequía, muy probablemente contribuyó a la expansión de la población humana en África y a la migración del ser humano hacia Eurasia.

La vida responde al clima. La primavera, como metáfora del renacer de la vida, necesita un planeta tibio. En ese sentido térmico, nosotros también somos muy frágiles. Nuestra temperatura normal es de 36,5 grados centígrados y toleramos variaciones de tan solo cinco grados arriba o abajo. Con una temperatura de 33 grados centígrados sufrimos amnesia, con menos de 30 entramos en coma y por debajo de 21 morimos sin remedio. Y en el otro extremo, con más de 37,5 tenemos fiebre y con más de 40 nuestra vida peligra. En medicina se usan términos como «golpe de calor» o «hipertermia maligna» para reflejar el peligro vital que nos ocasionan pequeños aumentos de temperatura. La vida en la Tierra sufre esa misma fragilidad: modificaciones de unos pocos grados centígrados en la temperatura media global del planeta puede condicionar su extinción.

Y ahora, precisamente en el transcurso de nuestra vida, los médicos del planeta han diagnosticado que la Tierra tiene fiebre, que sufre un golpe de calor, hipertermia maligna. Y mientras los adultos mostraban menos que desdén ante estas noticias, una niña decidió que había que hacer algo y que había que hacerlo deprisa.

Hace tiempo que Greta Thunberg perdió la paciencia. No la conozco. Juzgo por su persona pública, la que aparece en sus discursos, entrevistas y documentales. Hay mucha información sobre ella, está en todos los lados; dicen que la han nominado para el Premio Nobel de la Paz y quizá algún día se la incluirá en la categoría de líderes infantiles que tuvieron un efecto positivo y global en la sociedad, como Malala Yousafzai, a quien Greta admira y considera un ejemplo a seguir.

En un mundo en el que los mayores mantienen una indiferencia negligente y criminal frente a un futuro que se evapora como el agua de los pozos del África central, el cambio climático se ha convertido en una revolución guiada por niños. Se lo oí decir por primera vez a María Neira, la ejecutiva de la OMS experta en cambio climático y salud. Y así es. Greta no era famosa en septiembre del 2018, cuando, con dieciséis años, decidió comenzar una huelga escolar para concienciar al mundo sobre el cambio climático. Por aquel entonces, yo vivía en mi burbuja de adulto, centrado en cosas «importantes», sin tiempo para ella. Mis hijos, sin embargo, la escucharon.

Durante el periodo inicial de su huelga, Greta acampó —descarada, frágil, terca y valiente, de mirada directa, voz recia y con el ceñudo aplomo de una mística a quien el mundo se le ha presentado sin tapujos y ha podido «ver» la verdad— frente al edificio del Parlamento sueco. En sus manos, un cartel decía: «Huelga escolar por el clima». Desde entonces se ha dirigido a jefes de Estado en congresos internacionales y en el propio despacho de estos; se ha reunido con el papa, se enfrentó a Donald Trump cuando este era presidente de Estados Unidos y uno de los hombres más poderosos del mundo, y ha inspirado a millones de personas. En septiembre del 2019 participó en la manifestación más grande hasta aquel momento sobre el calentamiento global y el cambio climático. «Si escogéis fallarnos, nunca os lo perdonaremos», advirtió Greta dirigiéndose a los líderes del mundo en la ONU. Me sonreí al escucharla: ¿a quién le importa el perdón de los muertos? El sentido histórico de Greta tiene demasiada ironía para una civilización que podría estar escribiendo el último capítulo de su existencia, ese que algunos titulan «la sexta extinción».

Margaret Atwood, autora de *El cuento de la criada*, ha comparado a Greta, por su juventud, valor y relevancia, con Juana de Arco. Una comparación no muy apropiada —Greta, a diferencia de la Doncella de Orleans, no lidera un ejército violento—, pero que refleja la admiración de la gran escritora por la pequeña heroína sueca.

Ahora, en el año 2022, Greta es mucho más que una adolescente crispada por la situación del planeta y la inactividad de los Gobiernos frente a ese tema. Se ha convertido en un fenómeno social, una institución enorme que ha desbordado a una niña que se negó a aceptar lo que los adultos acataban con los ojos cerrados. El cambio climático salta a los titulares de los periódicos cada vez que ella abre la boca. Su actitud mueve montañas.

Una huelga escolar fue el inicio de todo. «¡Maestros: dejad a los niños en paz!», dice la letra de la canción «Another Brick in The Wall», de Pink Floyd. Greta dejó de ir a la escuela, porque, ¿de qué sirve aprender si en unos años la humanidad estará al borde del colapso? ¿No tiene más sentido abandonar la aritmética y la literatura, y luchar por evitar la extinción del género humano? Ella fue la primera. Aunque aquella huelga no se generalizó y los días transcurrieron como si fuese una niñería, la mentalización de los más jóvenes sobre este problema existencial se ha hecho viral.

En mi caso, bueno, tengo que decir a mi favor que mi perspectiva personal sobre el asunto ha cambiado mucho. Me he dado cuenta de que el cambio climático es algo que está sucediendo a la par que mi vida. Ahora soy consciente de que desde la infancia he estado en contacto con la industria de los combustibles fósiles, primero con el carbón y luego con el petróleo. Respecto al carbón, mi padre se escapó en cuanto pudo de trabajar en la mina. Y el padre de mi padre lo hizo incluso con menos edad que él. Gentes valientes que temían bajar al pozo y por muy buenas razones. Varios miembros de mi familia sufrieron enfermedades respiratorias derivadas de picar carbón y otros estuvieron a punto de morir durante oscuras explosiones de grisú. Ser picador allá abajo, unos metros más cerca del infierno, estaba relativamente bien pagado, pero con ese dinero no se podía comprar vida.

Cuando era niño, en mis viajes en tren desde Oviedo a Linares y Congostinas, dos pueblos, uno en el valle y el otro en la montaña, donde vivía parte de mi familia, comprobé que la codicia del hombre y el llamado «progreso» iban contra la naturaleza. Desde el tren podía ver las aguas teñidas de negro por el lavado del carbón de los ríos Nalón y Caudal, cuyas riberas dan nombre a las cuencas mineras. Nadie en España pensaba, por aquel entonces, que el carbón que calentaba las cocinas y que había impulsado el desarrollo del ferrocarril con las soberbias locomotoras de vapor —que mi padre conduciría una vez que se librara de la obligación de bajar al pozo— estaba calentando el planeta. Las minas y el invento de la máquina de vapor fueron los ejes de la Revolución industrial y marcaron el inicio del Antropoceno, el periodo geológico en el que la humanidad ha tenido por vez primera en su historia la capacidad de impactar de manera negativa en el clima del planeta.

Yo nunca fui un guaje en la mina. Mi padre consiguió que mis manos no se tiñesen nunca con el polvo del carbón y, vistiendo pantalones largos de tergal, viajé a Barcelona para estudiar medicina, y, después, con el título de médico y neurólogo, y casado con una mujer que quería investigar sobre el cáncer, me fui a Houston. Es la cuarta ciudad más poblada de Estados Unidos y, aunque es conocida popularmente por ser una de las sedes de la NASA, es también la capital mundial del petróleo. Las oficinas del *downtown* controlan el petrodólar, de allí salen las órdenes de pago, los requerimientos de producción, las estrategias para nuevas perforaciones y se median las negociaciones de los países árabes con México, Venezuela, China, Rusia y los países africanos productores de petróleo. El puerto acoge numerosos petroleros cada día y a su alrededor contaminan trece refinerías. Un oleoducto, por su parte, une directamente Houston y Nueva York. Y es que Texas produce la mayor parte del petróleo que se utiliza en Estados Unidos. Debido a todo ello, Houston, por sí sola, podría ser, logísticamente hablando, la ciudad responsable de la mayor cantidad de vertido de CO_2 del mundo.

Cuando llegué aquí no relacioné esta ciudad con el cambio climático, ni siquiera cuando comenzó la guerra de Irak, declarada para controlar la producción del petróleo en ese país. Con el tiempo, mis hijos llegaron a la edad de ir a la universidad y uno de ellos entró en el Instituto de Tecnología de California, CALTECH. Muchos de mis héroes habían dado clases allí, incluidos los físicos Richard Feynman y Gell-Mann, y el virólogo David Baltimore. También había cursado allí su posdoctorado Charles David Keeling, quien ha pasado a la historia de la ciencia del cambio climático por haber ideado métodos para cuantificar el CO_2 en el aire; desde que lo consiguió, observatorios de todo el mundo colaboran para mantener un archivo común de los niveles anuales de este gas. Según esos datos, la concentración de CO_2 en la atmósfera ha pasado de las 300 partículas por millón (ppm) en la década de los cincuenta a superar las 400 ppm en el momento presente. Una progresión rápida, insólita y temible.

Más adelante, modelos matemáticos como el desarrollado por Suki Manabe —premio Nobel de Física del año 2021—, que incluyen variables como la energía, el vapor de agua y la economía —como el mismo Suki me explicó en un correo electrónico—, predijeron la correlación entre el CO_2 atmosférico y la subida de la temperatura del planeta. Antes de la Revolución industrial, la concentración de CO_2 era aproximadamente de 280 ppm, y, según los modelos conseguidos por ordenador, doblar esa concentración supondría un aumento de la temperatura de hasta cuatro grados centígrados, lo que convertiría la Tierra en un infierno. CO_2 y calentamiento global: uña y carne.

La COP26, celebrada en octubre y noviembre del año 2021 y que reunió a representantes de más de cien países, se propuso, entre otras cosas, disminuir las emisiones de metano. Después del CO_2, el metano tiene un gran impacto en el efecto invernadero. Las emisiones de este gas están relacionadas con la producción de combustibles fósiles, es decir, petróleo crudo, gas natural y carbón, así como con el cultivo de arroz, la ganadería y los incendios forestales. Las emisiones de metano asociadas con la producción de combustibles fósiles constituyen alrededor del veinticinco por ciento de sus emisiones globales. Dado que la vida atmosférica del metano es relativamente corta, de más o menos nueve años —la del CO_2 es de cien años—, frenar sus emisiones debería constituirse en una opción pragmática y eficaz para mitigar los efectos del cambio climático.

Hablar de metano es hablar de ganadería. Los animales rumiantes (bovinos, ovinos, búfalos, cabras, ciervos y camellos) tienen un estómago anterior que contiene microbios metanógenos, que digieren la celulosa de la hierba y producen metano como subproducto de la digestión. El metano se libera a la atmósfera con sus eructos. No parece a simple vista un problema tan grave: ¿qué relevancia podría tener un grupo de vacas eructando? Las granjas generan tanto metano como los automóviles del mundo.

El grave asunto del metano y los rumiantes me lo había explicado mi hija, que por aquel entonces aún no había cumplido los quince años. No le presté mucha atención al principio. Su crítica de este «mundo feliz» me parecía superficial y exagerada. Teníamos esas conversaciones en el contexto agradable de una sociedad que nos había proporcionado a los dos niveles de calidad de vida sin precedentes. Con metano o sin él, bastaba con observar el mundo para percibir los beneficios indiscutibles del progreso. Muchas de las ciudades y pueblos del mundo cuentan con niveles bajos de analfabetismo y con servicios sanitarios de gran calidad. El mundo ha ido a mejor de forma gradual: eso no se puede negar. La comodidad que ha puesto a nuestro alcance la energía producida por los combustibles fósiles no es alucinación ni engaño, sino una realidad placentera.

Nuestra inteligencia superior nos ha permitido dominar los animales y las plantas. Tenemos la capacidad de cambiar la mayoría de los ecosistemas del planeta. Nos adentramos en las junglas más frondosas, desviamos el curso de los ríos a nuestro antojo, bajamos a las simas más profundas de los océanos, volamos al interior de los huracanes, nos adentramos en los volcanes, hemos conseguido pisar la Luna y ahora han comenzado los superfluos viajes de turistas ricos y famosos al espacio. Marte ha dejado de estar demasiado lejos. Pronto excavaremos los asteroides para extraer elementos químicos como las tierras raras.

Nunca habíamos sido tan poderosos. El ser humano, como profetizaban las religiones monoteístas, se ha hecho al fin con el poder sobre la Tierra y sus criaturas. Somos de verdad la especie elegida. Y nos creemos tan especiales que para algunos hemos trascendido el reino animal. Es difícil con esa euforia ver lo que está ocurriendo ahí fuera. Lo que veía mi hija, lo que ven los jóvenes. No es fácil comprender que cada día la dicotomía entre progreso y cataclismo se hace menos evidente.

Tampoco era un ignorante absoluto de los males del progreso. Un gran admirador de María Neira estaba al tanto de la polución y había oído que algunos patrones del clima estaban cambiando, pero ¿no suponía eso pagar un precio muy bajo por nuestro nivel de vida? Uno podía ser feliz aunque hubiese un poco menos de hielo en el Polo Norte o se vertiesen unas cuantas botellas de plástico en la inmensidad del mar. Al fin y al cabo, el presente es un festín no solo para los multimillonarios del petróleo, de las minas de carbón, de las hidroeléctricas, de los fabricantes de coches, de los dueños de las maxigranjas y de los fabricantes de acero y cemento, sino también para las clases medias y altas de las naciones del primer mundo. Vivimos en una verbena continua en la que las comodidades que nos proporciona esta sociedad nos permiten poco menos que vivir la *dolce vita*. ¿Quién podría quejarse? Yo no.

Mi hija podía darme más y más argumentos de que existía el calentamiento global. Pero ¿y qué? Tampoco es que pudiera hacerse algo al respecto. Le explicaba que no se podían reemplazar —«vamos, sé realista»— los medios de producción, el sistema económico basado en generar beneficios y los combustibles fósiles sin destruir la civilización actual. «No seas ilusa». Una de las condiciones para llegar a ser un adulto con todas las de la ley es el abandono de las utopías. ¡Niños, dejad a los maestros en paz!

Alienado, sin saberlo, por estos pensamientos, no me sentía solo en absoluto. Mi ceguera, como en la novela de Saramago, era parte de una pandemia que afectaba a la mayoría de las buenas gentes de mi generación y las que nos precedieron. Generaciones que caminaron y caminan por la Tierra a ciegas, con la frente bien alta, orgullosas de sus logros profesionales y de la extraordinaria calidad de vida de su familia. A la humanidad le está costando recuperar la sobriedad después de la resaca producida por la enorme fiesta de la Revolución industrial. Vamos, por decirlo así, con piloto automático en un cómodo vehículo de gasolina, moviéndonos por carreteras muy bien asfaltadas hacia un futuro espectacular y que nadie había cuestionado antes. El consumismo traía placer y felicidad: «Oh, Señor, ¿podrías comprarme un televisor en color?, Oh, Señor, ¿podrías comprarme un Mercedes Benz?», rezaba cantando Janis Joplin en 1971, y hoy ya no se necesita rezar: el capitalismo ha triunfado en todo el mundo y nos proporciona tiempo libre, teléfonos inteligentes, plataformas de televisión y altos niveles de educación, y nos permite vivir más años con un mejor estado de salud; nunca antes en la historia de la humanidad nos habíamos mantenido jóvenes durante tanto tiempo. Mi hija no podía negar eso.

Como tampoco podía negar que tenemos un mundo menos violento. Un sistema social moderno que ha resultado en una sociedad con menos conflictos bélicos, menos víctimas en cada guerra y periodos más largos de paz. La Tierra la han heredado los pacíficos. Por fin la pluma ha vencido a la espada. Celebrémoslo.

Y, como científico, le decía, no podía sino mirar hacia atrás con orgullo. Inventos como el motor de vapor y la electricidad alterna habían convertido viajar en un asunto trivial al alcance de la clase media e iluminado nuestras elegantes ciudades. Las casas están llenas de electrodomésticos, se enfrían con aire acondicionado y se calientan con calefacción a gusto del consumidor. Esa es la idea. Los combustibles fósiles y sus aplicaciones, que dominan por completo nuestro mundo y nuestro modo de vida, son el mayor bien que se ha regalado la humanidad. ¡Viva el carbón, viva el petróleo y viva la electricidad!

Mi hija parecía inmune a mis argumentos. No veía el mundo, o no quería verlo, con los mismos ojos que yo. Para ella la civilización estaba agrietando el futuro, carcomiendo la esperanza de que esta crisis global tuviese un final feliz. Y no estaba sola. Según un estudio recogido en *Vice World News*, el sesenta por ciento de un total de diez mil jóvenes entre dieciocho y veinticinco años pensaba que, si las cosas seguían así, no habría futuro para la humanidad. Para ellos, a pesar de todo lo que he dicho, las cosas no van nada bien y sienten que el mundo de confort se desmorona. Nuestra *dolce vita* se derrumba sin pausa; la belleza de nuestra civilización se hunde como una Venecia planetaria. Y mi hija y muchos jóvenes nos dicen que conocen las causas y las soluciones. Y creen que tienen la respuesta necesaria a la crisis del clima. Están decididos a todo. Y no les da miedo proponer acciones revolucionarias. Según esa encuesta, los jóvenes piensan que la culpa recae en la inacción de los Gobiernos frente al cambio climático.

La juventud va por delante, pero la concienciación sobre el problema del cambio climático y la urgencia para resolverlo van a dispararse. Porque ha sucedido algo nuevo. Algo revolucionario en sí mismo: el cambio climático ha aterrizado en el barrio. Ya no es un concepto abstracto —algo que puede llevar a muchos debates con tus hijos o con tus padres—, sino que interfiere cada día más en la rutina de tu vida diaria. Y a medida que el clima se torne cada vez más perturbador, el movimiento que aspira a solucionar la crisis climática adquirirá más fuerza. Es posible que estemos contemplando el comienzo de la revolución más grande y más global de la historia de la humanidad. Una revolución necesaria porque, como me explicó mi hija, nos enfrentamos al que podría ser el último desafío de nuestra evolución. Desde que el ser humano salió de los bosques, la temperatura del planeta no había variado en más de dos grados. Y ahora la casa está ardiendo —la expresión es de Greta—. Más que enfermo, el planeta está moribundo. Sufre una fiebre terminal. ¿Se trata de una juventud alarmista? ¿Son los jóvenes unos aguafiestas? ¿O son los campeones de la supervivencia de la especie?

Los adultos que escuchábamos con incredulidad los crispados discursos de Greta y de otros jóvenes activistas éramos las víctimas del «soma», la droga utilizada por el Gobierno de *Un mundo feliz* para calmar a las masas. La sociedad nos había anestesiado con la felicidad que nos traen las comodidades modernas. Un poderoso soma ha abotargado nuestro instinto de supervivencia, un soma que emana del carbón, del petróleo, del gas natural y de la gasolina. No podemos siquiera pensar qué nos ocurriría si nos quitasen la droga. No queremos desintoxicarnos; no toleraríamos el síndrome de abstinencia. Como en «Rehab», el blues de Amy Winehouse, cuando mi hija me proponía rehabilitarme, yo contestaba: «No, no, no». «¡La casa está ardiendo!», advierte Greta. «No, no, no».

La juventud siempre ha sido radical —es algo conocido: a los veinte hay que ser revolucionario y a los cuarenta, conservador— y las medidas que proponen nos parecen una exageración. «¿Qué podríamos hacer? —le preguntaba a mi hija—

¿Cambiar los Gobiernos del mundo?». Y me encogía de hombros sabiendo que sus propuestas no eran pragmáticas. Los jóvenes no toleran el cruzarse de brazos y nos contestan que no es que el cambio de actitud de los políticos pudiera ser la única solución, es que *es* la única solución. La reversión del cambio climático no se puede conseguir a través de los procesos normales de reformas políticas y sociales. Estos procesos son demasiado lentos. La detención del cambio climático ha de ser radical o no servirá de nada. No lo decimos nosotros, son otros los que nos lo advierten: las leyes de la física no son maleables.

Los activistas del clima, algunos tan veteranos como Bill McKibben, piensan que el cambio climático es «... la mayor batalla en la historia de la humanidad, su resultado repercutirá durante el tiempo geológico y ha de ganarse ahora mismo». Ese «ahora mismo», esa urgencia, es la que aceptan los jóvenes. Si no es ahora, nos avisan, no será nunca. McKibben me dijo que no pensaba que la humanidad fuera a extinguirse debido al cambio climático, pero que estaba por verse si la civilización sobreviviría...

Durante la evolución del ser humano, la aparición de la civilización, tal y como la entendemos, es un acontecimiento muy reciente; quizá comenzó hace diez mil años, una vez terminada la última Edad de Hielo. Si hablamos en términos de la vida en la Tierra, que apareció hace dos mil millones de años, la humanidad civilizada es un fruto reciente y que, sin embargo, ha adquirido casi de inmediato la capacidad absoluta para autodestruirse a muchos niveles y de formas muy diversas. No debe cabernos ninguna duda de que la destrucción de la humanidad mediada por el cambio climático podría producirse en cuestión de unos cientos de años desde el comienzo de la era industrial. Hay quien nos da de cincuenta a ciento veinte años contando desde hoy. Como especie, cada día que pasa nos quedan menos años de vida.

Miro a mi alrededor y vuelvo a llegar a la conclusión de que mi hija está equivocada. No conduzco un Mercedes, pero mi vecino sí; los supermercados están llenos de cuanto necesito, puedo comprarme un libro cuando quiero, me llega para pagar la universidad de mi hija y puedo permitirme ir a la ópera al menos una vez al año. Si ahorro, puedo ir de vacaciones y en Navidad hay regalos para todos. Sentado en el sofá y con los pies apoyados en una pelota de hacer pilates me cuesta imaginar el desastre que ella predice.

Los jóvenes ven más allá de mi horizonte burgués. Porque la solución del cambio climático implica el nacimiento de una sociedad nueva, más justa e igualitaria. Hablan de «justicia climática» para indicar cómo el cambio climático está afectando sobre todo a los desposeídos y cómo los países que sufren las consecuencias son los países más pobres y que, por cierto, menos tienen que ver con el asunto. Como predice la activista y escritora Naomi Klein, es posible que sea necesario modificar de manera radical las ideas fundamentales de la economía de mercado para frenar el cambio climático. La estrategia contra el cambio climático, por lo tanto, podría incluir la planificación de un nuevo futuro para la humanidad. Si sucede, será una revolución mayor y mucho más rápida que la de la Ilustración o el marxismo.

Los jóvenes piden eso y más. Solucionar la crisis climática debería servirnos para atajar los grandes problemas sociales y políticos del mundo. Paul Hawken, una de las voces más influyentes del movimiento ecologista, piensa que el cambio climático puede solucionarse en una generación y explica en su libro *Regeneration* cómo la vida y la sociedad están entrelazadas con la crisis climática (traduzco del inglés):

Las necesidades de las personas y los organismos vivos se presentan a menudo como prioridades contradictorias —biodiversidad *versus* pobreza, o bosques *versus* hambre— cuando, en realidad, los destinos de la sociedad humana y el mundo natural están inseparablemente entrelazados, si no son idénticos. La justicia social no es un espectáculo secundario a la emergencia. Y la injusticia es la causa.

Pensamos que revertir la crisis climática debería ser una obligación de los políticos que ostentan el poder y que, a estas alturas, muchos de ellos deberían estar manos a la obra con esta misión propuesta por Hawken. Desengañémonos. Para muchos jóvenes, en esto del cambio climático el mejor Gobierno es un gánster, un delincuente, un ente hipócrita que niega la existencia de las chimeneas que humean por doquier, en nuestro barrio, en los polígonos industriales, en medio del campo. Los Gobiernos del llamado primer mundo son los responsables políticos de la crisis del cambio climático y los apoyos principales de las industrias de los combustibles fósiles.

Y luego está la cuestión intergeneracional. Mi hija me enseñó que este planeta —como el futuro— le pertenece más a ella que a mí y que, por eso mismo, le pertenecerá más a sus hijos que a ella misma. Nuestra generación y las que nos precedieron tuvieron su momento, su *modus vivendi* particular, su Janis Joplin, su historia y su ciencia. Y muchos aún vivimos sin tener consciencia de lo que el progreso significa, y, cuando descubrimos nuestros pecados, no solo no queremos confesarlos, sino que nos negamos a arrepentirnos. Hablo por experiencia propia. Pero todo eso comienza a dar igual, porque cada vez está más claro que los largos quince minutos de fama de la Revolución industrial se han esfumado y que ahora nos queda lidiar con la resaca, las náuseas y el vértigo. Fue una fiesta salvaje, pero se acabó. Y no debemos quejarnos del dolor: el parto del conocimiento, como el otro, es muy doloroso.

Los jóvenes exigen desde ya la descarbonización de la sociedad. Y los expertos y la mayoría de los científicos coinciden con ellos. Como bien ha explicado Paul Gilding, profesor del Instituto de la Sostenibilidad (Institute for Sustainability Leadership) en la universidad inglesa de Cambridge, el riesgo de que el cambio climático ponga en peligro la existencia de la humanidad es alto y disponemos de un tiempo limitado para que la respuesta sea eficaz, ya que una aceleración rápida del cambio climático podría cerrar de una vez la ventana de la oportunidad para frenar el proceso.

Y no queramos escurrir el bulto: no hay duda de que el cambio climático es antropogénico. Es decir, el calentamiento global tiene una causa humana. Una causa tan humana como la ambición, la codicia o la avaricia. Elizabeth Kolbert —periodista de renombre mundial en temas de ecología—, en su nuevo libro *Bajo un cielo blanco: cómo los humanos estamos creando la naturaleza del futuro*, lo explica así:

> La gente, a estas alturas, ha modificado directamente más de la mitad de la tierra libre de hielo, unos veintisiete millones de millas cuadradas, e indirectamente la mitad de lo que queda.

«La civilización lo ensucia todo», me dijo una vez María Neira. Contaminamos aire, tierra y agua. Hasta ahora pensábamos que podía hacerse sin consecuencias, porque confiábamos en el gran poder purificador de la todopoderosa naturaleza, pero ahora sabemos que no es así. Convertir la atmósfera en un basurero tiene sus riesgos. La acumulación de CO_2 altera todos los ecosistemas de la Tierra.[1] El CO_2 es un gas terco que permanece en la atmósfera durante un siglo. El primer acelerón que le diste a tu primera motocicleta o a tu primer coche aún sigue allá arriba. Y lo que es peor, ese mismo acelerón, al que se habrán juntado millones de toneladas métricas más de CO_2, seguirá allá arriba cuando jubiles tu coche. Y cuando te jubiles tú. El CO_2 es el villano de nuestra historia reciente: el mayor asesino en serie de todos los tiempos. Frente al CO_2 languidecen los poderes letales de los insecticidas, acusados de asesinar en masa en la *Primavera silenciosa* de Rachel Carson.

El CO_2 es el heraldo de los gases con efecto invernadero, gases transparentes (si viéramos realmente el CO_2, tal vez entenderíamos mejor el cambio climático, pero eso también haría imposible que nos viésemos las caras hablando frente a frente en una habitación) que dejan pasar la luz del sol, pero no permiten escapar el calor (radiación infrarroja) y que actúan como el cristal de las paredes de un invernadero o el de las ventanillas de tu coche, cuya temperatura interior se mantiene muy alta gracias a que atrapan el calor. Los principales gases con efec-

1. Un poco —en realidad poquísimo— de CO_2 en la atmósfera es bueno para el desarrollo y el mantenimiento de la vida en un planeta, al menos en nuestro sistema solar. En la atmósfera terrestre el CO_2 cumple un papel importantísimo en la homeostasis al regular la temperatura y favorecer la vida en el mar. Por ello los niveles de CO_2 en el planeta estaban regulados de manera natural mediante mecanismos que incluían almacenamiento (en tierra y agua) y liberación de este gas en procesos lentos, de muchas décadas, de siglos. Ahora la frenética actividad humana está introduciendo un peligroso desequilibrio en el planeta. Un aumento imparable y sin regulación de CO_2 en la atmósfera convertiría la Tierra en Venus, un infierno deshabitado e inhabitable cuya atmósfera está compuesta en más de un noventa por ciento por CO_2. Venus, decía Carl Sagan, debería ser un ejemplo providencial sobre las consecuencias del efecto invernadero. Al otro extremo del espectro atmosférico del CO_2, Marte, otro mundo inhóspito y sin vida, tiene una atmósfera superfina que no contiene prácticamente CO_2 ni ozono, y así la energía del Sol previene el desarrollo de vida. El CO_2 es el gas del cambio climático: su exceso eliminará la vida en la Tierra.

to invernadero no son muchos: vapor de agua, CO_2, metano, óxido de nitrógeno, gases fluorados y ozono.

El CO_2 es un genio hostil escapado de una botella. Una botella que descorchó la Revolución industrial. Y, ahora, este genio diabólico e iracundo nos persigue a muerte. Se acabaron los tiempos del mago de Oz; por encima del arcoíris los cielos han dejado de ser azules y ahora son negros, como el carbón. Y las temperaturas globales han aumentado de forma constante por el incremento de las emisiones de CO_2 desde la década de 1880.

Nuestro paraíso azul es una casa de cristal. Un invernadero para flores delicadas. Si la temperatura del planeta aumentase varios grados centígrados más, el asfalto de las carreteras se fundiría en llamas y las vías de los ferrocarriles se retorcerían sobre sí mismas. Hay que impedir que siga subiendo la temperatura. Los científicos han comprendido qué regula la fiebre del planeta, pero los políticos no les han dejado acercarse a los reóstatos. Hay grupos de intereses, más poderosos que todas las mafias juntas, que se han hecho fuertes junto a los mandos que controlan la fiebre de la Tierra. Y ahora, mientras escribo este párrafo en Houston, capital mundial del petróleo, los mercaderes del crudo siguen de guardia. Si tienen éxito, la Tierra devendrá en otro Venus.

Venus es el averno. Incluso en las capas más altas de las nubes de Venus las tormentas arrecian para anunciar al visitante el fuego que esconden debajo. El dióxido de azufre lo impregna todo. La presión en la superficie es noventa veces mayor que la de la Tierra, tan alta que las primeras naves que intentaron explorarlo fueron aplastadas contra el suelo. La temperatura allá abajo es de trescientos grados centígrados. Es un planeta inhóspito. Inhabitable. Inhabitado. De los viajes de las sondas Venera rusas solo sobrevivió una foto. No es por casualidad que James Hansen, el experto en Venus de la NASA, se convirtiera en un profeta de lo que le ocurriría a la Tierra si no se frenaban las emisiones de gases de efecto invernadero. Pero quizá Venus nos pille muy lejos. Volvamos a la Tierra.

Nuestra civilización no sería la primera en desaparecer debido al cambio climático. La civilización Harappa en la Edad del Bronce, el Imperio de Angkor en Camboya, los colonos vikingos de Groenlandia, los pueblo anasazi y la civilización maya desaparecieron por los cambios del clima. No es cosa solo del pasado. Jared Diamond menciona en *Colapso* que ya se están produciendo extinciones en el presente en lugares como Somalia o Ruanda. Según él, este tipo de ecocidios han podido llegar a eclipsar la guerra nuclear como amenaza global para la civilización. En la escena final de *El planeta de los simios,* el protagonista ve la Estatua de la Libertad destruida y comprende que el apocalipsis no sucedía en otro planeta, sino en la Tierra. Eso nos pasará a nosotros. No será en Venus, será aquí mismo. Y están comenzando a llegar los primeros avisos en forma de sucesos meteorológicos extraordinarios, a los que cada vez está expuesto un mayor porcentaje de la población.

Son los huracanes, los incendios, las olas de frío, las inundaciones. Los científicos del clima denominan «fenómenos extremos» a sucesos abruptos, fuera de lo normal, que tienen la capacidad de impactarnos en el ámbito social, ecológico, sanitario, técnico y geográfico. Estos fenómenos anómalos están aumentando en frecuencia y magnitud. Su capacidad destructora pone a prueba la infraestructura de las megaciudades y la capacidad del ser humano para resistir condiciones alejadas de la normalidad. Olas de frío o de calor, por ejemplo, demuestran que la tecnología que nos ha permitido vivir con comodidad hasta ahora no está preparada para lo que se avecina.

En California, uno de los fenómenos extremos predominantes, debido a la sequía intensa y prolongada, son los incendios forestales. En el 2020, el fuego destruyó por completo la ciudad de Paradise, con treinta mil habitantes. Los peatones, que escapaban corriendo mientras se les derretían las suelas de los zapatos, esquivaban coches incendiados que explotaban a su paso. Las carrocerías abrasadas de los vehículos que quedaron atrapados en su intento de huir permanecen en los arcenes hechas chatarra o en las cunetas de las carreteras, que se han convertido en cementerios de automóviles.

Durante uno de esos incendios, el cielo de San Francisco, donde vivía mi hijo, se volvió naranja, el día oscureció. Las autoridades recomendaron a los vecinos que evitaran salir al aire libre. Respirar no era seguro. ¿Han oído ustedes? ¡Respirar no era seguro! Lo mismo ocurrió en Australia, donde las altas temperaturas batieron récords y las temporadas de sequía extrema comienzan a durar años. Los incendios inexorables devastan bosques y asesinan a cientos de millones de seres vivos, incluyendo los icónicos canguros y los entrañables koalas. Llamas que consumen bosques extensos, antes carnavales de colores llenos de bullicio y ahora convertidos en fosas comunes, grises y mudas.

Mientras veía uno de los megaincendios que están deforestando California ante nuestros ojos, observaba el vuelo de uno de los aviones del servicio contra incendios que pretendía verter productos químicos y agua para acabar con las llamas. El pájaro de acero, impresionante en su pista de aterrizaje, era un objeto diminuto, casi una mosca, sobrevolando la inmensidad de varios bosques ardiendo a la vez. Su impotencia era trágica.

Los incendios se complementan con olas de calor. Una ola de calor en Europa en el año 2003 causó la muerte de cincuenta mil personas. Las temperaturas medias suben sin parar. En algunas regiones de España, como Córdoba, y en muchas partes del mundo, como el Valle de la Muerte, durante el verano se acercan a los cincuenta grados. Los récords de las temperaturas más altas se superan casi cada año. En Madrid ya no es extraordinario sentir los cuarenta y dos grados centígrados.

De los elementos que los antiguos griegos pensaban que componían la materia y el mundo, el cambio climático no solo altera el fuego, también modifica el aire y el agua. El calentamiento global desempeña un papel crucial en la intensidad y en la frecuencia de los huracanes. Una temperatura más alta del agua de los océanos significa mayor humedad en el aire, lo que implica más lluvia. En Houston estamos acostumbrados a seguir en las cadenas locales de televisión cómo los huracanes se mueven desde África, atraviesan en pocos días el Atlántico y ganan intensidad hasta llegar como enormes ciclones —algunos más grandes que España— a las cercanías de Texas. Unas veces nos dan de frente, pero muchas otras se desvían en el último momento, debido a la corriente del Golfo, hacia México, Nueva Orleans, Florida o las Carolinas.

En el cuarto de siglo que llevo viviendo aquí, me ha tocado sobrevivir unos cuantos ciclones. He visto cómo arrasan las playas con la fuerza del viento y mediante salvajes e inexorables marejadas. He contemplado cómo, una vez en tierra, se convierten en un chorro de aguaceros y tormentas durante días. Los medios de comunicación sienten favoritismo por la fuerza del viento o la altura de las olas, pero muchas veces son las inundaciones las que paralizan ciudades enteras y causan la mayoría de las víctimas.

El cambio climático ha llegado al barrio, lo ha hecho para quedarse y comienza a hacerme la vida difícil. Un huracán nos dejó sin electricidad casi tres semanas. Con un soplido tumbó los diez metros de valla; con otro cortó de cuajo del jardín, como una espiral letal, un pino de diez metros de alto. La lluvia inundó la escuela de los niños.[2] En otra tormenta, perdimos el coche en un torrente de agua que amenazaba con llevárselo. Y en otra, una de las más graves, a una compañera del laboratorio tuvieron que rescatarla en helicóptero del tejado de su casa en una noche oscura y tormentosa —no hay cliché en la tragedia— en la que perdió su casa.

En el año 2017, el huracán Harvey produjo tales niveles de precipitación que, para certificar la lluvia caída por metro cuadrado, el Servicio Meteorológico Nacional, que utiliza una escala de colores en la que el púrpura señala la mayor intensidad posible, tuvo que añadir, por primera vez en la historia, dos tonos de este color a sus pluviómetros para poder representar aquella histórica tromba de agua sin precedentes. Las tormentas del 2020 superaron todos los récords en número e intensidad. Y en el 2021 un huracán me hizo cancelar unas vacaciones a Florida y un ciclón bomba me hizo huir de California.[3]

2. Nos llevó tiempo llegar a la escuela desde el trabajo esquivando calles inundadas y pasando entre coches atascados en el agua. Y cuando por fin mi mujer y yo llegamos, mi hijo mayor, que por aquel entonces tenía siete años, estaba sentado en el suelo del gimnasio, aún seco, junto a sus compañeros, y con cara de miedo y pena nos preguntó: «¿Por qué habéis tardado tanto?». En su rostro se reflejaba la angustia que provocará el cambio climático en muchos otros niños.
3. En un viaje a California, a un pueblo de la costa cerca de San Francisco, mi familia y yo tuvimos un encuentro con un fenómeno llamado «ciclogénesis explosiva». Cuando avisaron de la llegada de la terrible tormenta, comenzamos a sopesar la posibilidad de abandonar el pueblo por carretera, aunque conducir por la costa durante las horas siguientes era un riesgo considerable debido a las lluvias y a las fuertes ráfagas de viento que se acercaban, que podían llegar a los cien kilómetros por hora. Esperar a una evacuación de emergencia tampoco nos parecía una buena idea. Así que decidimos acortar las vacaciones, abandonar la casa de la playa en California y volar a Houston esa misma noche. Una vez en casa, y después de haber dormido unas horas, leímos y escuchamos las noticias sobre la zona: más de cien vuelos cancelados, carreteras bloqueadas por deslizamiento de tierras, cien mil casas y negocios sin abastecimiento eléctrico, evacuaciones y rescate de personas que habían quedado atrapadas en su hogar... La tormenta se extendió desde California hacia Canadá, y en Washington más de ciento cincuenta mil personas se quedaron sin electricidad y dos personas mu-

Los expertos temen que los huracanes que hemos tenido hasta ahora sean solo la tímida tarjeta de presentación de los que anegarán nuestros barrios, algo con lo que están de acuerdo la mayoría de los ciudadanos que viven en el golfo de México y no solo en Houston, también en Florida.

Pitbull, el rapero y cantante de reguetón criado en Miami, explica así el aumento de huracanes de una categoría que supera la máxima actual (categoría 5) en su canción «Global warming» del 2012: «Categoría Seis están atacando/ Toma esto como una, toma esto como una advertencia/ Bienvenido a, bienvenido al calentamiento global» («*Category Sixes are storming/ Take this as a, take this a warning/ Welcome to, welcome to global warming*»).

Se prevé que las costas conocerán la ira espiral de un dios al que las civilizaciones precolombinas y caribeñas llamaban «Huracán», una palabra puesta de moda en Occidente por Colón y los conquistadores españoles. Una ira que podría llegar a la península ibérica. Nuestro país ha entrado en la historia de la infamia de los huracanes. Y lo hizo de la mano del huracán Vince.

Los huracanes se nombran comenzando con la letra «A» y siguiendo un orden alfabético, así que Vince apareció ya avanzado el 2005 y ocupó el puesto número veinte de las tormentas de aquel año. Vince tuvo una vida breve, pero suficiente para pasar a la historia de la meteorología y del cambio climático por ser uno de los huracanes más raros nacidos en el océano Atlántico. Vince se desarrolló frente a la costa marroquí, muy lejos de donde por lo general se forman los huracanes; evolucionó a

rieron cuando la caída de un árbol aplastó su coche. Da que pensar que San Francisco, una de las ciudades más modernas del mundo, no pudiera hacer nada para enfrentarse a esta combinación de río atmosférico y ciclón bomba. Esta tormenta del 2021 fue la más fuerte registrada en California desde 1850. Un récord que, debido al cambio climático, caerá muy pronto.

tormenta subtropical al sudeste de las Azores y luego, convertido en huracán, tocó tierra en Huelva, un hecho sin precedentes. Por suerte, nada más aterrizar se disipó con rapidez. El huracán Vince fue la primera tormenta con nombre «V» en el Atlántico desde que se inició el nombramiento de huracanes y tormentas, en 1950. Su trayectoria retrógrada, dirigida hacia España en lugar de hacia Houston, sugiere que Vince podría ser un pionero de huracanes similares que en el futuro podrían acosar la Península. La subida de la temperatura en el mar Mediterráneo influirá en la creación de huracanes en él. Estos huracanes, llamados «medicanes» (de «mediterráneo» y «huracanes»), podrían aumentar en número y frecuencia con el calentamiento global y azotar a Cataluña, Valencia y las Baleares.

Otro suceso extremo que implica el aire son los soplidos del Ártico. En la costa de Texas disfrutamos de inviernos muy moderados, incluso algún enero hemos celebrado el comienzo de año con un baño en la playa de Galveston. Una temperatura casi veraniega en enero. Estos inviernos suaves están acabándose. El pasado invierno las temperaturas llegaron a los diez grados bajo cero. Estas nuevas temperaturas gélidas destruyeron tuberías e instalaciones eléctricas como si fueran de cartón. El aliento congelado del Polo Norte nos dejó a dos velas y con las tuberías de abastecimiento de agua rotas durante varios días. Lo nunca visto en esta ciudad enorme y moderna. Y este no será el invierno de nuestro descontento, sino el primero de ellos.

Sabíamos que la más avanzada tecnología era demasiado pobre frente al poder de un volcán —como el de La Palma, en el que la evacuación fue el único remedio— o un terremoto, como el que destruyó San Francisco, o un tsunami. Ahora el cambio climático pone otra vez en jaque nuestras infraestructuras y medidas de protección. Diferentes de los tsunamis, terremotos y volcanes, los fenómenos extremos del clima incrementarán su frecuencia hasta convertirse en devastadora rutina en todas las regiones del mundo.

Si escucháis la voz de un huracán, el sonido del aire en el crepitar de un incendio, la brisa helada que lleva arrastrando el lamento de un glaciar moribundo, el vapor de la tierra abrasada por una ola de calor, os daréis cuenta de que el viento —diferente de lo que ocurría en la canción de Bob Dylan— ya no nos trae respuestas. Si escucháis con atención, oiréis el susurro triste que acompaña las notas entrecortadas de un saxo. Es un blues. Una canción triste por un planeta azul. Quizá la última canción: el último blues. Como el título de una composición del saxofonista John Coltrane («The last blues»), que salió publicada después de su muerte...

Las subidas de la temperatura y la falta de lluvia ocasionan sequías sin precedentes. Los seres vivos necesitamos agua para sobrevivir. El gigantesco Himalaya provee agua a mil millones de personas en la India, China y países vecinos. Las fuentes de esa agua, las otrora llamadas «eternas nieves del Everest», están desapareciendo. Los satélites confirman que las reservas de hielo de la Tierra están en retroceso acelerado desde hace diez años. Sin agua no hay cosechas. En algunas partes de la India los productos de las siembras han disminuido un ochenta por ciento debido a las sequías. Sed y hambre. El petróleo que provoca el cambio climático no sirve para regar las tierras ni se puede beber.

Y la vida en las grandes masas de agua, para completar el cuadro, también está en peligro. El agua absorbe, en parte, el exceso de CO_2 atmosférico. Su presencia acidifica los mares y destruye primero a los animales que tienen calcio o que están recubiertos con él. Los corales serán los primeros en desaparecer. El problema no termina ahí, puede alcanzar dimensiones mucho más grandes. El agua ocupa el setenta por ciento de la superficie de la Tierra y es el mayor reservorio de CO_2, así que cuando los mares no puedan captar más, moriremos asfixiados.

Otro fenómeno ligado al cambio climático son las pandemias. En *Viral*, donde trato de los muchos aspectos en los que los virus afectan al ser humano, hablaba también de ellas. Desde la publicación de *Viral*, hemos progresado mucho en la lucha contra la COVID-19 gracias a la rápida elaboración de varias vacunas (¡la vacuna de BioNtech se diseñó en tres días!). En la siguiente pandemia, el virus podría ser más agresivo, y el desarrollo de una vacuna, mucho más lento. El próximo virus que cause una epidemia podría parecerse al de la viruela, que se cebaba en los niños —un grupo de población más resistente al coronavirus—, y podría dejar secuelas, como el de la polio, y transmitirse con tanta rapidez por el aire como lo hace el virus del sarampión. La pregunta sobre cómo será la siguiente pandemia podría contestarse así: será una enfermedad con un setenta y cinco por ciento de letalidad y más transmisible que la variante ómicron del coronavirus. El 75 % de 450 millones, el número de casos confirmados de coronavirus en marzo del 2022 (el número real es, por supuesto, mucho más alto), es 337 millones de muertes.

Como ha explicado María Neira, el setenta por ciento de las últimas pandemias se ha debido a la deforestación promovida por las sequías, los incendios y la agresión directa del hombre a la naturaleza, que ha propiciado y sigue propiciando la interacción del hombre con la vida salvaje. Uno de los libros de divulgación que mejor explica y documenta el papel de los animales en la generación de pandemias se titula *Contagio: la evolución de las pandemias,* de David Quammen. La palabra «contagio», no obstante, no alcanza a recoger el significado de la palabra original usada por David en inglés: *spillover. Spill-*

over podría traducirse como «derrame» y, aunque en español no tenga un significado muy claro a primera vista, merece la pena tratar de comprenderlo.

En *Contagio*, David habla de cómo los virus contenidos en una especie, que actúa, por así decirlo, como un recipiente, se «derraman» —como si fueran un líquido— hacia otras especies. Me gusta el concepto de derrame porque implica que la situación de los virus en el mundo animal es muy «fluida». El derrame o contagio entre especies es el mecanismo fundamental de las zoonosis, enfermedades transmitidas por animales al ser humano y principal causa de las pandemias (la COVID-19, quizá no esté mal recordarlo, fue una zoonosis).

Dos virus que causan zoonosis debidas a la deforestación son el Nipah y el Hendra, los dos tienen el potencial de producir epidemias con un porcentaje altísimo de muertes. Pero, además de la deforestación, existen otros factores importantes en el origen y la evolución de las epidemias globales. El cambio de las zonas climáticas, por ejemplo, conseguirá que los mosquitos que transmiten enfermedades por virus y otros patógenos sobrevivan en regiones más amplias del planeta, y podrán transmitir enfermedades tropicales como el dengue, la fiebre del Nilo, la chikungunya o la fiebre amarilla en España. La malaria sigue siendo una amenaza para la humanidad y, según un informe publicado en la revista *Lancet*, el número de meses con condiciones ambientales adecuadas para la transmisión de la malaria ha aumentado de forma significativa. El deshielo del permafrost en Siberia está liberando patógenos que no han visto la luz del día durante decenas de miles de años o durante el último siglo, como el ántrax o la viruela. Otras bacterias prosperan en las aguas cálidas que promoverán el cambio climático, y en esas condiciones el cólera podría llegar a ser una epidemia mortal en muchas zonas del planeta.

Y las migraciones masivas de pájaros desplazan garrapatas y virus a regiones donde antes no existían. Este es el caso en España de la fiebre hemorrágica de Crimea-Congo, que entra en la Península a través de aves migratorias portadoras de garrapatas africanas.

Las pandemias aumentarán las desigualdades y la inequidad, generarán refugiados y pondrán a la humanidad al borde de guerras y genocidios. No hay que olvidar que «enfermedad» significa, en muchas ocasiones, «pobreza». Si los virus arrecian en partes del mundo con economías no desarrolladas, esto podría ocasionar el desplazamiento de millones de personas para huir de las epidemias, lo que crearía problemas de sanidad y de seguridad a nivel global.

Olvidémonos del oso polar, ese gigante solitario a punto de extinguirse en el Ártico, cuya imagen no ha hecho más que alejar de nosotros la atención sobre el cambio climático. La mayoría de las especies del planeta, dos tercios, pueblan los trópicos. Y ahí es donde ha comenzado a notarse la pérdida de la biodiversidad. Ahí es donde el mayor número de especies de plantas y animales están en riesgo de desaparecer. En España, los animales y las plantas son sensibles a los cambios de temperatura, sobre todo a cambios rápidos como los que están produciéndose ahora mismo y que no les permiten adaptarse o evolucionar a tiempo. En todo el mundo, las especies desaparecen a un ritmo vertiginoso. Según el biólogo americano E. O. Wilson (quien acuñó el término «biodiversidad»), hace ya años que la tasa de extinción en los trópicos es diez mil veces mayor que la tasa de extinción natural. Y la vida, recordemos, no está garantizada: han existido cinco extinciones masivas en el pasado. Son las Big Five, y ahora estamos en la sexta.

Una definición concreta de «extinción masiva» requiere tres

criterios: ha de tener alcance planetario; debe ocurrir de forma rápida en una escala de tiempo geológica corta, y debe desaparecer, como mínimo, un tercio de las especies existentes. Las Cinco Grandes se produjeron hacia el final de los periodos Ordovícico, Devónico, Pérmico, Triásico y Cretácico.

La sexta extinción ganó el Premio Pulitzer en el 2015; en ese ensayo, Elizabeth Kolbert explica que la extinción de nuestros días, que no se diferencia en mucho de las anteriores, está desarrollándose a más velocidad. Y una de las causas es la civilización. «La gente cambia el mundo», escribe Kolbert. Es un eufemismo. La gente destruye el mundo. Y, de seguir así, como si fuese un horrible caso de justicia poética, la destrucción acabará con la civilización y quizá con la especie humana.

La sociedad comenzó a modificar con timidez su actitud pasiva frente al calentamiento global al final de la década de los setenta. En 1979 se organizó la primera Conferencia Mundial sobre el Clima y el cambio climático comenzó a verse, de manera oficial, como una crisis vital. Una conferencia, como muchas que vendrían después, en la que no se ofrecieron medidas para contrarrestar el cambio climático. Pero se crearon nuevas instituciones para seguir los cambios del clima y sus efectos, y en 1988 nació el Panel Intergubernamental de Cambio Climático (IPCC) para cuantificar la magnitud y registrar la evolución de los cambios climáticos, describir los efectos sobre el medio ambiente y la biología de la Tierra, así como sobre los aspectos sociales, políticos y económicos más relevantes; recibió el Premio Nobel de la Paz en el 2007.

Ciento cincuenta años antes de que se fundase el IPCC, un científico irlandés descubrió que el CO_2 podía atrapar calor. Unos años después, un científico sueco analizó qué había ocurrido en las pocas décadas de Revolución industrial y dedujo que, si duplicáramos la concentración de CO_2, la temperatura de la Tierra aumentaría entre cuatro y cinco grados Celsius. La teoría de los gases de efecto invernadero pasaba a ser un hecho. Después vendrían las mediciones de Keeling y, más tarde, los modelos matemáticos del clima (Premio Nobel de Física del 2021) y la ciencia acabaría demostrando de modo inapelable que la crisis climática tiene un origen antropogénico.

A pesar de tener datos contundentes sobre ello, la sociedad no ha reaccionado con la celeridad que debería ante el peligro que supone el cambio climático. Y eso se debe a la industria del carbón, a la del petróleo y a los políticos, que han tratado de descalificar la ciencia del cambio climático y sus predicciones apocalípticas. Hace solo unos días —escribo este párrafo en el mes de julio del 2021— un gobernador conservador de Estados Unidos afirmaba en la televisión que el cambio climático no era real.

Algunos políticos dicen una cosa, prometen unas acciones, pero hacen lo contrario. Según el informe de la revista científica *Lancet Countdown* (traduzco del inglés):

> ... para cumplir con los objetivos del Acuerdo de París y prevenir niveles catastróficos de calentamiento global, las emisiones globales de gases de efecto invernadero deben reducirse a la mitad en una década. Sin embargo, al ritmo actual de reducción, el sistema energético tardaría más de ciento cincuenta años en descarbonizarse por completo.

Y es que los Gobiernos siguen incentivando la industria de los combustibles fósiles:

> El uso de subvenciones públicas para los combustibles fósiles es, en parte, responsable de la lenta tasa de descarbonización. De los 84 países examinados, 65 seguían subvencionando

los combustibles fósiles en el año 2018 y, en muchos casos, de forma proporcional al presupuesto nacional destinado a la salud, cuando podrían haberse reorientado para generar beneficios netos para la salud y el bienestar.

Las Administraciones de los Gobiernos más poderosos y la industria de los combustibles fósiles han preparado campañas de desinformación con el doble objetivo de avivar el miedo a las consecuencias económicas de cualquier acción dirigida contra el cambio climático y de mantener vivo un falso debate sobre el consenso de los científicos en ese tema. El uso de la censura y la desinformación se ha seguido a veces de la violencia. Una de las primeras víctimas fue el Rainbow Warrior («guerrero del arcoíris»), el barco emblema de Greenpeace. En un momento en que las actividades nucleares francesas buscaban el liderato en el mundo, el Rainbow Warrior se ocupaba de denunciar estas actividades dañinas para el planeta. En una de sus misiones, durante una protesta ante las pruebas nucleares de Mitterrand en el Pacífico Sur, las bombas que se habían adherido a su casco explotaron y hundieron el barco. Un miembro de la tripulación murió durante el atentado. En pocas horas, la policía de Nueva Zelanda arrestó a dos personas. Los dos detenidos y otros cuatro sospechosos eran agentes de la inteligencia francesa. Fue por entonces, en la década de los ochenta, cuando diversas asociaciones ecologistas empezaron a organizarse en forma de partido político. Pero la fuerza de Los Verdes decayó cuando se encontró muerta a su fundadora.

Con petróleo sobre la mesa es entendible que en el negocio del cambio climático haya muchísimo dinero en juego y que las estrategias del aparato que intenta negar el cambio climático estén en evolución constante. La nueva guerra consiste en hacer creer al ciudadano que es él quien tiene la responsabilidad de parar el cambio climático y no la industria petrolífera o los Gobiernos. Uno de los ejemplos más llamativos de esta sutil y perversa estrategia es el de la «huella de carbono». Esta «huella de carbono» pretende cuantificar en qué medida cada uno de nosotros contribuimos al calentamiento global. La invención de la huella de carbono se debe a los contrapropagandistas de British Petroleum, la multinacional de los combustibles fósiles. La empresa presentó su «calculadora de huella de carbono» en 2004 para que uno pudiera evaluar cómo funciona su vida diaria normal. De acuerdo con este parámetro, los ciudadanos tienen motivos para sentirse culpables: ir al supermercado, consumir carne y viajar son, en gran parte, responsables del calentamiento global. Algo que parece lógico e incluso necesario, el concepto de «huella de carbono» siempre fue un timo. La misma empresa que la ideó y la hizo popular derramó cientos de millones de litros de petróleo en el golfo de México y es responsable de vertidos inmensos de CO_2 a la atmósfera, pero, eh, la culpa es del ciudadano de a pie que no hace sus deberes...

Los nacionalismos radicales de ambos extremos políticos son otro gran problema para el cambio climático. Los países interesados en su propio beneficio a costa de estropear la atmósfera que nos pertenece a todos anteponen su economía a los intereses del mundo. Además, esos Gobiernos se separan de los organismos supranacionales —Trump y Boris Johnson son dos buenos ejemplos, pero hay muchos más en todos los continentes—, y ese aislamiento evita que se puedan tomar medidas solidarias para frenar un proceso que afecta a toda la humanidad. Siendo un problema global, un país solo no puede ofrecer la solución, nadie puede crear su propio clima. Solo que un Estado no quisiera participar en las medidas de prevención internacionales, como la India o China, haría imposible frenar la progresión del cambio climático.

Otro gran enemigo de la respuesta racional al cambio climático son las «petrotiranías». Los Gobiernos de los países productores de petróleo no comparten la riqueza con sus ciudadanos: se enrocan en el poder sustentado por monarquías obsoletas, teocracias arcaicas y populismos irresponsables de cualquier signo para que las élites se enriquezcan. Una riqueza que no aumenta las libertades. El petróleo que hasta ahora ha significado progreso, puestos de trabajo y vida cómoda en muchas ciudades y pueblos ha esclavizado también a países enteros. El represivo Estado de Egipto recibe un tercio de su presupuesto del petróleo. Siria, un importante productor de petróleo por derecho propio, recibe, además, la ayuda de Irán, superpotencia petrolera, y de Rusia. Lo mismo ha ocurrido en Venezuela, México y en países africanos productores de petróleo. Y, en estas naciones, el petróleo ha sido antónimo de transparencia, libertad, solidaridad y democracia. La lucha por la libertad en esos países pasa por la abolición de un sistema económico que guarda parecido con la esclavitud en el sentido de que el beneficio de unos pocos se basa en el sacrificio del trabajo y la vida de la mayoría. Con el petróleo y con la esclavitud, parte de la sociedad vive mejor. Sin embargo, la esclavitud es deleznable y aborrecible, y nos rebaja como seres humanos. Solo cuando decidamos rechazar los argumentos que definen el petróleo como económica, política y tecnológicamente necesario, y aceptemos nuestra complicidad con un sistema inmoral, podremos detener el daño que se está haciendo al planeta en nombre de un sistema de vida y una economía insostenibles.

Las causas del cambio climático son también origen de enfermedades, muertes prematuras y cáncer. El gas que sale por el tubo de escape es una mezcla explosiva de venenos contaminantes y contiene diversas formas de carbono, óxidos de nitrógeno, óxidos de azufre, compuestos orgánicos volátiles, hidrocarburos aromáticos policíclicos y pequeñas partículas. La polución mata. La primera víctima mortal de la contaminación tiene nombre y apellidos. Un tribunal del Reino Unido dictaminó en el año 2020 que el aire contaminado había contribuido al fallecimiento de Ella Kissi-Debrah, una niña de nueve años. Durante los nueve años de su corta vida, las emisiones de dióxido de nitrógeno y partículas contaminantes en su ciudad natal, cerca de Londres, excedieron los límites legales establecidos por la OMS. Ahora se ha abierto una puerta legal para que quienes contaminan respondan ante la ley por los daños que producen en la salud de los ciudadanos.

La polución en China tiene y ha tenido ya efectos negativos en el cambio climático y en la salud de los ciudadanos del país. Un proyecto de investigación que no guarda relación con ningún Gobierno y que está liderado por Greenpeace concluyó que el impacto ambiental de unas doscientas centrales eléctricas de carbón emplazadas en la región de Pekín causó casi diez mil muertes prematuras y unas setenta mil visitas ambulatorias u hospitalizaciones durante el año 2011. Un fenómeno que, como es natural, no ocurre solo en ese país. La crisis ambiental global causa más de nueve millones de muertes prematuras cada año. Una relación —contaminación del aire/muertes prematuras— destacada en numerosas ocasiones por María Neira.

En el año 2013, la Agencia Internacional para la Investigación del Cáncer de la OMS clasificó la contaminación del aire como capaz de provocar cáncer. El cambio climático contribuirá a que el cáncer se convierta en la causa número uno de muerte en nuestro siglo. Los tres tipos de cáncer que aumentarán están relacionados con tres aspectos del cambio climático: la contaminación del aire y el cáncer de pulmón; la exposición a la radiación ultravioleta, reforzada, por ejemplo, por la expansión del agujero de ozono, y el cáncer de piel; y las toxinas industriales y la contaminación de la comida y el agua, que cada vez están más vinculadas con el aumento de incidencia del cáncer del tubo digestivo.

En Houston, que forma parte del Triángulo Dorado de la industria del petróleo, la incidencia de cáncer es superior a la media de Estados Unidos y del estado de Texas en general. Y eso se debe a la industria del petróleo, que incluye las numerosas refinerías. En un artículo titulado «El cinturón del cáncer», Harry Hurt decía: «A la gente de Port Neches le gusta decir que el olor de las plantas químicas cercanas es el olor a dinero. Pero también podría ser el olor a muerte».

En todos los países hay dinero que huele mal. En España existe el Triángulo de la Muerte, que incluye las provincias de Huelva, Cádiz y Sevilla, situadas alrededor del Polo Químico, y que se ha ganado el terrible apelativo debido a la alta incidencia de casos de cáncer. Según un artículo publicado en *El Español* en el año 2017: «Las tres provincias más occidentales de Andalucía registran los mayores promedios de fallecimientos por tumores malignos de toda España desde principios de siglo». Y en el mapa más completo que se ha elaborado hasta ahora de la distribución del cáncer en España, según publicó *El País* en octubre del 2014, vuelven a destacar esas tres provincias andaluzas con la mayor incidencia de cáncer. Cabe preguntarse qué ocurre en esas zonas para que la incidencia sea más alta que en el resto de las regiones de España. Y cabe preguntarse también si la presencia de la industria petroquímica en esa región no es parte del problema.

Si la actividad humana ha creado una atmósfera nociva, la humanidad podría emigrar a otro planeta. No solo Estados Unidos y Rusia viajan por el universo. China acaba de mandar una sonda a Marte. Pero Marte falleció hace millones de años. Marte sería otra tumba lejos de nuestra tumba. Transformar Marte para hacerlo habitable llevaría siglos. Ahondemos por tanto en el eslogan «No hay planeta B». Además, partir de la Tierra sin cambiar la forma de pensar llevaría también a la destrucción potencial del siguiente planeta, algo que explica bien la escritora de ciencia ficción Úrsula K. Le Guin en su obra maestra *Los desposeídos*, publicada en 1974.

En *Los desposeídos*, un pueblo que habita un planeta gobernado por corruptos decide huir a un planeta cercano y organizar poco menos que una comuna ácrata. En Urras, el planeta madre de la especie, el Gobierno está formado solo por los ricos, quienes se burlan de los pobres y los odian, y se han asegurado de que estos no puedan escapar de la pobreza y reciban solo una educación mínima y el apoyo imprescindible por parte del Estado. La represión es brutal y se ha destruido el servicio de salud público, y a los que no pueden pagar la atención privada los atienden en seudohospitales que se han convertido en morideros. Debido a esta situación insostenible, un gran número de revolucionarios huye del planeta con la idea de establecer su propia sociedad, una que se acercaría más al ideal de igualdad y respeto para todos los ciudadanos. Cerca de Urras hay un mundo desértico apenas habitable llamado Annares, donde los idealistas establecen esa sociedad basada en principios de riqueza compartida, responsabilidad compartida y dormitorios compartidos. En apariencia la sociedad funciona, sobre todo durante sus primeros años. Pero poco a poco acaba bajo el control de una clase dominante. La revolución se ha acabado. Las nuevas ideas están mal vistas y se temen, mientras que la gente codiciosa e interesada ha empezado a acaparar el poder. El descontento se está gestando. Ninguno de los dos planetas, ninguna de las dos sociedades —que las clases dominantes ven como auténticas utopías y que parecían antagónicas— son perfectas. Los defectos de sus habitantes las empobrecen y convierten en mundos donde predomina la infelicidad y la falta de libertad. Un cambio de ideales es más importante que un cambio de planeta.

Abordando el problema desde un punto de vista muy diferente, hay quien advierte de que el cambio climático no podrá solucionarse sin un cambio en nuestro sistema sociopolítico. Quienes proponen esta teoría apuntan a que los errores del sistema capitalista nos han llevado a esta situación poniendo en peligro la existencia de la humanidad al dar preferencia a las reglas de la oferta y la demanda por encima de cualquier otra consideración. Naomi Klein, la escritora y activista, ha indicado que, si queremos impedir la destrucción debida a la crisis climática, hay que transformar de forma radical el sistema económico y político, un sistema que no solo ha ocasionado la crisis climática, sino que también ha generado precariedad, enfrentamiento entre razas, pueblos migrantes y Gobiernos mientras favorecía a bancos y negocios. Para Naomi, la crisis climática obligará a la civilización actual a abandonar la base capitalista del «mercado libre» de nuestro tiempo y a reestructurar la economía global, con la inevitable evolución de los sistemas políticos vigentes. Naomi mete prisa: el sistema debe modificarse antes de que acabe la década actual...

Otros activistas han propuesto la conexión entre crisis climática e injusticia social. Según Jane Goodall, hablar de la crisis del clima es hablar de cómo solucionar la pobreza en el mundo. Se ha dicho que la palabra «crisis» en el lenguaje chino tiene dos palabras, una significa «peligro», y la otra, «oportunidad». Goodall ve en la crisis climática la gran oportunidad de la humanidad. Un proverbio chino dice: «Cuando soplan vientos de cambio unos construyen muros; otros, molinos».

Esta estrategia parece de sentido común en estos momentos, pero el sistema económico actual no tiene corazón y ofrece gran resistencia a que se introduzcan cambios. Aunque los Estados apoyan, en apariencia, llegar a acuerdos como el de París para no sobrepasar los dos grados centígrados de temperatura, las grandes compañías y los políticos en el poder actúan sin disimulo contra esa meta.

Y así, aunque parezca increíble, la industria petrolífera sigue creciendo, buscando nuevas reservas por todo el planeta, incluyendo el Ártico, y las guerras en Oriente Medio tratan de garantizar que el aporte de petróleo hacia los países del primer mundo se mantenga estable o incluso que mejore. Los Gobiernos de los países con economías fuertes, incluyendo Estados Unidos y España, pretenden ser independientes desde el punto de vista de la energía producida por combustibles fósiles y promover, proteger y controlar las fuentes de esa energía. Mientras tanto, los países pobres y los ciudadanos pobres de los países ricos sufren los efectos de los huracanes, los fuegos, las heladas y los cortes de electricidad y agua que suelen ocasionar los fenómenos extremos causados por el cambio climático. Son las dos caras del capitalismo de los combustibles fósiles: un sistema hipócrita, desenfrenado, sin ninguna moral y abocado al desastre.

La solución al cambio climático ha de cubrir las necesidades de energía para no involucionar y retroceder a las incomodidades del pasado, algo no deseable. La civilización y su progreso, desde el invento del fuego y la sociedad agrícola hasta el uso de energía animal y el desarrollo del motor de vapor y la producción de electricidad mediante combustibles fósiles, dependen de ella. Ningún otro factor debe considerarse para entender el progreso. Por eso, resolver la transición de las energías de los combustibles fósiles a las energías renovables es tan necesario como inevitable si queremos seguir adelante: otra sociedad, otra energía. Pero podría ser que fuese ya tarde, que ya no estuviéramos a tiempo para reemplazar fuentes nocivas de energías por energías limpias. Y es posible que la ciencia y la tecnología, además de los cambios en la industria, tengan que acudir al rescate de la civilización. Para algunos, la tecnología necesaria (placas solares, turbinas eólicas) ya está aquí, solo ha de promoverse al máximo y permitir que las energías renovables compitan en el mercado en igualdad de condiciones con el petróleo. Para otros, sin embargo, eso no será suficiente. Hay fuertes inversiones en avances tecnológicos que permitirán el acceso a una energía nuclear más segura para cubrir un veinte por ciento de la energía necesaria en el mundo; otros piensan en el uso de la energía geotérmica; otros proponen extraer el CO_2 de la atmósfera, algo que por el momento, si no es utópico, es realmente difícil, y hay quien plantea medidas aún más radicales, como generar escudos atmosféricos para proteger la Tierra de la irradiación solar o evitar la absorción de CO_2 por los océanos. Las intervenciones humanas siempre han sido muy peligrosas para la naturaleza, para otros seres vivos y para la humanidad. Y, sin embargo, podría ser que algunos de esos experimentos o una mezcla de todos ellos fueran necesarios cuando nos acerquemos al borde del precipicio y la mitigación y la adaptación hayan fracasado, y no nos quede tiempo para que funcionen medidas profilácticas o paliativas de otra índole.

La humanidad se ha convertido en una máquina de quemar combustibles fósiles. Una industria que nos entumece la mente y nos mata. El rock-and-roll de la droga negra postindustrial se ha transformado en un blues por nuestro planeta. Una canción triste para la vida en el planeta azul. La respuesta ya no está en el viento. Ahora, el viento sucio, radiactivo y lleno de virus solo silba las notas de un blues. Solo la paz, el conocimiento, la voluntad política y la tecnología podrán conseguir la regeneración de la vida.

Sumergidos en el progreso y el confort artificioso y artificial, hemos olvidado que todo en la naturaleza tiene algo de maravilloso, que una intrincada red de interacciones a muchos niveles sostiene el tejido de la vida, que en lo salvaje podría estar la inspiración para resolver nuestros problemas, que hemos de aprender a escuchar más a los indígenas. Como especie y como civilización hemos cometido errores. Nos hemos equivocado de forma grave al alejarnos de los elementos universales, al olvidar la frescura y la riqueza irreemplazable del agua y el aire puros, y suprimir la emoción de contemplar la arquitectura tornasol de un arcoíris o la luna como espejo del tiempo. Pero no es el fin. Porque seguimos sintiendo el pulso del conocimiento latiendo en las sienes, ese latido que vibra en sincronía con la naturaleza, que nos hace sentir que pertenecemos a la Tierra y que la Tierra nos pertenece, que somos vida, la exuberante vida de la selva amazónica y también la invisible vida, la que no puedes apreciar con los sentidos, que es parte de la esencia de lo que somos y es ubicua, y que compone y anima la tierra, el aire y los mares. Somos los organismos vivos de ahora, herederos de la sabiduría acumulada durante dos mil millones de años. Ahora estamos en crisis, pero podemos salir de ella porque entendemos los ciclos de la vida y aceptamos que la regeneración es parte del proceso. Nuestra tarea ha comenzado y no podemos, no debemos, hacerlo en silencio, unidos niños y adultos en este mensaje, el mensaje más trascendente que haya mandado un ser humano. Carl Sagan nos recordaba en el último párrafo de su libro *Cosmos* que, en este momento, las generaciones de mujeres y hombres que habitan el planeta somos quienes «hablamos por la Tierra».

2

SICARIOS DEL DESIERTO

Y si caigo, ¿qué es la vida?

JOSÉ DE ESPRONCEDA,
«Canción del pirata»

Nada seda la razón como grandes dosis de dinero ganado sin esfuerzo.

WARREN BUFFETT

Platón fue el primer filósofo en introducir la palabra «arquetipo» para definir las «formas principales» que, encontradas en el mundo de las ideas, dan origen a las cosas manifestadas. La energía es en realidad un arquetipo y también una metáfora de la vida. La muerte no es más que la desaparición de la energía del cuerpo. Hablamos, así, de energía vital. No hay vida sin energía. Y tampoco hay civilización, tal y como la entendemos hoy, sin energía. Esta, cuando se trata de una fuerza propia de la naturaleza, no necesita regulaciones ni moral ni ética. Pero la energía generada por una sociedad y el uso que esta haga de ella, esa sí requiere más reflexión. Tal vez no teníamos pruebas contundentes hasta hace cuarenta años, pero ahora sabemos que no se debe obtener, producir y utilizar energía sin consciencia.

Los ciudadanos de este mundo feliz, atrapados en la Arcadia del presente, toleramos bien los desmanes industriales. Como he mencionado en el capítulo anterior, mi primer contacto con la interacción nociva y agresiva de la industria con el medio ambiente fue observar desde la ventanilla del tren que cogía cada semana que los ríos Caudal y Nalón bajaban negros por el lavado del carbón. Aquellos cauces nos pertenecían y la industria los hacía servir de alcantarillas.

Varios miembros de mi familia, antes de que yo naciera y durante mi niñez, trataron de escapar de la mina. No los culpo. Uno de mis tíos, Donato, a quien dedico este libro, estuvo a punto de morir debido a una explosión de grisú. Mi padre trabajó unos días en la mina hasta que mi abuelo y el servicio militar obligatorio lo rescataron. Y, cuando terminó la mili, volvió a la mina para volver a escaparse gracias a un trabajo de fogonero en la RENFE. Carbón en la mina, carbón en los ríos, carbón en las locomotoras. Y carbón en las casas para la calefacción y el agua caliente. En el portal de muchas casas de aquel Oviedo de los sesenta existía una carbonera, un zaquizamí negruzco donde se guardaba el carbón que compraban los vecinos. Vivíamos rodeados de carbón y orgullosos de ello. Una de las joyas de Oviedo era la Escuela de Minas.

Mis primeras conversaciones serias durante la infancia fueron con mi tío Donato. Minero retirado y sabio en ejercicio, siempre andaba preocupado de que siguiera mis intereses intelectuales y de que fuese buena persona. Fue un mentor excepcional. A veces, quizá cansado por el trabajo en el campo, le gustaba verbalizar, para mi tía Trina y para mí, el oprobio que había supuesto bajar a los peligros del pozo para que los dueños de la mina se enriqueciesen. Una visión simplista, sin matices. Y también una opinión ruda y sincera como la vida del minero. Al país las tragedias mineras, salvo en el caso puntual de un accidente masivo, le traían al pairo.

En los sesenta, y en las décadas anteriores, la minería, incluyendo la asturiana, era una de las industrias principales de España y como tal representaba una parte significativa del producto interior bruto. Los mineros hacían girar el mundo en la dirección de un progreso propulsado por un combustible barato. El carbón impulsó primero las máquinas de vapor y después las eléctricas. Porque fue el carbón de las minas el que proporcionó la energía necesaria para concluir, entre otros, la electrificación del puerto de Pajares, aquella obra magnífica que tanto admiraba mi padre. Muchos mineros sufrieron y dieron la vida para que el transporte se modernizara en Asturias y España. Y, ahora, sigue siendo el carbón —ya no tanto el español, sino el importado— uno de los combustibles que mueven el tren de alta velocidad entre Asturias y Sevilla. Carbón equivale a electricidad, algo que adquirió incluso mayores proporciones en los periodos de crisis del petróleo y que aún sigue siendo una realidad, aunque otras industrias, como la hidroeléctrica o la nuclear —el cuarenta por ciento de la energía que se produce está dedicada a la producción de electricidad— tengan ahora más peso en la producción eléctrica en España.

Ya de adulto, cuando comenzaba a estudiar medicina, desmantelaron la minería. El Gobierno de España cerró buena parte de las minas cuando pactó su futuro con el de la Unión Económica Europea y se comprometió a comprar carbón extranjero. En la actualidad, solo quedan unos pocos pozos abiertos.

En Estados Unidos, muchas minas de carbón han ido cerrándose también y las que quedan correrán la misma suerte. La resistencia de estos trabajadores a perder los puestos de trabajo llevó a Trump a la presidencia. Y en la Administración Biden, el carbón ha imposibilitado que el Congreso apruebe una amplia reforma de la producción energética con el voto en contra de un congresista demócrata con intereses económicos en las minas. El aciago futuro de las minas en Occidente, políticas coyunturales aparte, es inevitable. En una imagen emblemática, el Museo del Carbón en Virginia —región minera estadounidense— mantiene luz y aire acondicionado a base de placas solares...

Mientras España y Estados Unidos cierran minas —por diferentes motivos—, otros países, como China y la India, calientan sus economías con carbón. Su consumo de carbón para producir electricidad ha aumentado casi un trescientos por ciento desde el año 2000, lo que ha ocasionado casi la mitad de las emisiones debidas al carbón del mundo. El vertido a la atmósfera de sulfuro debido a la quema de carbón contribuye a casi medio millón de muertes prematuras al año. En China, como en muchas otras naciones con economías fuertes, el progreso puntual se lleva a cabo a expensas de la salud de sus ciudadanos y de la humanidad.

Durante mi adolescencia y juventud, el cambio climático no era tema de conversación. No se sabía de su existencia. Sin embargo, el mismo carbón que calentaba la casa durante el invierno y mantenía el fuego necesario para cocinar un pote llevaba ya décadas calentando el planeta. El carbón que ensuciaba las montañas de las cuencas y los portales de Oviedo ensuciaba el aire, atmósfera arriba. Y ahora hay días en los que no se puede respirar ni en Pekín ni en Nueva Deli. La misma industria que utilizaba los ríos de alcantarillas usa la atmósfera como un basurero. Una industria que se ha globalizado y que sigue pensando que el planeta le pertenece.

Aquellos recuerdos de los ríos negros de mi infancia se mezclan ahora con la observación de una atmósfera negruzca que flota sobre ciudades como Barcelona o Houston. Una atmósfera negra es un mal presagio para la supervivencia del ser humano. Las leyes de la física y de la química no son negociables. A los doce años de edad sufrí una intoxicación por monóxido de carbono debido al uso del calentador de agua de la casa. Perdí el conocimiento, y aunque una vez abiertas las ventanas me recuperé enseguida, nunca olvidaré el poderoso efecto sobre nuestra salud de los gases invisibles. No los ves, pero, si no tomas medidas, te matan.

El cambio climático no se debe a un accidente. La humanidad no sufre un envenenamiento accidental por CO_2. Es un crimen, valga el cliché, con premeditación y alevosía. Las grandes multinacionales del carbón y del petróleo, y los Gobiernos de los países más poderosos, han abierto el gas en el horno y la humanidad tiene la cabeza dentro. Las siguientes generaciones definirán nuestra gestión de la crisis como una estupidez criminal. Una acusación demasiado generosa.

A diferencia de los accidentes con CO_2, la causa del acúmulo de este gas en el aire se debe a la codicia, la avaricia y la ambición criminal que yacen, escondidas y agazapadas como fieras, bajo el manto del progreso. Hay culpables en esta intoxicación global. Y sabemos quiénes son. Podríamos gritar su nombre. Son aquellos que desentierran yacimientos formados durante millones de años. Estas tumbas han sido profanadas y vaciadas de un modo brutal en diez décadas. Y todo por codicia. Ralph Nader, el político izquierdista que fue candidato a la presidencia de Estados Unidos, lo dijo en una ocasión: «La energía solar no se utiliza porque nadie es dueño del Sol». Es decir, porque nadie saca beneficio de su consumo. La polución de la atmósfera la ocasionan los dueños del carbón y del petróleo. Sus beneficios los pagamos todos.

Y los combustibles fósiles, por otro lado, están agotándose y pronto no podrán producir energía para todos. Un «todos» que no para de crecer y crecer. El crecimiento imparable de la población humana se vio en el pasado como un riesgo potencial de autoaniquilación. Thomas Malthus fue uno de los primeros en expresar esa preocupación. En el siglo XVIII, este pensador formuló la teoría de que la producción de alimentos no conseguiría seguir el ritmo del crecimiento de la población humana; pronto habría demasiadas bocas para el alimento existente. Según Malthus, la población humana aumentaba exponencialmente, mientras que la producción de alimentos lo hacía aritméticamente. En esas condiciones, un mundo con recursos limitados no podría cubrir las necesidades de una población en crecimiento constante.

Por el momento, nos las hemos ingeniado bastante bien con la producción de alimentos y no hemos llegado a tener ese problema. Pero la humanidad, que en la época de Malthus no llegaba a mil millones, no ha dejado de multiplicarse: ya somos ocho mil millones y, si no hemos acabado con los medios de alimentación, estamos muy cerca de agotar los recursos energéticos basados en los combustibles fósiles. Unos recursos finitos que empiezan a ser muy escasos y que, en cuestión de décadas, se agotarán. Pronto no habrá petróleo para casi nadie.

El aumento de la población, unido a que más y más ciudadanos del mundo y cada vez desde más temprana edad se han convertido en lo que McKibben llamó «máquinas de quemar petróleo», ha disparado el consumo de combustibles fósiles. Este derroche implica, por un lado, que la civilización terminará con las existencias de petróleo y, por otro, que antes de que eso ocurra la Tierra se convertirá en un planeta inhóspito. Cuando el nivel del petróleo baje tanto que evite que la avaricia nos ahogue, ya será demasiado tarde: el CO_2 atmosférico conducirá a la civilización al caos y a su posible colapso.

Estas circunstancias y predicciones quizá son nuevas para algunos de nosotros, pero hace años que la industria petrolífera las conoce: saben a ciencia cierta —y nunca mejor dicho— que el consumo de carbón y petróleo está destruyendo el ecosistema humano. El petróleo ha generado y genera márgenes de beneficio astronómicos, pero esa industria y sus líderes siempre han querido más. No hay avaro que no codicie más dinero. Así que las informaciones sobre el daño atmosférico del crudo se mantuvieron en secreto. Había que sostener el nivel económico de quienes viven de ello. Pocos lugares del universo son más fríos que el corazón de un CEO de la antigua industria del petróleo.

La ambición de la industria quedó bien reflejada (y retratada) en el argumento de la película *Pozos de ambición*. Basada en la novela *Oil!*, de Upton Sinclair, y nominada para nueve Oscar en el año 2008, la película narra la vida de la familia de un prospector de petróleo. Su vida está regida por la ambición de controlar el nuevo oro negro. Un despiadado minero de plata reconvertido en petrolero, Daniel Plainview —interpretado por Daniel Day-Lewis, Oscar al mejor actor— hará cuanto sea necesario para conseguir sus metas. Daniel trabaja duro y explota a quienes lo rodean. Su socio, HW, es su hijo, a quien adoptó o «adquirió» cuando el padre biológico murió en un accidente laboral. Daniel usa a su hijo para proyectar una imagen falsa de hombre de familia y tima a los terratenientes locales, a quienes compra sus valiosas propiedades por una miseria con la promesa de construir escuelas y cultivar la tierra para que la comunidad progrese. Eli Sunday es el antagonista. Eli, predicador y «sanador» autoproclamado, tiene una granja familiar que Daniel compra para apoderarse de un yacimiento de petróleo. Tremendamente ambicioso, Eli piensa que la venta de la propiedad le permitirá iniciar su propia Iglesia, y mientras Daniel extrae petróleo de la finca e intenta adquirir todas las tierras circundantes a precio de ganga para construir un oleoducto hacia la costa, Eli intenta crear un imperio religioso. Con el tiempo, la acumulación gradual de riqueza y poder de Daniel hará que su verdadero yo salga a la superficie.

En la película queda claro que el petróleo es el objeto y que la avaricia es la causa. Malthus nunca pensó en la avaricia, ese defecto del ser humano que desde la Revolución industrial y la victoria global del capitalismo ha crecido desmesuradamente en el pecho de la humanidad. La avaricia es tan negra y pegajosa como el petróleo. Y, a diferencia de este, es infinita.

Llevo veintisiete años viviendo en Houston, una de las mecas de la medicina moderna. Su centro médico es uno de los más grandes del mundo. Aquí entramos a trabajar cada día más de cien mil empleados y cada año se llevan a cabo diez millones de visitas médicas. La NASA es otra de las grandes industrias de la ciudad. El centro espacial Johnson se encarga del control de las misiones desde su despegue en cabo Kennedy, Florida. Las instalaciones de la NASA, a medio camino entre Galveston y Houston, son un puerto desde donde la humanidad sigue mirando hacia el cielo. Antes observábamos el espacio para saber qué había ahí arriba; ahora también lo observamos para aprender de nuestro planeta. Cuando a Carl Sagan, astrónomo y escritor, lo llamaron al Congreso para que informara sobre el cambio climático, explicó que lo habían elegido a él, en parte, por sus conocimientos sobre las atmósferas de otros mundos. Houston se asocia a la exploración del universo, esa última frontera. Y llevamos con orgullo la presencia de la NASA en la ciudad.

El crecimiento de Houston, sin embargo, no se ha debido ni al centro médico ni a la NASA, sino a una tercera industria: la del petróleo. Esta es la empresa con más empleados. Empujada por esta industria, Houston es ya la cuarta ciudad más grande de Estados Unidos, después de Nueva York, Los Ángeles y Chicago. Houston es al petróleo lo que Hollywood es al cine: una meca para quienes están interesados en el tema y un escenario imprescindible para la mayoría de los negocios sobre este asunto.

Más de ciento setenta mil empleados trabajan directamente en esta industria y decenas de miles más ejercen como proveedores o contratistas. El petróleo configura una ciudad con doscientos mil habitantes dentro de la ciudad. El cincuenta por ciento de las nóminas relacionadas con este combustible en Estados Unidos se paga en Texas y, de ellas, el cincuenta por ciento se cobra en Houston.

Houston es la oficina internacional del petróleo. Sus rascacielos contienen el cuartel general de las actividades económicas petrolíferas estadounidenses y del resto de los países. Toda negociación sobre el petróleo, de un modo u otro, tarde o temprano, pasa por los lujosos despachos de los pisos altos del *downtown*. Desde aquí se dirigen, se abren y se cierran pozos de petróleo de los siete mares y los siete continentes. Así que la típica llamada de ayuda: «Houston, tenemos un problema», suele deberse, en realidad, a un asunto relacionado con el petróleo. Cuanto más difícil y complicado sea el trabajo de perforación, la estrategia del refinado o la colocación de empresas en bolsa, más probable es que Houston reciba esa llamada desde algún lugar del mundo.

Desde que llegué a esta ciudad, he vivido tan centrado en mi trabajo que al principio no me percaté, de manera consciente, del poder que tenía aquí esta industria. Pero, poco a poco, el petróleo se ha infiltrado a través de mis escudos intelectuales y académicos, y ha impregnado mi espacio. Vivir aquí y no pensar en el petróleo es como vivir en Silicon Valley y tratar de evitar pensar en chips y ordenadores. Perfumadita de brea —que diría Serrat—, la ciudad de Houston apesta a petróleo.

En el centro médico, en sus hospitales y universidades, abundan los rascacielos con pabellones clínicos, dispensarios, institutos de investigación y aulas y auditorios construidos con el dinero de los filántropos de esta industria. Los barrios altos de Houston están habitados casi solo por ellos, y de allí, donde las casas tienen bosques y ríos, han salido directores de la CIA, vicepresidentes y presidentes de Gobierno que no han dudado en poner los intereses del petróleo como la máxima prioridad de sus agendas. La industria del petróleo domina políticamente el Parlamento de Texas y es este colectivo el que aúpa al gobernador, generalmente, a esa posición. Gracias al petróleo el Estado ha alcanzado independencia económica.

Desde el punto de vista del medio ambiente, no obstante, Houston es uno de los epicentros del desastre y, por todo ello, muchos consideran que se trata de la ciudad que más ha contribuido al cambio climático en el mundo durante las últimas décadas. La salud de la humanidad está pagando muy caro el precio del petróleo manejado desde Houston. He ahí el dilema: producción *versus* extinción.

Pero no todos están de acuerdo con la relación entre la industria del petróleo y el cambio climático. Algunos han negado que el cambio climático exista. Se trata, según ellos, de un invento de los científicos de la NASA para obtener becas del Gobierno. El libro de Michael Crichton *Estado de miedo* se basa en esas premisas. En esa novela, el autor —un intelectual educado en Harvard y autor de numerosos libros de éxito mundial, incluyendo *Parque Jurásico,* y la serie de televisión

Urgencias— puso en duda la validez del cambio climático. De lectura rápida y con todos los ingredientes de los mejores best sellers de Crichton, la novela se construye sobre una trama internacional que comienza con la muerte de un físico en París después de realizar un experimento. Al mismo tiempo, en las selvas de Malasia un misterioso comprador adquiere una tecnología letal. En Vancouver se alquila un pequeño submarino de investigación para navegar en Nueva Guinea. Un ecologista radical usa veneno de pulpo azul para asesinar a sus enemigos. Y en Tokio un analista de una agencia de inteligencia intenta comprender qué significa todo esto.

En realidad, lo que está ocurriendo es que un grupo de ecoterroristas está provocando desastres para convencer al público de que esos fenómenos extremos artificiales se deben al cambio climático. Los malintencionados científicos planean cinco atentados diferentes, que provocarán el derrumbe al mar de una gran parte de la Antártida —cosa que ya ha pasado en el Ártico sin necesidad de ningún atentado—; una inundación repentina, inesperada e inexplicable en la zona más árida de Estados Unidos; la generación de tormentas similares a las que produciría un huracán devastador y, por último, un imparable tsunami creado con explosivos. ¡En pocas novelas los científicos han ido tan lejos para conseguir fondos para sus investigaciones!

Estado de miedo es un thriller de los buenos, de los que no se pueden abandonar hasta que se llega a la última página. No sé si hay algo de Crichton que aún no haya leído. *Parque Jurásico* y *La amenaza de Andrómeda* siguen estando, a pesar del paso del tiempo, entre mis superventas favoritos. Mi pasión por el novelista y guionista, mi admiración por su triunfo, no me impide ver cómo distorsiona la ciencia para adaptarla a sus guiones: los dinosaurios de *Parque Jurásico* eran del Cretácico;

clonar dinosaurios a partir de paleo-ADN no es posible. Pero en este caso va más allá; aquí la desvirtúa haciendo hincapié en trabajos científicos menores o periféricos y restando importancia a lo que publica la mayoría de los científicos. En parte lo hace, quiere pensar mi mentalidad de escritor, para conseguir un argumento entretenido y con suspense, pero el resultado es nocivo para la ciencia y el conocimiento. En *Estado de miedo*, los villanos son los ecologistas y el cambio climático no es más que un invento. Según el novelista, el ser humano no desempeñaría ningún papel en el calentamiento global. *Estado de miedo*, fiel a la tradición de los conspiracionistas más radicales, niega la existencia del Antropoceno.

Por todo ello, a pesar de que se trata de un libro de ficción, ha recibido la crítica de los científicos: los artículos utilizados correspondían a una minoría de autores, los datos se interpretaban sin rigor, las teorías que se presentaban eran las que defendían la industria del carbón y del petróleo. *Estado de miedo* no gustó en los ambientes académicos y fue, de todos modos, bien acogido en ciertos círculos políticos conservadores. Era propaganda gratis, y de la buena, de su actitud anticrisis climática.

No existen pruebas de que Crichton recibiese dinero de la industria del petróleo antes de publicar esta novela. Después de su publicación estos empresarios mostraron su agradecimiento: Crichton ganó el premio de periodismo de la Asociación Estadounidense de Geólogos del Petróleo. Y, convertido en uno de los principales escépticos públicos del calentamiento global, recibió una invitación de un comité del Senado para discutir el cambio climático, y allí declaró que la ciencia tiene argumentos a favor y en contra de la existencia de este. Esta supuesta falta de consenso entre los científicos la ha utilizado muchas veces la industria petrolífera. A Crichton también lo invitaron a visitar la Casa Blanca para tener una entrevista personal con el presidente. El resumen de la conversación fue muy simple: George W. Bush y el escritor estaban de acuerdo en todo.

En el 2004, además de la publicación de la novela de Crichton, se puso en marcha el Protocolo de Kioto, uno de los primeros esfuerzos internacionales dedicados a estudiar la reducción de la producción de CO_2 y otros gases de efecto invernadero. Pero Bush proclamó que Estados Unidos no ratificaría el tratado porque su puesta en marcha perjudicaría la economía del país.

Antes de que George W. Bush fuese presidente, su padre, George Bush, también lo fue. Una vez cené al lado de él y su mujer en un restaurante brasileño de Houston. En otra ocasión viajamos en el mismo avión: yo iba a Phoenix, a un congreso médico, y él a jugar al golf para recaudar fondos para una organización de caridad. Una de sus hijas falleció de una leucemia y Bush se esforzó en incentivar los trasplantes de médula ósea, con los que se tratan a estos pacientes, en mi hospital. Vivía en Houston y a veces los ciudadanos y los pocos turistas que visitan la ciudad pasan con el coche frente a su casa para ver si pueden verlo. Un tipo popular, era querido en Texas y muchos lo recuerdan con cariño.

Hijo de un senador, Bush vivió siempre rodeado de políticos. En 1953, después de graduarse en la Universidad de Yale, donde pertenecía a una sociedad secreta,[4] fundó una compañía

4. Un asunto que podría tratarse en un libro como el *Código Da Vinci*. Nadie sabe los detalles sobre las sociedades secretas de la Universidad de Yale, porque de ellas se habla solo entre susurros en edificios de gruesos muros que carecen de ventanas. Skull and Bones es el más famoso de los misteriosos clubes de estudiantes. Los miembros elegidos, unos quince por año, reciben nuevos nombres y se reúnen en un edificio llamado «La Tumba». Se los acusa de haber robado los huesos de Gerónimo y Pancho Villa. Sus miembros se denominan «Los caballeros de Demóstenes», el político ateniense que se opuso a Alejandro Magno, y en el emblema de la sociedad figura el número 322, que, según algunos,

llamada Zapata Petroleum Corporation. El objetivo de esta empresa era buscar petróleo en Texas. Zapata fue pionera en situar plataformas petrolíferas en alta mar en la costa texana. Y, más tarde, obtuvo contratos internacionales para hacer prospecciones petrolíferas en otros países. En una de esas ocasiones la compañía Shell contrató a Zapata para que perforara pozos en Kuwait.

Bush vendió sus acciones en Zapata cuando, ya multimillonario, decidió dedicarse a la política. Primero fue diputado y luego senador. Pero su conocimiento del mundo lo llevó a ser embajador en la ONU primero y luego en China. Su experiencia en esos puestos lo hizo profundizar más en los mecanismos que regulan la política internacional y, con ese bagaje, aceptó la invitación del presidente Ronald Reagan para dirigir la agencia de espionaje americana, la CIA. Su ambición política alcanzó su cima con la llegada a la Casa Blanca en 1998 como el presidente número 41 de Estados Unidos.

Enseguida demostró, en su política doméstica e internacional, que la defensa y promoción de la industria del petróleo era una parte importante de su agenda. Y ese interés quedó patente del modo más absoluto posible cuando Saddam Hussein, presidente de Irak, invadió Kuwait en 1990. Con ese movimiento, Hussein, un petrotirano, intentaba controlar mediante las armas el veinte por ciento de la producción de petróleo de los países afiliados a la OPEP.

---

es la fecha de la muerte del filósofo. Para otros, ese número tendría un origen masón. Pero algunos piensan que esta sociedad tiene que ver con sociedades secretas tan diversas como los Illuminati o la CIA. Una cosa que está clara es que Skull and Bones ha tenido entre sus acólitos a los presidentes de Estados Unidos William Howard Taft, George Bush y George W. Bush, y también al actual diplomático para el medio ambiente, John Kerry. Mientras que sus planes son crípticos, la influencia de la sociedad secreta Skull and Bones en la política mundial es más que obvia.

Bush no quiso permitir ni la inestabilidad en la zona, que ponía en peligro la producción de crudo y con ello la llegada de los petroleros al puerto de Houston, ni que un dictador sin escrúpulos incrementase su prestigio y poder al atacar a un vecino pacífico y amigo de Estados Unidos. Bush dirigió la coalición que, junto a Arabia Saudí, Turquía, Siria y Egipto, consiguió expulsar a las tropas iraquíes de Kuwait.

Fue una respuesta medida, acorde a la agresión del enemigo y que no pretendía ir más allá. El objetivo no era la destrucción del dictador ni de su país, así que el ejército americano no persiguió a las tropas iraquíes una vez que estas se retiraron del frente de batalla y regresaron a su país. Bush ganó la guerra sin mayores problemas y protegió la producción de petróleo. Un éxito.

Para algunas corporaciones del crudo, sin embargo, aquella escaramuza terminaba una batalla, no la guerra. El dictador de Irak continuaba siendo una amenaza y debería haber sido depuesto, lo que habría permitido que las compañías occidentales se ocupasen del petróleo iraquí. La actitud de Bush fue calificada de «muy blanda» por las aves rapaces del viscoso líquido azabache.

Mostrando que tenía una personalidad compleja y sofisticada, Bush mantuvo durante su corta presidencia una actitud ambivalente con respecto a la riqueza que proporciona el petróleo y a sus efectos nocivos sobre el cambio climático. A la vez que protegía la producción del oro negro, apoyaba el estudio científico del cambio climático. Y fue durante su mandato, y con su apoyo, cuando se inició el camino hacia el llamado Protocolo de Kioto.

Por otro lado, Bush tenía interés en conocer qué pensaban los científicos de una posible adaptación al cambio climático. Si seguimos consumiendo combustibles fósiles, ¿habría alguna manera de que la humanidad se adapte a esta situación? ¿Podrían mitigarse los efectos del CO_2 en la atmósfera? Si así fuera, no habría necesidad de cambiar el motor del progreso. Pero la respuesta de los expertos fue negativa y expresó el tremendo contraste que existe entre cómo utilizamos el petróleo o la gasolina y el agua. Según el informe, cuando llegasen las inevitables y duraderas sequías causadas por la subida de la temperatura en el planeta, el petróleo no podría sustituir al agua para regar la tierra o calmar la sed.

No eliminar la amenaza que suponía Saddam Hussein y comenzar protocolos para proteger el medio ambiente fueron actitudes que causaron malestar en los círculos ultraconservadores para quienes el petróleo ponía a Estados Unidos a la cabeza de la economía mundial y financiaba su estilo de vida y su poderoso ejército. El petróleo era un tema vital para seguir siendo una superpotencia y para mantener el nivel de vida de los estadounidenses. La producción de petróleo era un asunto de seguridad nacional.

Estos individuos y organizaciones también veían como radicales, comunistas y enemigos a quienes defendían la idea de que el cambio climático era más importante que la producción y el consumo de combustibles fósiles. La ciencia que mostraba los males del petróleo era el mayor enemigo del progreso. No había nada más dañino que los científicos. El movimiento conservador, guiado por estas directrices, se separó de Bush y decidió abandonar a la ciencia y, cuando fuera necesario, atacarla. Desde entonces, algunos elementos de los grupos conservadores radicales coordinan y financian la anticiencia, algo que se ha hecho más evidente con la Administración Trump.

A Bush padre lo derrotó Clinton.[5] Y a Clinton, que impul-

---

5. Al mismo tiempo que Estados Unidos y las superpotencias europeas reaccionaban con urgencia y violencia a los conflictos en Oriente Medio, ignoraron de forma criminal el conflicto de los Balcanes. Ni Serbia ni Croacia ni

só la economía y que manchó su Gobierno con múltiples escándalos sexuales y una política carcelaria racista, lo sucedió en la Casa Blanca el hijo pequeño de Bush, George W. Bush, a quien los petrodólares auparon a la presidencia. Aunque Bush hijo no tenía unos vínculos con la industria petrolífera tan intensos y fructíferos como los de su padre, la elección de su vicepresidente, Dick Cheney, compensaba sus carencias. Tradicionalmente, los vicepresidentes suelen ser poco menos que invisibles, ocultos bajo la gran sombra del presidente, pero este no fue el caso de Dick Cheney, cuyo peso político fue igual o mayor que el de Bush.

Antes de alcanzar el poder político y de convertirse en uno de los hombres más poderosos del mundo, Cheney era un ejecutivo de la industria del petróleo. Y en su segunda semana en el cargo, él y Bush crearon el Grupo Nacional de Desarrollo de Políticas Energéticas, que tenía encomendada la tarea de encontrar una solución a la enorme dependencia de Estados Unidos del crudo de Oriente Medio. Este grupo predijo una demanda mundial cada vez mayor de combustibles fósiles, cuya producción debería aumentar de forma drástica si se quería que en el año 2025 Estados Unidos y el mundo gozaran del mismo nivel de progreso y confort. Esta mentalidad, que no buscaba como soluciones el uso de las energías alternativas, que por aquel entonces comenzaban a desarrollarse, sino centrarse en el petróleo y en las naciones que lo producían, provocó muchos conflictos, empeoró la estabilidad de Oriente Medio y retrasó la lucha de la humanidad contra el cambio climático.

---

ninguna de las otras naciones envueltas en el conflicto tenían petróleo, por lo que existió una cierta indiferencia internacional sobre el desarrollo de un posible genocidio. Las grandes potencias, que no veían la guerra como un riesgo para sus economías, dejaron que los desmanes y los crímenes siguieran durante años.

Irak seguía siendo una asignatura pendiente para los imperialistas del petróleo, pero la guerra había conseguido crear un equilibrio artificial en la zona. Los conflictos habían disminuido y no había razón para que Estados Unidos interviniese por la fuerza en la región. Las cosas cambiaron trágicamente el 11 de septiembre del 2001, cuando varios aviones secuestrados por Al Qaeda derribaron las Torres Gemelas de Manhattan, se estrellaron cerca del Pentágono e intentaron atacar la Casa Blanca. Como respuesta a estos ataques terroristas, Bush y los aliados de Estados Unidos invadieron Afganistán y destruyeron las bases terroristas de Al Queda. Mientras esta guerra parecía necesaria, porque el grupo terrorista había demostrado que tenía infraestructura para atacar de nuevo, el siguiente paso, la siguiente guerra, no tuvo una excusa similar y se llevó a cabo con la falsa premisa de que Irak producía armas de destrucción masiva, incluyendo armas químicas, bacteriológicas y atómicas.

El dúo Bush/Cheney decidió rectificar la tónica de contención y profilaxis iniciada por Bush padre y pasar directamente al ataque al invadir Irak, en aquel momento un aliado de Irán y un enemigo de Arabia Saudí. La guerra, cuya justificación despertó muchas sospechas en la opinión pública y en la que Bush tuvo enormes dificultades para encontrar aliados, la comenzó Estados Unidos y la apoyaron Blair, presidente del Reino Unido, y Aznar, presidente del Gobierno español.

La invasión destruyó el régimen, asesinó a la familia del dictador y arruinó el país. Justo después, las tropas americanas y las compañías petrolíferas occidentales se hicieron con el control de los pozos de petróleo. Y cuando comenzaron a llegar a Houston los petroleros procedentes de Oriente Medio, en los medios nacionales e internacionales se perpetuaba una discusión bizantina sobre cuáles habían sido las verdaderas razones de la guerra.

Seis años antes de que llegara a la Casa Blanca, en 1995, Dick Cheney era presidente y director ejecutivo, entre otras empresas, de Halliburton Company, en Dallas, Texas. Halliburton era una corporación líder en servicios energéticos diversificados alrededor del mundo. Esta multinacional tenía un valor de mercado de entre quince y veinte mil millones de dólares y más de cien mil trabajadores en más de cien naciones.

Cheney, formado en ese ambiente, no creía que fuera necesario proteger el medio ambiente. Propuso, por ejemplo, la eliminación de restricciones para la búsqueda de petróleo en parques naturales, insistió en que se permitiese buscar petróleo en el Refugio Nacional del Ártico, en Alaska, y votó en contra de la Ley de Agua Limpia, que requería que las industrias hicieran públicos sus registros sobre emisiones tóxicas. En el ámbito internacional, apoyaba la misma política: Halliburton estuvo involucrada en la controvertida construcción de un gasoducto de Bolivia a Brasil.

Cheney era también miembro de un grupo llamado COMPASS (Comité para Preservar la Seguridad y la Soberanía Estadounidense). COMPASS escribió al presidente Clinton en 1998 para protestar por el tratado de cambio climático de Kioto, que calificaron de ser «solo una táctica de relaciones públicas para "sentirse bien"». Algo así como un acto hipócrita que no servía a los intereses de los ciudadanos de Estados Unidos.

No podemos negar que la política y las motivaciones de Cheney fueron claras y públicas. En 1999, al hablar en la Louisiana Gulf Coast Oil Exposition, sugirió que los ejecutivos del petróleo podrían ayudar más a su industria participando en política e influyendo en la elección de los líderes del país. Además, debían contar mejor su historia al público, transmitir la importancia económica de su industria y ser más eficaces a la hora de encontrar, producir, refinar y distribuir combustibles baratos.

Si sales de Houston y tomas la autopista hacia el sur, en poco más de una hora llegas a Galveston. Galveston es una isla barrera que protege a la costa del oleaje del océano. Fundada en el siglo XVIII por un malagueño llamado Gálvez (Ciudad de Gálvez o Gálvez-Town, que acabó derivando en Galveston), en el siglo XIX se convirtió en una isla de placer donde veraneaban los círculos adinerados, los cultos e influyentes de la época.

Durante el primer tercio de ese siglo, Galveston se convirtió en el puerto más activo de Estados Unidos al oeste de Nueva Orleans y, como resultado de esta actividad, en la ciudad más grande de Texas. Allí se construyeron la primera oficina de correos, el primer hospital y el primer campo de golf. Galveston se convirtió también en la capital cultural de Texas y allí se edificó el primer teatro de ópera y comenzó la tradición, que aún persiste, de celebrar un festival anual en homenaje a Charles Dickens y la época victoriana. Galveston era un destino feliz para las vacaciones o, si tenías suerte, para vivir una buena vida.

Los setenta años mágicos de Galveston terminaron el 8 de septiembre de 1900, cuando un cataclismo tomó por sorpresa a los ciudadanos de la isla. Un tremendo huracán arrasó Galveston durante la noche. La isla se inundó bajo olas de gran tamaño y las ráfagas de aire destruyeron la mayoría de las casas. Ese fue el que durante muchos años se consideró el desastre natural más letal de Estados Unidos. En el momento de la tormenta Galveston tenía una población de treinta y siete mil habitantes. Así describía la subida del agua el meteorólogo a cargo de dar la información:

A las 8 de la tarde varias casas se habían derrumbado al este y sudeste de mi residencia, y, empujadas con la fuerza de las olas, actuaban como un ariete contra el cual era imposible que ningún edificio se mantuviera de pie por mucho tiempo, y media hora más tarde mi residencia, en la que se habían refugiado unas cincuenta personas, se derrumbó, y todas menos dieciocho fueron arrojadas a la eternidad. Entre los desaparecidos estaba mi esposa, que nunca llegó a emerger después del hundimiento del edificio. Yo estuve a punto de ahogarme y perdí el conocimiento, pero me recuperé y me encontré aferrado a mi hijo menor... Estuvimos a la deriva durante tres horas...

El huracán arrasó un tercio de la ciudad. Miles de personas perdieron la vida en cuestión de horas. Al amanecer, la isla estaba cubierta de cadáveres flotando o hundidos en el agua. El efecto del huracán causó tantas víctimas que, por miedo a las enfermedades, los supervivientes trataron de deshacerse cuanto antes de los cadáveres y arrojaron miles de ellos al mar. No fue la solución más apropiada: el mar los devolvió a la orilla. Y entonces se organizaron piras funerarias. Pero no es fácil destruir miles de cuerpos con fuego. Para ello se necesitan temperaturas muy altas, que no es fácil conseguir con hogueras. En aquel espectáculo fantasmagórico, los cadáveres se asaban, pero no se fundían ni se desvanecían. Así que se decidió abrir fosas comunes por toda la isla. Y la glamurosa Galveston se convirtió en una fosa común rodeada de playas desiertas.

Las playas de Galveston volvieron a ponerse de moda una vez que el tiempo borró la imagen de las tumbas. Aunque son de arena blanca y fina, no son tan agradables como las de España. El problema es el mar, que tiene un color gris-marronáceo debido a los sedimentos que arrastra el enorme caudal del río Mississippi. Pero esto no parece afectar a la vida marina y en el mar de Galveston abundan moluscos, peces y delfines. El horizonte es el otro punto negativo. Donde el mar se junta con el cielo se pueden ver en todo momento las siluetas de los petroleros que se dirigen al canal que conduce a las refinerías. Se divisan también varias plataformas petrolíferas. En la zona de la bahía, es decir, la parte de la isla opuesta al océano Atlántico, todavía existen varias viejas plataformas de petróleo ya en desuso, históricas exhibiciones de la penetración de la industria petrolífera en la isla. Uno de los pozos, convertido en museo, tiene anclada a su lado una réplica de las carabelas españolas.

Plataforma Petrolífera en la playa de Galveston, Texas. © Juan Fueyo.

El otro día, mi mujer, mi hija y yo decidimos pasar el día en Galveston. Playa, piscina y *jacuzzi* y «no mires hacia el horizonte». De regreso a Houston, y poco después de haber cruzado el puente que une la isla al continente, volvimos a ver a la derecha de la autopista una gigantesca refinería de crudo. Se trata de una de las más grandes de Estados Unidos y se diseñó para procesar petróleo con alto contenido en azufre y convertirlo en gasolina, diésel, aceite para calefacción y combustible para aviones. Sus edificios y fábricas ocupan más de trescientas hectáreas y procesan doscientos sesenta mil barriles cada día. Construida de forma estratégica al lado del puerto, tiene acceso inmediato a oleoductos interestatales como los que llevan gasolina de Houston a Nueva York.

Esta fue una de las primeras refinerías de petróleo construidas en el canal de navegación de Houston y data de 1918. Pero no es la única. Muchas otras compañías de petróleo tienen refinerías en Texas y nueve de ellas están situadas cerca del puerto de Houston.

Las refinerías son el segundo consumidor industrial de energía de Estados Unidos. Generar energía requiere mucha energía. El combustible fósil que usan las refinerías es una fuente importante de emisiones de gases con efecto invernadero, como el CO_2 y el metano. La producción de gasolina, cemento o asfalto también precisa cantidades ingentes de combustible debido a que exigen temperaturas muy elevadas. Otras emisiones provienen sobre todo de las centrales térmicas generadoras de la electricidad necesaria para la puesta en marcha de centenares de motores y equipos electromecánicos. En un año, las refinerías producen alrededor de mil millones de barriles y vierten a la atmósfera más de doscientos millones de toneladas métricas de CO_2.

En este momento, mientras escribo este párrafo y los Gobiernos del mundo, reunidos en Glasgow, afirman que colaborarán para frenar el cambio climático, la industria de las refinerías sigue en expansión: durante los próximos cinco años planean construir cien nuevas plantas y aumentar las perforaciones, que podrían liberar hasta doscientos veinticinco millones de toneladas de emisiones de gases de efecto invernadero.[6]

Pero no todo es producir, también hay que defenderse de los enemigos: las energías verdes. Los dos argumentos principales para prevenir el desarrollo de alternativas al petróleo han sido que no hay crisis de energía (negando la obviedad de que en un futuro próximo será inevitable que la demanda, en continuo ascenso, supere las reservas, en continuo descenso) y, por otro lado, no hay cambio climático. Antes de la década de los noventa no era muy difícil negar esta crisis: todavía se estaban recopilando las pruebas de que existía y de que tenía un componente antropogénico y el público consumidor no tenía información sobre cuántas reservas de combustibles fósiles quedaban en el planeta.

Con el tiempo, la información salió al público, así que los negacionistas tuvieron que utilizar argumentos más elaborados (hablaremos de ellos en el capítulo «La política del cambio climático»). Negar no era suficiente. Uno de los primeros argumentos sobre el cambio climático fue afirmar que existía, pero no se debía al ser humano. Durante la Administración

6. En uno de mis vuelos de Houston a España viajé sentado al lado de Ricky Perry. Ricky es un político conservador que fue gobernador de Texas y que en aquel momento era el director de la EPA, la Agencia de Protección Ambiental americana. Donald Trump lo había elegido para ese puesto con la intención sibilina de deshacerse de cualquier obstáculo que dificultase los negocios del petróleo. Tuvimos varias horas para hablar. Era noche de elecciones en Estados Unidos y las azafatas y los guardaespaldas le iban pasando mensajes sobre cómo iba el recuento de votos, así que se mantuvo alerta y —un tipo simpático y charlatán— me mantuvo despierto a mí también. Perry compartía la visión del presidente: «¿Energías renovables? ¡No! —me contestó—, ¡más petróleo! Y ya casi no dependemos de petróleo extranjero». Aunque podríamos pensar que Obama tenía y Biden tiene políticas diferentes, la Administración Obama multiplicó las perforaciones en busca de crudo y Biden sigue aumentando su número también. Las energías verdes, ha declarado su Administración, son «soluciones para el futuro, no para el presente».

Bush hijo, se procedió a la censura de los documentos sobre el calentamiento global redactados por la NASA. Por aquel entonces los satélites de la NASA ya eran capaces de detectar la polución y numerosos sensores alrededor de la Tierra medían los efectos del cambio climático. La información se recopilaba, pero también se censuraba.

No se podía negar la cuantificación de CO_2 en el aire de Keeling o los datos de las muestras de hielo, así que la propaganda oficial sugería que los fenómenos naturales eran los que producían la acumulación de CO_2 (lo cual es en parte verdad) y que el papel de la humanidad era minúsculo (lo cual también es verdad en parte). Un ejemplo: Dominic Lawson, un periodista de *The Independent*, un periódico conservador inglés, afirmó que la humanidad genera siete gigatoneladas de CO_2 por año, pero que la biosfera genera casi dos mil gigatoneladas, y los océanos, treinta y seis mil, así que el impacto de la civilización es minúsculo. Y concluyó: «Los científicos no pueden cambiar el tiempo atmosférico».

Quizá las cifras de Lawson sean exageradas en ambos extremos, quizá la humanidad produzca unas cuantas toneladas más y la naturaleza unas cuantas menos, pero su artículo ofrecía datos concretos. La realidad, sin embargo, es diferente del mensaje que él quería mandar. La naturaleza mantiene un equilibrio entre el CO_2 que produce y el que absorbe. Los problemas de calentamiento global comienzan cuando la generación artificial de CO_2 elimina el equilibrio entre producción y eliminación natural, lo que lleva a que el exceso del gas se acumule en la atmósfera, la tierra y el mar.

Frente a las *fake news* de la prensa y los informes malintencionados apareció un campeón de la verdad, incómoda e inoportuna, para los sicarios del desierto. Ese valiente no era un científico, sino un político. Y se llamaba Al Gore.

La Administración Bush hijo, que había derrotado por un margen de error mínimo a Al Gore en las elecciones presidenciales, se encogía de hombros ante el cambio climático. Suponiendo que existiera, parecían decir, el problema se solucionaría con controles «voluntarios» de emisiones e innovación tecnológica. Es decir, la mano invisible del mercado acudirá al rescate porque ninguna empresa emprenderá medidas que disminuyan su productividad o sus beneficios, y en cuanto a la tecnología venidera, podría ser que no llegase nunca o que no llegase a tiempo. Y por todo eso los científicos querían más. Cada vez era más evidente que no se podría mantener una economía y una política que eran contrarias a las leyes de la naturaleza. Los científicos exigían medidas concretas.

Al Gore, al que durante la campaña electoral Bush padre colgó el mote de «el Hombre Ozono», había evolucionado hasta convertirse en ecologista. Y catorce años después de aquella campaña, en el 2006, Al Gore reapareció por sorpresa con un libro y una película con el mismo título: *Una verdad incómoda*. No era un libro cualquiera. Muy fácil de entender y repleto de imágenes impactantes, exigía atención y clamaba alerta. No se trataba de un informe denso y pesado de leer, y no pretendía profundizar en el cambio climático siguiendo la línea metódica y analítica de los informes de la NASA o de libros de divulgación como *La catástrofe que viene*, de Elizabeth Kolbert. *Una verdad incómoda* era, simplemente, una introducción amena y asequible, para todos los públicos, sobre el calentamiento global.

El objetivo principal de este libro era mostrar la existencia y la importancia de los efectos del cambio climático. Monográfico y obsesivo, fue el vehículo perfecto para conseguir esa meta. Las imágenes del antes y después, que reflejaban los cambios en el paisaje del mundo con el paso de los años, no se olvidaban con facilidad una vez vistas. No cabía duda: el planeta estaba descongelándose. Y ahí estaban las fotografías y los datos para probarlo. El libro se hizo popular y llegó a todos los rincones del mundo.

Una verdad incómoda explica, casi grita, que veinte de los años más cálidos en la Tierra desde que se pueden registrar las temperaturas han tenido lugar en los últimos veinticinco años y agrega que el año más caluroso había sido el 2005, un año en el que doscientas ciudades del oeste de Estados Unidos sufrieron récords de calor. Gore también expone las predicciones estándar y terroríficas de los ecologistas: el calentamiento global generará poderosos huracanes, sequías extensas (debido al aumento de la evaporación de la humedad del suelo), pérdida de cosechas e incendios generalizados. Y el derretimiento de los polos llevará a una subida del nivel del mar que pondrá en peligro las zonas costeras.

Quizá los sicarios del desierto pensaron que *Una verdad incómoda* no tendría éxito o que, si lo tenía, sería pasajero. Si así fue, se equivocaron. El libro se convirtió en un best seller. Y para echar más sal en la herida, Al Gore recibió el Premio Nobel de la Paz en el 2007, junto al Grupo Intergubernamental de Expertos sobre el Cambio Climático (IPCC). Un galardón motivado, en palabras de la Fundación Nobel, «... por sus esfuerzos para construir y difundir un mayor conocimiento sobre el cambio climático provocado por el ser humano y para sentar las bases de las medidas necesarias para contrarrestar dicho cambio».

Al Gore ganó el premio por impulsar la incorporación del cambio climático en la agenda política de muchos Gobiernos. Según el comité del Nobel, Gore era, con toda probabilidad, el individuo que más había hecho, por sí solo, para despertar en el público y los Gobiernos la necesidad de tomar medidas para hacer frente al desafío climático. Al Gore, según el comité sueco, era «el gran comunicador».

La industria del petróleo encajó el golpe y no modificó ni una micra su rumbo; eso sí, comenzaron a diversificar su negocio al incluir inversiones en las energías verdes. La explotación de los pozos de petróleo prosiguió, e incluso con mayor intensidad, a pesar de que la civilización —o al menos parte de ella— ya había consumido, como mínimo, la mitad de las reservas de petróleo.

En el año 2014, British Petroleum (BP), una multinacional petrolífera, declaró que al mundo solo le quedaban cincuenta años más de petróleo. Es decir, que a partir del año 2064 la situación de las fuentes de energía, si no encontrábamos sustitutos reales, se pondría al rojo vivo. Tan mala sería la situación que los conflictos entre naciones por el control de las reservas de crudo podrían dispararse. Y si todo fuese a peor, llegaríamos al escenario *Mad Max*.

En la primera película de la serie *Mad Max*, cinta futurista punk, el mundo está diezmado por la crisis del petróleo: es una civilización caótica en la que el poder reside en el control de la gasolina y la ley y el orden son elementos frágiles. Cuando una banda de motoristas sádicos aterroriza a la población, un policía, Max (Mel Gibson), mata al líder de la banda. Los malhechores vengan su muerte asesinando a la mujer y al hijo del policía. Y entonces Max busca venganza.

Mad Max es una película hecha con especialistas de cine que protagonizan escenas imposibles y que tiene el ritmo trepidante de una continua carrera de coches mezclada con luchas de gladiadores. Todo ocurre sobre ruedas y los vehículos parados son carroña.

El personaje de Max consagró de inmediato a Mel Gibson como una estrella del cine. Y quienes, basándose en su estética atrevida y en su desmesurada violencia, quisieron etiquetar *Mad Max* como una película de culto para una minoría, se equivocaron: esta distopía pospetróleo fue un éxito mundial. Debido a ello se filmaron cuatro secuelas y una quinta película (titulada en inglés *Furiosa*) se estrenará en el año 2024 cuando quizá la distorsión de la realidad de las películas anteriores ya lo sea menos...

«Petróleo», hasta ahora, ha significado «progreso», «puestos de trabajo», «electricidad» y «vida cómoda en las ciudades y los pueblos». Sin embargo, durante este proceso y sus negocios, los sicarios del desierto han esclavizado a países enteros. Esta consecuencia infame se observa sobre todo, pero no solo, en Oriente Medio. Las dictaduras, teocracias y monarquías absolutistas de la región están sustentadas por el oro negro. Y nada más.

El opresivo Gobierno antidemocrático de Egipto recibe un tercio de su presupuesto del petróleo. La dictadura de Siria, un importante productor de petróleo, recibe además la ayuda de otros socios de la trama del petróleo, como Irán y Rusia. Lo mismo ha ocurrido en dictaduras de izquierdas como Venezuela y en países productores de petróleo en África. Y en muchas otras naciones en las que petróleo ha sido el antónimo de libertad y democracia. Países con dictaduras teocráticas o con regímenes de izquierdas o de derechas que nadando en petróleo ahogan a los ciudadanos en la miseria.

De los cinco Estados del golfo pérsico que producen petróleo —los Emiratos Árabes Unidos, Irán, Irak, Kuwait y Arabia Saudí— solo Kuwait se salva de la calificación de «dictadura absoluta, no libre» dada por Freedom House, una organización que salvaguarda los derechos humanos internacionales. Desde 1995, las peores calificaciones de Freedom House han sido para Arabia Saudí, seguida de cerca por los

Emiratos Árabes Unidos. En esta lista de petrotiranías aparecen también Guinea Ecuatorial, China, Turkmenistán, Sudán, Siria, Libia y Birmania.

Los productores de petróleo han creado una segunda moral que absuelve a productores y consumidores de toda culpa en nombre del progreso y de la estabilidad económica, y los exime de reconocer la naturaleza inmoral de sus negocios. Mientras haya beneficios, parecen decir los petrorricos, el *show* debe continuar, aunque sea una obra de terror. Las ganancias, se diría, lo justifican todo. Pero para algunos observadores independientes la situación es tan odiosa, la moral tan abominable, que ven vínculos entre las petrotiranías y la ética de la economía de la esclavitud.

Así lo cree y postula David McDermott Hughes, profesor de antropología en la Universidad de Rutgers y autor de *Energy without Conscience* («energía sin consciencia»). David razona que la economía del petróleo se parece a la economía basada en la esclavitud, porque tanto con el sistema económico basado en el petróleo como con el establecido con la utilización de esclavos para el trabajo se consigue que gran parte de la sociedad viva bien en detrimento de muchos otros. La esclavitud es deleznable y aborrecible, y nos rebaja como seres humanos. Por ello la sociedad la abolió y sus beneficios económicos quedaron en un segundo plano.

Ahora mismo, con lo que sabemos del cambio climático, extraer y refinar petróleo es una elección tan inmoral como la de mantener la esclavitud. Según David, solo cuando decidamos rechazar los argumentos de que el petróleo es económica, política y tecnológicamente necesario, y aceptemos nuestra complicidad en un sistema inmoral, podremos detener el daño que causamos a la naturaleza en nombre de la protección de nuestro modo de vida.

A medida que los precios del petróleo se desploman y aumentan las preocupaciones sobre el cambio climático, BP, Royal Dutch Shell y otras compañías energéticas europeas están vendiendo campos petroleros, planificando una fuerte reducción de las emisiones e invirtiendo en energía renovable. En teoría, para sobrevivir en el mundo de la energía, la industria del petróleo debería reconvertirse en productora de energía renovable. Ahí se supone que está el futuro de la sociedad.

No todas las compañías de petróleo van en esa dirección. Es interesante observar que existe una gran diferencia en las propuestas de futuro entre las empresas estadounidenses y las europeas. Chevron y Exxon Mobil, empresas americanas, siguen volcadas en explotar el petróleo y están duplicando su consumo y el de gas natural. Al mismo tiempo, invierten calderilla en energía nuclear y tecnología futura para eliminar el CO_2 del aire. Los líderes europeos, por su parte, consideran la lucha contra el cambio climático una prioridad y esto se refleja también en la actitud de sus grandes petroleras. La compañía BP es la abanderada en su migración desde los fósiles hacia la energía renovable. Durante la próxima década, aumentará diez veces las inversiones en negocios de bajas emisiones y reducirá la producción de petróleo un cuarenta por ciento (aunque después del último accidente ha reducido, sobre todo en Estados Unidos, su empuje hacia las energías verdes). Royal Dutch Shell, Eni, Total, Repsol y Equinor se han fijado objetivos similares y han recortado sus dividendos para invertir en energías verdes.

No ocurre lo mismo con Exxon y Chevron, que, debido a que los negocios de energía renovables producen pocos beneficios, no están dispuestas a sacrificar a sus inversores por un futuro que consideran incierto. Las energías renovables, para ellos, no constituyen una buena inversión en la actualidad y podrían no llegar a serlo nunca. Así que insisten en la perforación en Texas y Nuevo México, y en la producción en alta mar en aguas profundas. Tampoco piensan abandonar la producción de gas natural. Siguen actuando como si el petróleo fuese una fuente de energía infinita y cuyo uso no acelerase el cambio climático.

El plan económico de Exxon y Chevron se basa en la hipótesis de que la sustitución de los combustibles fósiles no es cosa del futuro próximo. Insisten en que los consumidores de petróleo a gran escala seguirán ahí, e incluso aumentarán durante varias décadas. Los coches eléctricos tardarán más de diez años, quizá veinte, en reemplazar los más de mil millones de coches de gasolina. Y llevará más tiempo reemplazar las grandes flotas de camiones, aviones y barcos. Las corporaciones petrolíferas piensan que pueden seguir teniendo grandes ganancias durante los próximos cuarenta años, así que no hay razón para precipitarse y moverse hacia energías cuyos beneficios están aún por demostrar. Hoy no hay ningún problema ni existe urgencia alguna. Si acaso, serán las generaciones venideras las que tendrán que resolver ese asunto si se llegase a esa situación incómoda.

Así que los sicarios del desierto que ahora se niegan a rebajar el consumo de petróleo a pesar del peligro que supone para el futuro de la civilización, y que saben, mejor que nadie, que el petróleo se acabará y que es probable que no puedan seguir viviendo de este negocio en una treintena de años, podrían abocarnos a un mundo apocalíptico donde la falta de energía o su búsqueda desencadenaría problemas de seguridad nacional y abocaría a guerras. No sé si en esas circunstancias encontraremos otro Al Gore o un *Mad Max* capaz de salvarnos.

Cuando pensamos en metáforas, recordamos enseguida a Heráclito y el río del tiempo. Desde la Antigüedad, los ríos representan el paso inapelable de las horas, el transcurrir de los años y los cambios de la naturaleza inherentes a ese proceso: nada permanece, todo fluye. Nunca imaginé en mi infancia que acabaría viviendo en Houston. No sabía que recorrería ese camino que lleva de las minas de carbón de Asturias a las refinerías y pozos de petróleo de Galveston. Los ríos Caudal y Nalón bajan ahora limpios y han recuperado la frescura cristalina y la fauna, símbolo de que la regeneración de la vida en la Tierra es posible si terminamos con el maltrato químico de la atmósfera. Ahora me faltaría ver que se desmantelen, por innecesarias, las refinerías de Houston, y poder contemplar el horizonte de Galveston, el fantástico océano Atlántico que une Texas y España libre de plataformas petrolíferas. No es un sueño imposible. La humanidad puede cambiar. De hecho, su cambio es incesante e inevitable: si nadie puede bañarse dos veces en el mismo río, no es solo porque el agua del río no será la misma, sino porque el ser civilizado de ayer no es el de hoy ni será el de mañana.

3

BLUES PARA UN PLANETA AZUL

Aquí estoy, agitándote como un huracán.

Scorpions

Si la humanidad desapareciese, el mundo se re-
generaría hasta alcanzar el rico estado de equilibrio que existió hace miles de años.

E. O. Wilson

Más allá de las ficciones y filosofías de Giordano Bruno o de
Kepler, que imaginaban habitantes en otros mundos, la humanidad lamentó, ya a principios del siglo xx, la desaparición
de una hipotética vida civilizada en otro planeta. Se trataba
de una sociedad avanzada que habría construido en la superficie de su mundo obras de ingeniería tan enormes que podían
ser vistas con un telescopio desde la Tierra. Hablamos de
Marte.

En el capítulo «Blues para un planeta rojo», de *Cosmos*,
Carl Sagan explica cómo la curiosidad de la humanidad por

este planeta se avivó cuando Percival Lowell, astrónomo americano, descubrió «canales» en su superficie. Aquello parecía indicar que había no solo vida, lo cual ya sería el colmo, sino también civilización en Marte, y fue una de las mayores noticias científicas y sociales de todos los tiempos. El mundo deseaba que aquellas observaciones fuesen ciertas y fue por eso, entre otras cosas, por lo que Lowell alcanzó fama mundial y disparó la fantasía de soñadores y escritores.

La noticia era creíble porque las observaciones de Marte habían coincidido con la construcción de los canales aquí en la Tierra, como los canales de Suez, Corinto y Panamá. Según Sagan los coetáneos de Lowell se preguntaban:

«Si los europeos y los estadounidenses podían realizar tales hazañas, ¿por qué no los marcianos? ¿No podría haber un esfuerzo incluso más elaborado por parte de una especie más vieja y sabia, que luchara con valentía contra el avance de la desecación en el planeta rojo?».

Qué pena que por más que tuviera sentido y que la humanidad, de alguna manera, desease ardientemente que existieran los hombrecillos verdes, las observaciones de Lowell fueran poco menos que espejismos. Los telescopios posteriores, más potentes, y los viajes espaciales modernos demostraron que no existían civilizaciones ni más ni menos adelantadas que la nuestra allá arriba.[7] De hecho, a pesar de que seguimos teniendo hipótesis sobre ello y de que renovamos nuestro interés en el tema cada vez que nos topamos con agua en ese planeta, no hemos descubierto aún ningún tipo de vida ni micro ni ma-

7. En un artículo de humor para *The New Yorker*, titulado «La amenaza de los OVNIS», Woody Allen bromea sobre el tópico de las civilizaciones más adelantadas de otros planetas: «El profesor Leon Speciman enuncia la existencia de una civilización en el espacio exterior que está más avanzada que la nuestra en aproximadamente quince minutos».

croscópica en Marte. Y mucho menos rastro alguno de ninguna obra de ingeniería. Y la humanidad tuvo que subordinar de nuevo las emociones a la ciencia.

Que los marcianos que Lowell profetizaba no existiesen no dejaba de ser una lástima. Lowell nunca los vio como una amenaza, como explica Sagan: «[...] eran benignos y esperanzados, incluso un poco divinos, muy diferentes de la malévola amenaza que representaban Wells y Welles en *La guerra de los mundos*».

Más que *La guerra de los mundos* (de H. G. Wells) y su terrorífica adaptación radiofónica (de Orson Welles), Sagan tenía buenos recuerdos de la novela *Una princesa de Marte,* de Edgar Rice Burroughs.[8] Y en eso se queda todo, porque todas las suposiciones sobre la existencia de vida en dicho planeta se han quedado en el terreno de la ficción. No hay vida en Marte. Y Sagan presenta esa realidad con la frialdad de un científico y con el corazón caliente de un ser humano que buscaba inteligencia en el universo: «Un blues se ha tocado más de una vez para el planeta rojo».

Otra canción triste por la falta de vida en otro planeta empieza a componerse ahora. No es un planeta rojo, sino uno tan azul como el más bello de los paraísos. La Tierra, un planeta cuyo único significado trascendental, cuyo mérito maravilloso no es su forma esférica ni sus dimensiones ni que gire en torno a un sistema solar de una sola estrella ni que se traslade junto a

---

8. En palabras de Sagan: «Recuerdo que cuando era niño leía con fascinación las novelas de Marte de Edgar Rice Burroughs. Viajé con John Carter, un caballero aventurero de Virginia, a Barsoom, como los habitantes de Marte conocían su planeta. Seguí manadas de bestias de carga de ocho patas, los thoats. Gané la mano de la encantadora Dejah Thoris, princesa de Helium. Me hice amigo de un luchador verde de cuatro metros de altura llamado Tars Tarkas. Vagué por las ciudades con torres y las estaciones de bombeo abovedadas de Barsoom, y a lo largo de las verdes orillas de los canales de Nilosyrtis y Nepenthes».

las demás estrellas y planetas con el caminar sonámbulo de la Vía Láctea, sino el hecho de que es el único rincón del universo donde existe, que sepamos, esa cualidad sofisticada y extravagante, exquisita y diversa, agresiva, vulnerable y única que llamamos «vida».

La vida lleva más de dos mil millones de años abriéndose camino. Ha superado todo tipo de vicisitudes, incluyendo choques de meteoros y cometas, épocas glaciares y varias extinciones masivas. La Tierra, donde el carbono se hizo alga, y luego hoja, y terminó creando el armazón donde prosperó la consciencia y se originó la filosofía. Un planeta azul, un planeta verde, con la biodiversidad colorida de un arcoíris. Durante dos mil millones de años, la Tierra ha cuidado la vida y la vida ha cuidado la Tierra. Los seres vivos son responsables de la atmósfera, de la producción de nubes, de la regulación exacta de los gases del aire. Un hogar fantástico.

Sin vida, esa cualidad excepcional, nuestra Tierra dejaría de tener color para convertirse en un punto oscuro, amortajada por las tinieblas de una noche sin tiempo. Ninguna nave espacial viajando curiosa por el espacio podría fotografiarla, como hizo la cámara del Voyager 1 el Día de San Valentín de 1990, cuando, a propuesta de Carl Sagan a la NASA, se giró hacia nuestra casa creando una foto mítica. Si esa misma foto se tomara en el 2100, nuestro planeta habría dejado de tener ese azul vital y su imagen se confundiría con los demás puntos monótonos, anodinos. Un píxel más en la imagen del universo inhabitado.

Vivimos tiempos peligrosos. La Tierra podría estar a punto de deshacerse de su bien más preciado debido al comportamiento inmoral e iracundo de una especie animal que no hace tanto vivía en bosques y que ahora amenaza con autoliquidar la civilización. Como Marte, que quizá albergó vida en su pasado, tal vez antes de que apareciese en la Tierra, nuestra casa inanimada también sobrevivirá. Se convertirá en otro planeta fantasma que vagará en la noche del tiempo. No necesita a la humanidad para seguir cumpliendo con su rutina cósmica. Seguirá sus viajes alrededor del Sol, pero ya nadie contará los años. Seguirá teniendo diferentes estaciones en el hemisferio norte y sur, pero nadie se admirará de los cambios. Y seguirá iluminada por la Luna —con el polisón de nardos con la que la vestía Lorca—, pero los grillos y los poetas habrán dejado de cantarle.

Nada de esto parece preocupar demasiado a la humanidad. Sabemos —nos lo han dicho, nos lo han contado, nos han advertido— que el cambio climático producirá inundaciones, fuegos, huracanes y que llevará a la sequía, al hambre, a los conflictos bélicos, a los desplazamientos masivos de refugiados y, por último, a la muerte por asfixia. Pero la humanidad se encoge de hombros. Seres civilizados, seguimos nuestro ritmo urbano de consumidores empedernidos e inconscientes, adictos al oro negro. Vivimos enamorados del plástico, somos viajeros intercontinentales, consumimos carne y hacemos todo eso en exceso, no porque lo necesitemos, y muchas veces, bien pensado, tampoco porque lo queramos: fabricamos CO_2 con el desdén del loco que afila la navaja con la que se cortará el cuello.

Aquí estamos, somos el *Homo sapiens*, epítome del animal racional, que ha decidido ignorar hacia dónde va, aunque sabe que cada pasito hacia delante, cada ppm de CO_2, lo acerca un poco más al borde del abismo. Los seres humanos, hipnotizados por el oro negro que les ha proporcionado cuanto prometía El Dorado y más, son incapaces de razonar y caminan en círculos dentro de un pozo de petróleo donde el nivel del pegajoso líquido les llega a la mandíbula. La civilización va camino del colapso total.

Hay una canción de Leonard Cohen,[9] titulada «Primero tomaremos Manhattan», que dice: «Primero tomaremos Manhattan, luego tomaremos Berlín». Y parece una predicción de la respuesta del planeta al cambio climático, porque con el calentamiento global las ciudades del mundo irán cayendo una detrás de otra. Las costeras caerán las primeras, así que será antes Manhattan que Berlín. Ya hay listas de las que serán las primeras víctimas: Alejandría en Egipto, Río de Janeiro en Brasil, Miami en Estados Unidos... Si la temperatura de la Tierra, que subirá sin remedio un grado y medio, llegase a tres grados centígrados, esas ciudades correrían el riesgo de convertirse en modernas Atlantis: maravillas inhabitadas sumergidas y fantasmagóricas (en mi imaginación veo la Estatua de la Libertad cubierta por agua).

En España, las ciudades costeras comenzarían a estar en peligro en el año 2050. No hay problema: construiremos muros de contención para poder seguir consumiendo petróleo. Es absurdo, pero ya se ha hecho en Manhattan (pronto se hará en Berlín). Y, con el tiempo, algunas de esas ciudades deberán abandonarse a su destino. Como los castillos de arena que los niños construyen en la playa, nada podrá evitar su destrucción cuando suba la marea. La costa sufrirá el crecimiento del nivel

9. Desde mis años universitarios he seguido de cerca la obra de Leonard Cohen, he escuchado sus canciones y leído algunos de sus libros. «Suzanne», por mencionar una de las primeras canciones que escribió, está en mi lista de canciones favoritas. En una entrevista que concedió días antes de morir, según el Canada's National Obeserver, el cantautor dijo: «Estamos motivados por profundos impulsos y profundas ganas de servir al resto, aunque es posible que no podamos localizar aquello a lo que esperamos servir. Forma parte de mi naturaleza, y creo que de la naturaleza de todos los demás, ofrecerme a ayudar en el momento crítico, cuando la emergencia se vuelve real. Solo cuando la emergencia está tan definida podemos concretar esa voluntad de servicio».

Un pensamiento que podría aplicarse a la crisis climática. Hoy la emergencia está bien descrita y formulada. Ahora es el momento de actuar.

del mar y además será azotada por tormentas de gran intensidad, como si fuera víctima de la ira infinita de Poseidón, el iracundo y poderoso dios de los océanos.

Los huracanes se acercarán con mayor frecuencia a las playas y los acantilados. El poder de destrucción de estas tormentas que sufrimos en Houston lo han descrito poetas y escritores, entre ellos un novelista que ha contado las peripecias de los marineros de los barcos de vela y de vapor como ningún otro. Me refiero al genio polaco/inglés Joseph Conrad, quien en su épica novela corta titulada *Tifón*, describe las peripecias de un barco apresado en un ciclón (mi traducción del inglés):

> El vendaval aullaba y se movía en la oscuridad como si el mundo entero fuera un barranco negro. En ciertos momentos, un chorro de aire se precipitaba contra el barco como succionado a través de un túnel, produciendo una fuerza concentrada y sólida cuyo impacto parecía levantar el barco, sacarlo por completo fuera del agua y mantenerlo allá arriba, por un instante, con un crujido recorriéndolo de extremo a extremo. Y luego comenzaba a dar tumbos de nuevo, como si hubiera caído en un caldero de agua hirviendo.

En Houston, como decía, los huracanes causan destrozos año tras año. Y esa ira del viento y el mar podría comenzar a azotar a España. En el 2005, la península ibérica hizo su entrada en la historia de los huracanes con Vince, como indicamos en el primer capítulo.

Si Vince fue un huracán sin precedentes en cuanto a origen y trayectoria, no es ni será el único. El cambio climático acercará huracanes a lugares no acostumbrados a recibir a estos monstruos. Recientemente, en octubre del 2021, el huracán

Shaheen llegó a Omán. La aparición de ciclones en el mar de Arabia es muy rara y en Omán hacía más de cien años que no había aterrizado una tormenta de este tipo.

Las regiones del mundo que sufren con regularidad huracanes y tifones notarán un aumento en la frecuencia y quizá en la intensidad de estos. Hoy han informado de que la predicción oficial de huracanes para esta temporada plantea un número de huracanes superior a la media —escribo en mayo del 2021 y la temporada de tormentas en Houston es de junio a noviembre—. De hecho, ya se ha detectado una depresión en la zona de las Bermudas, así que la época de huracanes ha comenzado quince días antes de lo previsto.

Los ciclones obtienen su energía de aguas cálidas, por lo que la subida de la temperatura del agua propiciada por el cambio climático, lógicamente, favorecerá el aumento de su frecuencia. Más vapor de agua significa también que los huracanes transportarán más lluvia. Las temporadas de huracanes se alargarán, con inicios más precoces —como ha ocurrido con esta— y finales más tardíos. Es decir: más huracanes, más intensos, durante más tiempo y en más lugares. Todo un panorama sobrecogedor.

En los veintisiete años que llevo viviendo en Houston, mi casa y mi familia han sufrido el azote de varios huracanes de máxima categoría. Uno de mis artículos sobre un huracán que causó más de cien muertes y más de cien mil millones de dólares en daños en el año 2017 se publicó en *La Voz de Asturias* y comenzaba así:

> El ojo iracundo de Harvey se fijó en Texas. Los aviones cazadores de tormentas confirmaron progresiva intensificación hasta su final transformación en un monstruo de grado 4 (en una escala en la que el peor, el más fuerte, sería de 5), con

vientos de hasta 250 km por hora, y los satélites acertaron a predecir que tocaría tierra en el sur de Texas.

Antes de que varias zonas se declarasen de evacuación forzosa, muchos comenzaron a abandonar la ciudad dirigiéndose hacia el interior, sabedores de que los huracanes pierden fuerza al entrar en tierra firme. Nosotros, como la mayoría de los ciudadanos de Houston, decidimos quedarnos en casa. Antes de la llegada de la lluvia a Houston, los ciudadanos, alertados por los medios de comunicación y las autoridades, reaccionaron vaciando supermercados y gasolineras.

Harvey llamó la atención de los medios internacionales y también de algunos de los más prestigiosos expertos, entre estos últimos, Friederike Otto, una climatóloga que en aquel momento era profesora y directora del Instituto de Cambio Climático de la Universidad de Oxford, en Inglaterra. Sus trabajos científicos se han comentado en *The New York Times* y muchos otros prestigiosos medios de comunicación.

En *Angry Weather*, la doctora Otto cuenta el día a día del desarrollo y las consecuencias del huracán Harvey. Otto es especialista en la ciencia de atribución del cambio climático, algo así como la ciencia forense de las tormentas, que pretende, mediante modelos matemáticos, determinar el origen y la causa de las tormentas y conocer si se han debido al cambio climático.

Hasta ahora era casi imposible vincular directamente los fenómenos meteorológicos extremos con el cambio climático y se hablaba de que este favorecía el aumento de la frecuencia o intensidad de las olas de calor o las tormentas. Pero los métodos desarrollados por Otto y sus colegas sirven para determinar si el cambio climático se encuentra en el origen de esos fenómenos extremos. Otto reveló los aspectos más aterradores de Harvey y llegó a la conclusión de que las inundaciones que anegaron Houston, una ciudad de cuatro millones de habitantes, tenían muchísimas más probabilidades de haber ocurrido debido al cambio climático. Dos estudios científicos de atribución independientes de las investigaciones de Otto confirmaron que el cambio climático había multiplicado por tres las probabilidades de aparición de Harvey. Por su trabajo sobre Harvey y el desarrollo de su nuevo acercamiento al cambio climático, la revista *Time* ha incluido a Otto entre las cien personas más influyentes del mundo. Hay que tener en cuenta que la ciencia de atribución no solo estudia huracanes, sino que es incluso mucho más precisa a la hora de atribuirle al cambio climático otros fenómenos extremos, como las olas de calor.

Por lo que respecta a mi familia en Houston, Harvey no fue nuestra primera experiencia a merced de lo que pudiese caernos del cielo. En los veintisiete años que llevamos aquí, hemos sufrido varios huracanes y tormentas tropicales. Nuestro primer contacto con un huracán fue en 1999, cuando Bret cruzó Houston sin apenas molestarnos. En agosto del 2005 observamos aterrorizados cómo Katrina destruía Luisiana, y Houston, generoso anfitrión, acogió a cien mil vecinos de Nueva Orleans que habían perdido casas y pertenencias. Un mes después del huracán Katrina, otro huracán llamado Rita, con vientos de hasta 200 km por hora, aterrizó en la frontera de Texas con Luisiana. Los anuncios de un posible desastre en Houston originaron la mayor evacuación de la historia de Estados Unidos hasta aquella fecha. Pero nosotros no nos movimos de casa. Siguiendo los partes meteorológicos, más precisos conforme el huracán se acercaba a nosotros, decidimos arriesgarnos a quedarnos en casa. Fueron horas de angustia y suspense. Y al final se demostró que habíamos tomado la decisión acertada: varias decenas de personas fallecieron durante aquella evacuación precipitada y mal programada por las autoridades. Quedarse en Houston tampoco fue fácil. Cientos de miles de casas se quedaron sin electricidad. En casa el apagón duró quince días y cada mañana, al levantarme, procurando no usar demasiada gasolina porque las gasolineras estaban cerradas, salía a buscar hielo, imprescindible para mantener los alimentos frescos. Encerrados en casa, sin luz y con poca agua corriente, teníamos —como digo en mi artículo de *La Voz de Asturias*— la sensación de vivir en una ciudad presidio.

Luego llegó Ike, un día 13 del verano del 2008. Ike era un huracán gigante. Daba miedo verlo en las fotos del satélite: sus aspas cubrían una extensión mayor que España. Pero a pesar de ser de categoría 2 (vientos de hasta 180 km por hora), no tuvo fuerza suficiente para levantar tejados o derribar las encinas que pueblan las calles de Houston.

El huracán más reciente, como he mencionado antes, fue Harvey. Harvey llegó a Houston el 25 de agosto del año 2017. Su carga de agua fue astronómica y se considera uno de los huracanes que han vertido más agua en la historia de Houston. Las inundaciones cerraron la escuela y el hospital, y volvieron a secuestrarnos en casa:

> Los aeropuertos de Houston, entre los más activos de Estados Unidos, comenzaron cancelando cien vuelos para la noche del viernes, el día antes de la llegada de la lluvia, y han acabado cancelando todos los vuelos durante cuatro días más. Vivimos en estado de sitio, con el enemigo en las calles e invadiendo nuestras casas.

Pronto se comprobó que no era un asunto localizado, sino que iba a afectar a la mayoría de los ciudadanos, tal y como expliqué en el artículo de *La Voz*:

> Los barrios fueron cayendo uno tras otro. El agua subió rápidamente de centímetros a metros hasta cubrir la luz verde de los semáforos y convertir las autopistas en ríos navegables. Los vecinos salían en canoas, barcos, flotadores o cualquier otro vehículo flotante. El ruido de los helicópteros sustituyó el de los coches. Pronto la ciudad se vio sumergida bajo un diluvio. Y la lluvia no parecía que fuera a detenerse nunca.

Cuando la inundación comenzó a ceder, se formaron centros de acogida y puestos de ayuda. Las necesidades de los niños primaban sobre las de los adultos: los refugios, abiertos en cada barrio, pedían donaciones y encabezando la lista se encontraban los pañales.

La probabilidad de tener lluvias similares a las de Harvey era ya seis veces mayor en 2017 que en los años 1981-2000, pero para finales de siglo la probabilidad podría ser casi veinte veces mayor.

Para algunos científicos el papel del cambio climático en la evolución de los huracanes no sería importante. Para ellos la Oscilación Multidécada del Atlántico (AMO, por sus iniciales en inglés. Son fases de larga duración en que la temperatura de la superficie del Atlántico Norte aumenta o disminuye cíclicamente) solo implica que hay un proceso natural en la modificación de las temperaturas de década en década. Otros científicos, por su parte, rechazan el modelo AMO en sí porque no consideran que haya pruebas de que este fenómeno exista. Hay que decir, por aquello de insistir en que la ciencia es un proceso que se autocorrige, que Michael Mann, el científico americano que dio el nombre a la Oscilación Multidécada del Atlántico, acaba de aportar pruebas en un artículo publicado en *Science* en marzo del 2021 de que esta oscilación probablemente no exista.

Y con todas esas malas experiencias durante los huracanes no puedo evitar mantenerme ojo avizor. Y hoy es otro día lluvioso en Houston. Un escalofrío me recorre la espalda. Es muy posible que los habitantes de la costa de Texas, Luisiana y Florida vivamos con algo parecido a un síndrome postraumático relacionado con los huracanes, frente a los cuales —como ocurrió con la erupción del volcán de La Palma— solo disponemos de la evacuación a tiempo dejando atrás cuantos bienes tengamos y arriesgándonos a perder automóvil y vivienda. Por eso, conocer mejor estos monstruos, predecir su trayectoria con una exactitud mayor y con más tiempo para reaccionar evitaría tragedias innecesarias y salvaría muchas vidas.

Kerry Emanuel, profesor del Instituto de Tecnología de Massachusetts, MIT, es experto en huracanes. Uniendo meteorología y matemáticas, se ha dedicado a diseñar modelos de predicción y proyección de huracanes, así como a estudiar los posibles efectos del cambio climático sobre esas tormentas. En su libro *Divine Wind*, Emanuel explica que en el lenguaje maya y en el de otros pueblos del Caribe la palabra «huracán» se refería al nombre de un demonio terrible. En esas culturas, al dios Huracán se lo representa como un aspa, una hélice con solo dos brazos, y curiosamente es muy parecido al símbolo con el que se representan los huracanes en la actualidad, aunque quienes lo escogieron no conocían las estatuillas del Caribe.

Fueron los españoles los que popularizaron la palabra «huracán» en la cultura occidental cuando Colón, en su cuarto y último viaje a dicho continente, se encontró con uno frente a las costas de La Española, actual República Dominicana y Haití.

Según cuenta el profesor del MIT, el 29 de junio de 1502, Colón se detuvo en La Española temiendo cruzarse con el huracán en mar abierto. Sabía por los nativos que las fuertes tormentas a las que llamaban «huracanes» podían destruir un barco si lo emboscaban fuera del puerto. Hábil navegante, Colón intentó buscar refugio en Santo Domingo, en el lado sur de La Española. Sin embargo, Nicolás de Ovando, gobernador de la isla y enemigo político de Colón, denegó cobijo en el puerto a los cuatro barcos del genovés. Colón resguardó entonces la flotilla en el lado oeste de la isla, que se mantenía mejor resguardado de las tormentas.

Cuando se enteró de que el gobernador iba a enviar a España una flota de treinta barcos cargados con oro y esclavos,

Representación del dios Huracán similar a la observada en vasijas de México, Cuba o Puerto Rico.

Colón le aconsejó que no zarpase y que se mantuviera anclado en el puerto, pero Ovando, que pensaba que Colón era un lunático, ridiculizó sus consejos y ordenó la salida de los barcos. El huracán llegó a la isla el 30 de junio de 1502 y los barcos de Colón sufrieron con el viento y la lluvia, pero se mantuvieron a flote. La flota del gobernador no tuvo tanta suerte. La furia del viento y el mar hundió veinticinco barcos; cuatro pudieron regresar a duras penas a La Española y un único barco consiguió retomar la travesía y llegar a España. Quinientos marineros perdieron la vida debido a la mala decisión del gobernador. El barco que llegó a España, irónicamente, iba cargado con el oro que Colón mandaba a los reyes.

Emanuel comenzó a estudiar los huracanes cuando se creía que estos se formaban por la fusión de varias tormentas en una inmensa. Aún no se conocían ni la física ni las matemáticas del origen de un huracán. Emanuel demostró que los huracanes se forman debido a la transferencia de energía del mar al aire.

Un huracán podría verse como un motor que transforma el calor del agua en viento. La temperatura del agua es, por lo tanto, un factor clave en su desarrollo y debido a eso los huracanes se originan alejados de los polos. La mayoría de los huracanes se originan en los trópicos, pero en algunas ocasiones pueden desplazarse a regiones no tropicales.

Un huracán se define como un ciclón tropical con vientos organizados en circulación espiral con una velocidad mínima de 64 nudos o 119 km/h. Se forman en el Atlántico Norte o el Pacífico Norte, y no se elevan a más de un metro del nivel del mar. El ojo del huracán, que podría considerarse como el centro en calma de la tormenta, puede medir de cinco a diez kilómetros de diámetro y tiene nubes solo en la parte más baja, pero está rodeado de un muro circular de nubes de quince a veinte kilómetros de altura. La parte superior del huracán puede alcanzar las capas altas de la atmósfera, donde las temperaturas bajan de cero grados y las nubes allí están compuestas de hielo.

Los huracanes causan daño debido a tres factores: la fuerza del viento, las marejadas y las inundaciones. La fuerza del viento puede ser letal. Una persona es incapaz de mantenerse de pie cuando el huracán alcanza los 120 km/h y los tejados de las casas no aguantan velocidades superiores a los 170 km/h. En el infame ranking de estas tormentas, Patricia figura como el huracán con los vientos más fuertes en el hemisferio occidental: 350 km/h. El segundo tifón más intenso fue el Haiyan, formado en el año 2013; azotó a las Filipinas con vientos de 300 km/h y causó la muerte de seis mil personas solo en esas islas.

El segundo factor, las inundaciones —como comprobamos en Houston con Harvey— son otra de las causas principales de las tragedias. Dificultan o imposibilitan las evacuaciones y paralizan las ciudades durante días o semanas. En Houston, las víctimas más frecuentes son los conductores que se arriesgan a salir de noche y entran sin darse cuenta en zonas inundadas.

El tercer factor son las marejadas. Parecidas a tsunamis, estas destructoras trombas de agua, auténticas murallas en movimiento, no se deben a un temblor de la tierra, sino a la fuerza del viento. En un solo día las olas gigantes producidas por un huracán causaron la muerte de ochenta mil personas en la India. Los vídeos de esta catástrofe muestran las olas como un paredón de varios metros de agua que avanza sobre las playas y las áreas cercanas sin que nada pueda oponerse a su paso.

Si la temperatura del agua es clave para la formación de los huracanes, tal como indican las leyes de la física y los modelos matemáticos, el calentamiento global influirá en la incidencia e intensidad de los huracanes y multiplicará las regiones del planeta que pueden verse afectadas por ellos. Emanuel fue uno de los primeros científicos que predijo, hace treinta años, la influencia que tendría el cambio climático en los huracanes. Las observaciones llevadas a cabo durante estas tres décadas le han dado la razón: la temperatura del planeta ha aumentado y el número de huracanes de gran intensidad (categorías de tres a cinco) también lo ha hecho de acuerdo con ella.

En ese mismo sentido, los años que separan los huracanes de una determinada categoría se ha reducido. Y si antes tenían que pasar cien años para que se formase de nuevo un huracán grado cinco en el mismo lugar de la Tierra, ahora los fenómenos pueden repetirse cada diez años.

Además del aumento de la frecuencia e intensidad de los huracanes, otro de los indicadores del cambio climático es la pérdida de hielo en el Ártico y los glaciares. Los glaciares tienen mucho que contar a quien quiera escucharlos, pero les queda poco tiempo para hacerlo.[10] Admirados por su enorme y agreste belleza, y por su movimiento inexorable que todo lo arrasa, comparable al de la lava de los volcanes, su desaparición los ha convertido en víctimas cuantificables del progreso del

10. Dos libros recientes cuentan la historia, la biología, la antropología, la zoología, el arte y la poesía del Polo Norte y de los glaciares. Uno de ellos es *Sueños árticos*, de Barry López, que redescubre imágenes, sonidos y biologías que teníamos casi olvidados. El blanco silencioso no es acogedor ni misterioso, sino la expresión salvaje y enormemente bella del extremo gélido de nuestro planeta. En el otro relato, *La biblioteca del hielo* —un título que habría firmado Borges—, Nancy Campbell recoge la historia de la humanidad y el hielo a lo largo de los siglos con un énfasis especial en los glaciares. Un viaje a Groenlandia inspiró a esta poeta y activista escocesa a sumergirse en el mundo de los glaciares, cuyas voces es capaz de escuchar y entender. El libro, un relato estilizado, se ha catalogado como un híbrido entre un diario de viajes, un ensayo histórico, una obra de divulgación científica y un compendio de mitología del frío.

calentamiento global. Un grupo de científicos de la Universidad de Rice, en Houston,[11] estudia el efecto que produce el cambio climático en los glaciares. A ese equipo pertenece Cymene Howe.

Howe quiso aprovechar los glaciares para mandar un mensaje y una advertencia a la humanidad organizando un tributo a Okjökull, el primer glaciar desaparecido en Islandia, así que el 18 de agosto del 2019 se desplazó a esa isla para inaugurar el monumento junto con su colega Dominic Boyer, que, como ella, es antropólogo en Rice especializado en el estudio de las interacciones entre la energía, el clima, la política y la sociedad. Fue un acto emotivo en el que científicos, activistas y políticos aunaron fuerzas para gritar al mundo que las cosas en el planeta están cambiando para peor.

Howe declaró a la BBC: «Esta historia es realmente importante, porque nos muestra los cambios catastróficos que estamos viendo alrededor de las cuencas glaciares en todo el planeta».

Okjökull, popularmente conocido como Ok, era un glaciar con setecientos años de edad. ¡Qué pena que después de siete siglos se extinguiera! No ha sido el primer glaciar en desaparecer —muchos de menor tamaño lo precedieron—, pero eso no es lo importante. Lo importante es que la humanidad está

---

11. La Universidad de Rice se hizo famosa cuando desde un podio colocado *ad hoc* John F. Kennedy prometió al pueblo americano el Moonshot, es decir, llevar un hombre a la Luna y traerlo de vuelta sano y salvo. Y aunque el presidente no lo dijo, se trataba de hacerlo antes de que lo hicieran los rusos, quienes habían dañado con dureza la moral americana al ser los primeros en poner un hombre en órbita. He visto el podio auténtico desde donde habló Kennedy, que se conserva en la Universidad de Rice, y puedo confirmar que su imagen me motiva a la hora de centrarme en una meta y trabajar duro. El Moonshot de la NASA ha inspirado e inspira a muchos americanos. Uno de los mayores programas de lucha contra el cáncer, auspiciado por Joe Biden, lleva por nombre Moonshot.

siendo testigo de cómo los glaciares más grandes del mundo, con la excepción del Perito Moreno, en la Patagonia, están derritiéndose. Los glaciares proporcionan agua a millones de personas y su desaparición impactará en la calidad de vida y terminará poniendo en peligro la habitabilidad de las regiones que dependen de sus aguas.

Cuando los científicos de Rice se trasladaron a Islandia para el homenaje, de Okjökull solo quedaba una patética sábana de polvo blanco sobre un volcán. Allí, sobre aquel cadáver, colocaron una placa de bronce con un texto, a la vez una esquela y una carta al futuro, escrito por el poeta islandés Andri Snaer Magnason:

> Una misiva para el futuro
> Ok es el primer glaciar islandés que pierde su naturaleza de ser. En los próximos 200 años se espera que nuestros glaciares sufran el mismo destino.
> Este monumento es para reconocer que sabemos
> tanto lo que está sucediendo como aquello que es necesario hacer.
> Solo tú sabes si lo hicimos.
> Agosto 2019
> 415 ppm CO_2

Los organismos internacionales monitorean decenas de glaciares y cada año se mide y se publica su masa de hielo. Estos datos constituyen uno de los termómetros del progreso del cambio climático. De acuerdo con un informe del State of the Global Climate (estado del clima global) publicado en el año 2020, los glaciares siguieron derritiéndose en el año 2019/2020, lo que muestra una clara tendencia a acelerar su pérdida de hielo en los años futuros. Si estudiamos la progresión del daño glaciar junto con la aceleración del calentamiento global, se observa que ocho de los diez años con mayor destrucción de los glaciares se han registrado después del 2010.

El planeta se calienta y su temperatura asciende con más rapidez en los polos. Cerca del Ártico, la temperatura aumenta el doble de rápido que en el ecuador. Es un fenómeno llamado «amplificación ártica» y se debe a la desaparición paulatina del hielo en esa región, que conlleva la disminución de la superficie reflectante de las radiaciones solares. Cuando el hielo se derrite, aparecen áreas más oscuras, lo que causa una mayor absorción de la luz solar, con el consiguiente incremento de la temperatura. La amplificación polar es mucho mayor en el Ártico que en la Antártida. Porque la Antártida es un continente, no un mar cubierto de hielo.

La progresión del calentamiento global es evidente en los gráficos de temperatura. El 2020 ha sido el año más caliente desde que se registran las temperaturas. Esta «fiebre» ha propiciado que los cinco años con las mayores áreas de sequía se hayan dado en la última década. En cuestión de unos años, las sequías extremas se extenderán por toda la Tierra. En África, al menos doscientos millones de personas sufrirán debido a largas y profundas sequías en la segunda mitad de este siglo; la disminución de las cosechas en esas áreas ya ha comenzado a notarse.

Según el informe llamado Lancet Countdown, las temperaturas récord y la alteración de los patrones de lluvia están consiguiendo revertir años de progreso en la lucha contra la inseguridad alimentaria y el acceso al agua —dos ejes primarios de la salud— en las poblaciones más desatendidas del mundo. El aumento de la temperatura, la disminución de la humedad y las sequías prolongadas tendrán un efecto negativo sobre la vegetación. Los árboles y arbustos cubren todavía un cuarenta por ciento de la Tierra. Sin embargo, la deforestación —debida a causas naturales y a la mano del hombre— ha reducido los bosques a una quinta parte de lo que fueron en la época anterior al desarrollo de la agricultura, hace diez mil años.

Joni Mitchell mostraba su preocupación por la deforestación y la desaparición de los bosques ya al comienzo de la década de los setenta cuando cantaba en «Big Yellow Taxi»: «Se llevaron todos los árboles, los pusieron en un museo de árboles / Y le cobraron a la gente un dólar y medio para verlos» (*They took all the trees, put 'em in a tree museum / And they charged the people a dollar and a half just to see 'em*).

El cambio climático también desempeña un papel innegable en la intensidad y frecuencia de los incendios forestales, otra de las causas principales de la deforestación. Estos fenómenos extremos se observan en varias regiones del mundo, y zonas como California y Australia han sufrido una destrucción de sus bosques sin precedentes.

«Las colinas arden en California» (*Hills burn in California*), cantaba Billie Eilish en «All the good girls go to hell» en el 2019, y algunos fans piensan que predijo lo que pasaría un par de años más tarde en la Costa Oeste de Estados Unidos. En efecto, en el 2021, los fuegos forestales en California se adelantaron al verano y ya en mayo varios incendios obligaron a evacuar a miles de ciudadanos. Como ocurre con los huracanes, la aparición prematura de incendios sugiere que este año sufriremos una temporada de fuegos forestales más intensa que la media. En Estados Unidos los ecologistas predicen que, si no se lleva a cabo una reducción urgente de los gases de efecto invernadero, las áreas destruidas por el fuego en los bosques de California podrían aumentar en un ochenta por ciento durante la primera mitad de siglo.

En el año 2020 se quemaron dos millones de hectáreas de bosques californianos batiendo el récord establecido en el 2018. En una semana, noventa mil personas tuvieron que ser evacuadas. Mi hijo, que vive en San Francisco, una ciudad no demasiado cercana a los incendios, pudo ver que el cielo adquiría un tono anaranjado distópico debido al humo de los incendios. El color se debía a que las partículas de las cenizas dispersan la luz azul y dejan pasar la amarilla y roja. «Al menos se ve el cielo», me dijo mi hijo en un FaceTime mientras caminaba por las calles de San Francisco. Y con la cámara de su teléfono me enseñó la escalofriante atmósfera rojiza, cuando unos días atrás en otra comunicación había visto un hermoso cielo azul, sano y limpio. Mi hijo añadió: «Si siguen aumentando las cenizas, pronto no podremos ver el cielo».

Los incendios se sumaron a la pandemia para empeorar la catástrofe social y forzar a los ciudadanos de California a vivir encerrados en casa, sin poder aliviar los periodos de confinamiento con paseos por calles o parques. Pandemias e incendios, dos efectos del cambio climático, trabajando juntos para encerrarnos en casa.

En Australia los fenómenos extremos más importantes de finales del año 2019 también fueron los incendios forestales. El fuego redujo a cenizas una superficie verde equivalente a veinte Asturias en cuestión de semanas. Aunque últimamente los incendios se repiten cada año, los de aquellos meses del llamado Verano Negro quemaron más de cuarenta millones de hectáreas en Nueva Gales del Sur, la región de Sídney.

Estos megaincendios dieron un golpe de gracia a bosques que ya habían sufrido sequías y aumentos nunca vistos de temperaturas en años anteriores. Quienes intentaron proteger los bosques durante los incendios informaron del hallazgo de cuerpos carbonizados de mamíferos, marsupiales y reptiles. Anfibios y peces yacían entre rocas y flotaban en pozos de agua. Los koalas, al vivir en los árboles, son particularmente susceptibles a los incendios, y durante esos meses sufrieron una masacre.

Durante aquel Verano Negro se quemaron un veinte por ciento de los bosques de Australia y alrededor de quinientos millones de animales murieron abrasados o asfixiados. La recuperación del ecosistema será difícil. Quedaron pocos supervivientes y los bosques arrasados no se reforestarán, sino que se prevé que se reemplazarán por granjas y la práctica de otras actividades relacionadas con la civilización.

Los peores incendios son los de sexta generación. Las llamadas «generaciones» de incendios clasifican los incendios de las últimas décadas en seis categorías, cada una de las cuales es más destructiva que la anterior; la primera de ellas fue la ocurrida en los años cincuenta. El cambio climático lleva a un incremento en la frecuencia de los megaincendios de sexta generación, los más agresivos y difíciles de controlar, que originan corrientes de aire, bolas de fuego que se comportan como nubes (pirocúmulos, de *piros*, «fuego» y *cúmulo*, «nubes»), que vuelan sobre los cortafuegos, alcanzan la altura a la que vuelan los aviones comerciales y transportan las llamas sobre las cabezas de los bomberos amenazando con envolverlos en una emboscada de fuego. Estos incendios tienen otra característica más: crean sus propias condiciones atmosféricas y generan tormentas eléctricas y tornados de fuego. Por lo general, el tiempo predice qué pasará con el fuego, pero en el caso de los megaincendios de sexta generación el incendio tiene y transforma tanta energía que influye en cómo será el tiempo atmosférico a su alrededor. Todos estos aspectos hacen que estos incendios sean imposibles de controlar.

Y, por si esto fuera poco, los incendios de sexta generación son cada vez más frecuentes en Estados Unidos y Australia. Y ahora también en España, como el acontecido en Sierra Bermeja, en Málaga, que destruyó con rapidez miles de hectáreas de bosques.

Un fenómeno extremo son las olas de calor. La Organización Meteorológica Mundial define una ola de calor como cinco o más días consecutivos de calor prolongado en los que la temperatura máxima diaria supera en cinco grados centígrados a la temperatura máxima promedio de la zona afectada. Otros aceptan una ola de calor cuando las temperaturas inusualmente elevadas se prolongan durante más de dos días. Un artículo científico publicado en el 2004 titulado «Contribución humana a la ola de calor europea de 2003» fue el primer estudio de ciencia de atribución al cambio climático. Los autores explicaban cómo los gases de efecto invernadero producidos por la civilización habían aumentado la probabilidad de que se produjera la histórica ola de calor del 2003 en Europa.

En un artículo publicado en el año 2010, García-Herrera y sus colaboradores revisaron las causas y los efectos de la ola de calor que había arrasado Europa en el año 2003. Estos autores indicaron que existen indicios de que las temperaturas anómalas de la superficie del mar Mediterráneo contribuyeran a la ola de calor de 2003 e informaron de que varios estudios publicados sugerían que durante la ola de calor se habían registrado alrededor de cuarenta mil muertes, en su mayoría de personas mayores.

La ola de calor —llamada en el artículo EHW03— tiene un origen multifactorial, pero está claro que el cambio climático desempeñó un papel en esa ola mortal y que probablemente sea la causa de un aumento de la frecuencia de esos fenómenos extremos:

Según Stott *et al.* (2004), es probable que el calentamiento antropogénico haya contribuido al EHW03 al duplicar su probabilidad de ocurrencia. [...] Diferentes estudios sugieren que pueden producirse episodios similares a EHW03 con mayor frecuencia en el futuro debido al calentamiento global.

Los autores advierten de que las ciudades no están preparadas para afrontar fenómenos extremos debidos al cambio climático y de que o se toman precauciones en el futuro o estos eventos producirán un número elevado de muertes:

> [...] este dramático episodio ha puesto de relieve la falta de preparación generalizada de la mayoría de las autoridades civiles y sanitarias para hacer frente a eventos tan grandes. Por tanto, la implementación de sistemas de alerta temprana en la mayoría de las ciudades europeas para mitigar el impacto del calor extremo es la principal medida para disminuir el impacto de futuros fenómenos similares.

Según la revista *Nature*, durante las olas de calor decenas de miles de personas pueden fallecer en cuestión de días a causa de las altas temperaturas:

> El clima tórrido que asfixió el oeste de Rusia en el verano de 2010 y que mató a unas cincuenta y cinco mil personas fue, con mucho, el peor suceso de este tipo de los últimos 33 años, según un índice climático que los científicos han diseñado para medir la magnitud de las olas de calor.

Estas olas de calor letales de Europa, que se produjeron en los años 2003 y 2010, no serán las últimas. En la revista *Natu-*

re trataron de predecir una serie de escenarios de olas de calor según las condiciones del cambio climático. En un escenario moderado de cambio climático, por ejemplo, algunas regiones de Estados Unidos, Europa y África podrían sufrir una sola ola de calor extremo durante los años 2020-2052, mientras que otras partes de América del Sur, África y el sur de Europa podrían padecer tres olas letales. Para el 2100, según el estudio, la mayor parte del mundo occidental podría experimentar olas letales de calor cada dos años. Si las emisiones de gases de efecto invernadero continúan aumentando al ritmo actual y las temperaturas medias globales suben a 4° centígrados, Estados Unidos y Europa podrían experimentar olas de calor superletales cada año.

Decido charlar sobre esos temas y otros fenómenos extremos con una especialista española de fama internacional, Belén Rodríguez de Fonseca, doctora en Ciencias Físicas y profesora titular en la Facultad de Físicas de la Universidad Complutense de Madrid, e investigadora del centro mixto del CSIC IGEO (Instituto de Geociencias). Es codirectora del equipo de investigación de la UCM de Micrometeorología y Variabilidad Climática, y fundadora del grupo TROPA-UCM. Ha publicado más de cien artículos científicos entre revistas nacionales, resúmenes extensos y artículos de divulgación; ha participado en informes elaborados por el IPCC y ha sido coordinadora de la red CLIVAR en España.

JUAN FUEYO: ¿No sé si podría explicarme con palabras sencillas qué es la «atribution science»?

BELÉN RODRÍGUEZ DE FONSECA: Se trata de la forma en la que los científicos atribuimos o no al cambio climático la ocurrencia de determinados fenómenos. El caso más importante es el de los extremos: con la atribución se demuestra con experimentos si la subida de gases de efecto invernadero es la responsable de sequías, inundaciones, olas de calor, huracanes, ciclogénesis explosivas y otros fenómenos.

JUAN FUEYO: Hasta hace bien poco formó parte del comité organizador de CLIVAR en España. ¿Podríamos decir que la red CLIVAR es algo así como un IPCC español? ¿No sé si podría resumirme en dos párrafos cuáles fueron las conclusiones del último informe?

El comité CLIVAR es un panel de expertos en las diferentes áreas de la física del clima e incluye observaciones, modelos globales, modelos regionales, variabilidad climática, paleoclima, impactos. El principal objetivo de la red temática CLIVAR-España es promover y coordinar la contribución española al programa CLIVAR (Climate Variability and Predictability). En ese sentido, los objetivos científicos de CLIVAR-España son los mismos de CLIVAR:

- Describir y comprender los procesos físicos responsables de la variabilidad climática a escala estacional, anual, interanual, decadal y secular mediante la obtención y análisis de observaciones y el desarrollo y la aplicación de modelos del sistema climático.
- Extender el registro de variabilidad climática a lo largo de las escalas de interés mediante la recolección de datos instrumentales y paleoclimáticos de calidad verificada.
- Extender el rango y la fiabilidad de las predicciones climáticas a escala estacional e interanual mediante la mejora de modelos de clima global y regional.
- Comprender y predecir la respuesta del sistema climático al aumento en la concentración de gases de efecto inver-

nadero y aerosoles, y comparar estas predicciones con el registro climático observado para detectar cualquier modificación antropogénica de la señal climática natural.

Además de estos objetivos globales, la red temática CLI-VAR-España tiene los siguientes objetivos específicos:

- Potenciar la investigación del clima en España.
- Ser un referente científico que contribuya a mejorar la calidad de la investigación en España en temas CLIVAR y la participación de investigadores españoles en instituciones y publicaciones de prestigio internacional.
- Ser un grupo con capacidad de interlocución con el Ministerio de Educación y Ciencia con vistas a potenciar un Plan Nacional del Clima con suficiente inversión (comparable a la de los países de nuestro entorno) y que incluya las temáticas CLIVAR.
- Hacer más visible la relevancia de la investigación CLI-VAR en ámbitos socioeconómicos: calidad de vida, ecosistemas terrestres y marinos, empresas eléctricas y gestiones de agua.
- Constituir un foro de información útil a los investigadores en temática CLIVAR en España facilitando visibilidad/acceso a publicaciones, software, acceso a datos, información sobre plazas, becas, etc.
- Identificar líneas estratégicas de investigación en temáticas CLIVAR que presenten carencias y puedan potenciarse a través de un mejor acceso a la información y comunicación entre los científicos.
-

JUAN FUEYO: ¿Qué son los huracanes mediterráneos o «medicanes»?

Belén Rodríguez de Fonseca: Son huracanes que tienen lugar sobre el Mediterráneo. Se le llama «medican» porque las características termodinámicas y dinámicas que se requieren para su formación y desarrollo son análogas a las de los huracanes atlánticos. Sin embargo, no es un huracán propiamente dicho, pero puede tener efectos muy similares. El otoño es la estación ideal para su formación, ya que existen condiciones ambientales favorables para que se produzca. La velocidad del viento puede provocar cortes de electricidad en ciertas zonas donde los vientos son más fuertes. Algunas ráfagas de viento son más fuertes y se espera que tengan velocidades de 200 km/h. En cuanto a las precipitaciones, se esperan cantidades de entre 200 y 400 litros por metro cuadrado en pocas horas.

Juan Fueyo: El cambio climático y la modificación de las franjas de temperatura podrían aumentar la frecuencia de huracanes en regiones del mundo que no los sufren normalmente. Parece ser que con los años son más los ciclones que se acercan a la Península. ¿Cuál es la probabilidad de que España se vea afectada por un huracán?

Belén Rodríguez de Fonseca: En realidad, no son huracanes, sino ciclones intensos con características tropicales. La influencia del océano aquí es fundamental, ya que el calentamiento del océano proporciona una fuente de energía para su desarrollo. Los océanos están calentándose mucho más que la atmósfera y esta reserva energética va a hacer que las perturbaciones atmosféricas puedan desarrollarse de forma más intensa.

Juan Fueyo: ¿Cuáles serán los mayores cambios en el tiempo que observaremos debidos al cambio climático?

Belén Rodríguez de Fonseca: Una mayor frecuencia de episodios extremos, ya sea episodios de sequías intensas, olas de calor y de frío, pero también de inundaciones, ciclones tropicales, borrascas intensas, así como una mayor frecuencia de episodios de El Niño.

JUAN FUEYO: ¿Piensa que las infraestructuras de las ciudades están preparadas para afrontar olas de calor o de frío?

BELÉN RODRÍGUEZ DE FONSECA: Depende de los países y de su grado de desarrollo. En estudios de cambio climático es importante hablar de vulnerabilidad. No es lo mismo una ola de frío en Noruega que en Portugal; no es lo mismo un huracán en Tahití que en Florida. Por tanto, según el grado de desarrollo de cada región, estas estarán más o menos preparadas. Como la mayor parte de los episodios extremos que se prevé que ocurrirán lo harán en países con mucha vulnerabilidad, podríamos decir que muchos países no están preparados.

JUAN FUEYO: ¿Qué le ha parecido la elección para el Premio Nobel de Física de este año de Suki Manabe y Klaus Hasselmann?

BELÉN RODRÍGUEZ DE FONSECA: Me ha parecido muy adecuada y me he alegrado mucho. Se trata de dos científicos que ya son muy mayores y cuya investigación tuvo relevancia desde los años setenta. Eso indica la gran cantidad de trabajo que ha sido necesaria para llegar adonde nos encontramos. Manabe fue fundamental a la hora de determinar el efecto del CO_2 en la atmósfera, y en la modelización atmosférica. Demostró que el incremento de los niveles de CO_2 en la atmósfera producía un aumento de la temperatura en la superficie de la Tierra. Pero fue Hasselman el que demostró que el incremento de la temperatura que se estaba observando en la Tierra se debía a las emisiones de gases de efecto invernadero. Hasselman fue fundamental a la hora de generar los llamados «modelos acoplados», en los que las perturbaciones cuasialeatorias de la meteorología se ven dirigidas por variaciones más lentas asociadas al océano o a componentes con mayor inercia térmica.

Para conocer si España, en concreto, tiene características particulares con respecto a los efectos de la progresión del cambio climático, me pongo también en contacto, por consejo de Belén, con Enrique Sánchez Sánchez, un experto en cambio climático de renombre internacional. El profesor Sánchez es especialista en modelización regional del clima, incluidos los estudios sobre fenómenos meteorológicos extremos. Doctor en Física por la Universidad Complutense de Madrid, ha participado durante las dos últimas décadas en los proyectos principales sobre modelos regionales de clima en Europa (incluyendo PRUDENCE y Euro-CORDEX), ha sido coordinador de CLIVAR en España y es catedrático de Física de la Tierra de la Universidad de Castilla-La Mancha.

JUAN FUEYO: ¿Muestran los modelos regionales que España tiene características climáticas únicas?

ENRIQUE SÁNCHEZ SÁNCHEZ: Los modelos regionales afinan las indicaciones que los modelos globales predicen, según los cuales la región mediterránea en general es un hotspot de cambio climático. La Península, climáticamente hablando, presenta una variedad enorme de climas, desde atlántico en el noroeste a semidesértico en el sudeste, con zonas alpinas, en poco más de mil kilómetros. De ahí que los modelos regionales sean muy eficaces para describir esta heterogeneidad.

JUAN FUEYO: ¿Cuáles son los mayores cambios debidos a la crisis climática que observaremos en España de aquí al 2050? ¿Cuánto aumentará la temperatura terrestre?

ENRIQUE SÁNCHEZ SÁNCHEZ: La temperatura terrestre es variable dependiendo de la estación del año, y la zona de España oscila según las estaciones y los tipos de modelos utilizados. Para el 2021-2050 respecto al 1971-2000, la temperatura aumentará entre 1 y 3 °C.

JUAN FUEYO: ¿Existirán ciclones «tropicales» en el Mediterráneo como consecuencia del cambio climático?

ENRIQUE SÁNCHEZ SÁNCHEZ: La probabilidad de que puedan darse, o de que existan las condiciones para ello, están aumentando. Los científicos trabajan para cuantificar su riesgo y peligrosidad, pero parece claro que va a aumentar, tanto en diferentes escenarios de emisiones como según las simulaciones realizadas con modelos acoplados, más realistas.

JUAN FUEYO: ¿Cuáles serán los fenómenos extremos más frecuentes durante las próximas dos décadas en España? ¿Se prevén más Filomenas?

ENRIQUE SÁNCHEZ SÁNCHEZ: Los eventos extremos que con alta probabilidad aumentarán su frecuencia o intensidad serán las olas de calor y también los periodos secos, sin precipitaciones, en buena parte de la Península, que ya se encuentra, climáticamente hablando, en condiciones de estrés hídrico. También parece probable que los eventos de lluvia intensa/ torrencial (conocidos como «DANA» o «gotas frías») puedan darse con más frecuencia. No está claro que los episodios de nevadas como las de Filomena puedan aumentar su frecuencia, pero en un escenario de aumento de sucesos extremos por el calentamiento global, tampoco es descartable que pudiera producirse de nuevo.

El profesor Sánchez quiso resumir sus respuestas señalando que España es una región que, dentro de la cuenca mediterránea, parece especialmente sensible al cambio climático, sobre todo si las proyecciones de descenso de precipitaciones en buena parte de ella (exceptuando el norte) y el aumento de las temperaturas se concretan, ya que partimos de una situación de poca precipitación y valores muy altos de temperatura en verano respecto al resto de Europa.

En el polo opuesto de las olas de calor están las olas de frío. En el año 2020, pocos meses antes de comenzar a escribir este libro, en Houston sufrimos un soplido gélido proveniente del Ártico que tumbó las temperaturas a varios grados bajo cero, cubrió las calles de nieve y hielo, inactivó los generadores de luz, que no estaban preparados para resistir esas temperaturas, dejó sin funcionamiento las bombas de agua y dejó la ciudad sin agua potable durante varios días. De la noche a la mañana el clima subtropical se había convertido en el clima de los Pirineos. Y el clima extremo derrotó a la infraestructura técnica provista por la ciudad para protegerse del tiempo.

Poco antes, al otro lado del Atlántico, Madrid había quedado paralizada por una tormenta sin precedentes en los últimos cincuenta años. La primera semana de enero del 2021, Filomena cubrió las calles de Madrid con cuarenta y cinco centímetros de nieve y paralizó la ciudad durante varios días. Algunos amigos, como los profesores de la UCM Mayte Villalba y Álvaro Martínez del Pozo, esquiaron por las calles de Madrid (lo que me trajo a la memoria a la gente que se movía en canoas en las calles inundadas de Houston durante el huracán Harvey). La ventisca interrumpió los medios de comunicación durante el fin de semana y causó el cierre del aeropuerto de Barajas. Filomena también desencadenó lluvias que superaron la media del año en la Costa del Sol y las Canarias, y en algunos lugares llovió en dos días más de lo que suele llover en todo un año. Y no habrá que esperar cincuenta años a tener otra Filomena. Por ejemplo, Atenas quedó paralizada por una nevada en febrero del 2021 que se consideró como la más intensa de los últimos diez años, pero la capital de la Acrópolis no tuvo que esperar otra década para que se repitiese: otra gran nevada, producto de la tormenta Elpis, paralizó la ciudad en febrero del 2022, solo un año después.

El aumento de la frecuencia de las olas de frío se debe, al menos en parte, a las fluctuaciones de un cinturón de contención del frío del Ártico: la Corriente en Chorro Polar. Este cinturón, que da la vuelta a la Tierra, aísla las temperaturas bajo cero del Polo Norte de los ambientes más templados situados al sur evitando que el frío polar llegue a los trópicos. Debido al cambio climático, esta corriente en chorro tiene cada vez más fluc-

Mayte Villalba y Álvaro Martínez del Pozo, decana y catedrático de la Universidad Complutense, esquiando por las calles de Madrid durante la tormenta Filomena. © Álvaro Martínez del Pozo.

tuaciones y deja resquicios por los que se escapa el hielo hacia el sur. Dado que el Polo Norte está calentándose, el aire menos frío empuja hacia abajo la corriente en chorro y la desestructura, quitándole su propiedad de muralla de contención, lo que provoca la aparición de fenómenos extremos de invierno en regiones tropicales de clima templado, como Houston o Madrid. Por así decirlo, el calentamiento del Ártico «abre la puerta de su congelador» y deja caer los cubitos de hielo hacia los trópicos.

Hay quien no quiere verlo, pero las cosas están claras. El calentamiento global hace que el tiempo al que estamos acostumbrados enloquezca. Avanzamos hacia un tiempo esquizofrénico, definido por periodos meteorológicos extremos y de signos opuestos: las olas de frío y de calor, los huracanes y las sequías; las inundaciones y los incendios serán cada vez más frecuentes, intensos y mortales. Las ciudades y sus ciudadanos tendrán que adaptarse porque la tecnología que utilizaban hasta el momento para mantener los edificios, las redes de electricidad, las vías de agua potable, la contención del oleaje y los medios de transporte (incluyendo carreteras, vías de ferrocarril y aeropuertos) se ha quedado obsoleta. Es preciso modernizar las infraestructuras y las tecnologías. Y rápido. Pocas de ellas están preparadas para las andanadas sucesivas de fenómenos meteorológicos desquiciados.

El apagón que sufrimos en Houston, por ejemplo, se debió a que los generadores y transformadores de la ciudad no pudieron soportar el congelamiento. Hasta entonces los transformadores eléctricos de la ciudad no habían necesitado aislamiento para soportar temperaturas bajo cero y funcionar normalmente en invierno, y muy rara vez se habían visto comprometidos por el suave tiempo invernal. Pero esa vez el soplo del Ártico los apagó de un golpe. A eso se añadió que las temperaturas bajo cero requirieron un uso más intenso de energía para producir calor en las casas y las fábricas, lo que sobrecargó la red eléctrica, que aún era viable. La combinación de congelación y sobrecarga ocasionó un desastre. La falta de previsión de estas situaciones les costó el puesto de trabajo a los ejecutivos responsables de la red eléctrica, que fueron despedidos de inmediato cuando la ciudad recuperó el suministro eléctrico. Los nuevos ejecutivos se verán obligados a tener en cuenta el cambio climático en su planificación de la distribución y el mantenimiento de las redes eléctricas de la ciudad.

La realidad es que el avance de esta crisis hasta ahora era tan lento que una sola generación no podía percibir cuál era la auténtica magnitud global del problema. Pero las cosas han cambiado. Nuestra generación es la primera que está sufriendo el impacto del aumento de frecuencia de eventos catastróficos que no pueden ignorarse: estas tragedias llenan los noticieros del mundo. Y todo esto acaba de comenzar; para muchos ciudadanos de las siguientes generaciones es posible que el cambio climático sea letal. No se trata de una exageración distópica, sino de una afirmación cauta: el futuro de la civilización está amenazado. «¿Dónde estabas y qué hiciste?», nos preguntarán quienes hereden un planeta inhóspito.

De nada sirve pensar que no pasa ahora, que no pasa aquí y que, en cualquier caso, no me pasa a mí. Porque no es cierto. No podremos excusarnos detrás de una presunta ignorancia: los datos están sobre la mesa. Propongámonos dejar el planeta en mejores condiciones que las que nuestra generación se encontró. No es una actitud heroica, es simplemente lo decente. No se trata de seguir los principios rígidos de una ética intergeneracional, no es más que una cuestión de educación cívica. Las generaciones vivas no pueden permitir que la avaricia, la torpeza moral e industrial, los conflictos de interés, la miopía de los líderes y la insensatez de muchos políticos nos lleven a apagar la luz azul de esta pequeña lamparilla que brilla con una vitalidad única en la noche del tiempo y el espacio. No permitamos que nuestra civilización, como ocurrió con el Titanic, se hunda mientras suena un último blues.

4

CRÓNICA DE UNA MUERTE ANUNCIADA

El CO_2 es el aliento que exhala nuestra civilización.

AL GORE

Pedí agua y ella me trajo gasolina.

HOWLIN' WOLF

Borges bromeaba con que el infierno y el paraíso le parecían desproporcionados porque los actos de los hombres no merecían tanto. Pero parece que la humanidad, llevándole la contraria, se ha ganado un infierno a pulso. Mientras escribo estas líneas es noticia que en Sicilia se acaba de batir el récord de temperatura más alta en Europa: 48,9 grados centígrados. En las mitologías, que tanto le gustaban al poeta porteño, se contemplan dos tipos de infiernos opuestos: uno es de fuego, y el otro, de hielo. El primero representa el castigo eterno que procura el dios de los cristianos. El segundo pertenece a la saga de los dioses nórdicos. Ahora, gracias a la ciencia, el posible debate entre las llamas y el hielo ha terminado. La crisis climática aboca a un infierno de fuego. Y no habrá que pasar a otra vida para sufrirlo. Moriremos ajusticiados por el Sol.

Vaclav Smil es el profeta de la energía para Bill Gates: la mejor manera de entender cómo los cambios progresivos en los medios de producción de energía han modelado la evolución de la sociedad. El multimillonario y filántropo tiene un gran interés en el desarrollo de posibles soluciones tecnológicas para mitigar o frenar el cambio climático y dicen que espera los libros del profesor como los niños y adolescentes esperaban la salida de una nueva entrega de *La guerra de las galaxias*. Gates afirma haber leído todos los libros de Vaclav.

Nacido en la antigua Checoslovaquia y emigrado a Canadá, donde es profesor emérito en la Universidad de Manitoba, a Vaclav, que ha cumplido los setenta, muchos científicos y políticos lo consideran uno de los pensadores más influyentes del mundo sobre la energía y su relación con el desarrollo de las sucesivas civilizaciones humanas. Esa sería una de sus innovaciones conceptuales: intentar explicar la historia de la humanidad y las civilizaciones partiendo del tipo de energía predominante en cada etapa histórica.

El tema de la energía no suele despertar pasiones multitudinarias y el interés por el asunto se limita por lo general a los expertos, pero los libros de Vaclav, que ya son más de cuarenta, han llegado a las multitudes, y algunos de ellos se han convertido en best sellers. Mi libro preferido es *Energía y civilización. Una historia*. Me fascinó ya desde el comienzo (traduzco de la edición en inglés publicada en el 2018 por MIT press):

> La energía es la única divisa universal: tiene muchas formas
> y debe transformarse para hacer algo con ella. Las manifesta-

ciones universales de sus transformaciones van desde las inmensas rotaciones de las galaxias a las reacciones termonucleares de las estrellas. Y en la Tierra la energía se ocupa de las placas tectónicas, que forman el planeta sólido, separan el suelo de los océanos y erigen cordilleras.

Pero la energía no es solo clave en el universo físico, sino también en el mundo biológico y social:

> La vida [...] sería imposible sin que las plantas convirtieran la energía del Sol, a través de la fotosíntesis, en biomasa. Los humanos dependemos de esta transformación para sobrevivir y de muchos más flujos de energía para tener una existencia civilizada.

Con casi seiscientas páginas en su versión en inglés, el libro es un tratado sobre las energías dominantes y las innovaciones técnicas asociadas con cada estadio de la evolución de la humanidad civilizada. El punto de vista del escritor es claro y quizá demasiado estrecho: la civilización avanza gracias a la energía. Desde el descubrimiento del fuego y el desarrollo de la sociedad agrícola hasta el uso de energía extrasomática —más allá de la que contienen nuestros músculos—, la civilización ha dependido de ella para evolucionar. Según Vaclav, no sería necesario considerar ningún otro factor para entender el progreso.

Los primeros cuatro capítulos de *Energía y civilización* están dedicados a las sociedades preindustriales, las primeras sociedades agrarias en las que el ser humano vivía sobre todo del trabajo físico de las personas y los animales: los músculos eran los motores principales y, por lo tanto, el agua y los alimentos eran los combustibles básicos. El uso de los combustibles fósiles, como el carbón, no llegaría hasta el siglo XVI en Inglaterra, donde reemplazó la madera como fuente de energía para trabajar el hierro y, más tarde, el acero.

El uso de los nuevos combustibles permitió el desarrollo de dos invenciones que impulsaron la civilización hacia su futuro industrial: la máquina de vapor y la conversión de carbón en electricidad. Estos son dos de los inventos más revolucionarios de todos los tiempos. Sin ellos no tendríamos una sociedad moderna donde predominan el confort y la abundancia.

El motor de vapor tardó casi cien años en imponerse como elemento imprescindible en la vida moderna, pero cuando lo hizo no había fábrica ni medio de transporte que no contasen de alguna manera con este tipo de energía. El motor revolucionó el transporte terrestre y marítimo, y con ello el mercado internacional. El vapor movía el mundo.

En cuanto a la electricidad, Vaclav repasa las biografías de los pioneros de la industria en ese campo, incluyendo a Edison y Westinghouse, así como el descubrimiento de la corriente alterna, que sustituyó de manera eficaz a la continua como tecnología para la electrificación de las ciudades. La electricidad, por supuesto, volvió a cambiarlo todo. Marcó un claro antes y después para la mayor parte de la civilización occidental.

Para Vaclav no hay duda de que el descubrimiento y uso de los combustibles fósiles ha permitido mejoras extraordinarias en la civilización. Con ellos hemos conseguido la producción extensiva de alimentos, que ha tenido como resultado la disminución del hambre en el mundo, y unas mejores condiciones de vida a un nivel impensable hace solo cien años. Los combustibles fósiles han posibilitado la globalización, es decir, un mundo interconectado, y, por lo tanto, mejor preparado para afrontar retos futuros.

Sin embargo, en este momento ya no generamos solo la energía que necesitamos. Según Vaclav, fabricamos energía en exceso para poder llevar ritmos de vida totalmente exorbitantes. No se utiliza energía para vivir, ni siquiera para vivir cómodamente, sino que se derrocha. No usamos electricidad para iluminar la casa que precisamos, sino que vivimos en espacios cada vez más grandes y somos propietarios en muchas ocasiones de más de una vivienda. Iluminamos las calles no solo para poder caminar con seguridad, sino también para adornar las fiestas. Utilizamos vehículos más grandes de lo necesario para divertirnos conduciendo. Viajamos constantemente y cada vez más a nivel transoceánico. Traemos la comida a nuestra mesa desde las regiones más alejadas del planeta... Nos damos la buena vida consumiendo energía de modo estrambótico, y este derroche de energías que son finitas es para Vaclav uno de los factores que están contribuyendo a la escasez de combustibles fósiles.

Vaclav parece aceptar que la civilización ha de buscar otras formas de energía que reemplacen los combustibles fósiles, pero no piensa que estemos viviendo la crónica de una muerte anunciada y también se muestra cauto a la hora de predecir cuál es la candidata ideal. Según él, caminamos hacia un futuro incierto, casi a ciegas, desde un punto de vista energético. Pero es probable que eso sea lo que pasó en las etapas anteriores de la civilización, cuando se produjo una transición hacia otro tipo de energía.

En este momento en el que la humanidad intenta frenar el cambio climático y los combustibles fósiles se critican a muchos niveles, el trabajo de Vaclav sobre las transiciones energéticas está recibiendo más atención que nunca. Pero su mensaje no es necesariamente de esperanza. Sus reflexiones y estudios han obligado a los defensores del clima a tener en cuenta la enorme y terrible inercia que sostiene a la civilización moderna. El profesor canadiense critica las suposiciones y los argumentos de quienes proponen reemplazar los combustibles fósiles por las energías alternativas por encontrarlos demasiado optimistas e ingenuos. Vaclav ve mucha pose y poca profundidad en algunos de los que defienden que este cambio es posible.

Se diría que Vaclav tiene una buena opinión de los combustibles fósiles. En diversos textos y conversaciones critica la poca eficacia de las energías renovables, como la solar, cuya energía no se puede almacenar, o el coste en combustibles fósiles que supone la construcción de sus instalaciones (el plástico, el acero y el cemento necesarios para construir, por ejemplo, los molinos de los parques de energía eólica se producen utilizando petróleo).

Vaclav no niega el cambio climático; sin embargo, duda de las expectativas propuestas por muchos modelos climáticos y cree que cada uno debería aportar su granito de arena y ayudar a la sociedad a reducir la dependencia de los combustibles fósiles. En este sentido, él ha tratado de reducir su propia huella de carbono construyendo una casa que consume energía de modo eficiente y adoptando una dieta mayoritariamente vegetariana (para contrarrestar el metano producido por el mercado de la carne). No justifica la inacción, pero piensa que muchas propuestas son exageradas y poco realistas.

En una entrevista con la revista *Science*, insinuando que hay muchos intereses en los grupos que defienden o atacan el cambio climático, dijo: «Nunca me he equivocado en estos importantes problemas energéticos y medioambientales porque no tengo nada que vender».

Pero dejemos por un momento las reflexiones políticas sobre el tema y volvamos a la relación entre energía y evolución. Según Vaclav, la humanidad ha propiciado tres transiciones energéticas y ahora está destinada, debido a la futura escasez de combustibles fósiles y al cambio climático, a iniciar la cuarta. La primera transición se dio gracias al dominio del fuego, es decir, a la liberación de energía solar contenida en las plantas.[12] La segunda fue la conversión de la energía solar, mediante la agricultura, en alimentos. Este fue un gran paso hacia la creación de una civilización más estable, ya que acabó con el nomadismo. Durante ese periodo, las personas y los animales también participaron en la promoción de energía a través del uso diario de fuerza muscular para crear bienes (cobijo, siembra, cosecha). La tercera transición se produciría varios miles de años después, cuando los combustibles fósiles lanzaron la Revolución industrial —la palabra «revolución» no le parece apropiada al pensador canadiense porque indicaría que el proceso ocurrió de golpe y la industrialización sucedió de un modo lento—. Y, en este momento, el mundo se enfrenta a su cuarta transición energética: la evolución desde los combustibles fósiles —carbón, gas y petróleo— a las energías renovables. Algo que podría durar mucho más de lo que se piensa, incluso yendo todo bien. El experto en energía nos recuerda que las transiciones siempre han sido lentas, muy lentas. Sin embargo, en plena crisis climática, muchos expertos coinci-

12. Richard Feynman fue uno de los físicos con más carisma como profesor, admirado por los estudiantes de física de todos los continentes. Fue el científico más joven que lideró uno de los equipos encargados de diseñar y construir la primera bomba atómica en Los Álamos. En 1965 ganó el Premio Nobel de Física. Está enterrado en Altadena, la parte alta de Pasadena, y hasta allí me fui un día de peregrinaje. Yace junto a su segunda mujer, y su lápida, que apenas mide un metro de ancho, no contiene ninguna mención especial ni referencia a su trabajo, ni está protegida por ninguna valla. Uno de los mejores físicos y profesores de todos los tiempos yace de modo humilde. Ese es el destino de muchos grandes.

den en señalar que la evolución hacia las formas alternativas de energía ha de ser rápida, mucho más que en el pasado, porque no nos queda tiempo.

El carbón, el petróleo y el gas natural suministran en este momento el noventa por ciento de la energía del mundo y no estamos disminuyendo, como sería deseable, el consumo de estos combustibles, sino que seguimos aumentándolo. El carbón y el petróleo, por ejemplo, han convertido a China en la segunda economía del mundo y quizá con el tiempo pase a ser la primera potencia mundial y la mayor instigadora de la aceleración del cambio climático. Entre los países más ricos están las naciones productoras de petróleo del mar de Arabia. Allí, donde la energía se derrocha para convertir el desierto en un vergel con aire acondicionado, no se cree en la crisis de la energía ni en el cambio climático.

A pesar de décadas de experimentación con la energía solar y la eólica, estas dos fuentes de energía representan un uno por ciento de la energía primaria del mundo. Así que una civilización como la nuestra, que vive en un continuo derroche y despilfarro de energía, tardará bastante tiempo en llegar al noventa por ciento. En un pensamiento de George Orwell que recoge Vaclav, los combustibles fósiles (en el original el carbón) son necesarios para operar todas las máquinas y para construir las máquinas que construyen las máquinas. El carbón y el petróleo son necesarios para construir carreteras y edificios, porque las altas temperaturas necesarias para fabricar cemento y acero solo pueden conseguirse quemando petróleo. Y, hoy en día, ¿qué no está hecho de plástico? Si miras a tu alrededor o si vacías el bolso o el maletín de trabajo, ¿cuántos objetos están hechos en parte o en su totalidad de plástico? Tu teléfono, que se ha hecho imprescindible; tu coche; tu nevera; el ordenador y los cubos de la basura, incluyendo el que utilizas para depositar lo que quieres que la ciudad recicle. Podría ser que Vaclav tuviese razón y que la transición no vaya a ser fácil ni rápida. Podría ser que la transición fuese, de hecho, imposible en el corto espacio que nos queda antes de la extinción...

Las dudas de Vaclav, entre las de otros expertos en temas de energía, se toman como base para sugerir que en plena aceleración del cambio climático y sin tiempo para que las energías renovables reemplacen a los combustibles fósiles, la energía atómica debería tomar un papel protagonista en la sociedad. Al menos hasta que la transición se haya consumado. Pero no todos están de acuerdo con este planteamiento. La utilización de la energía nuclear hoy por hoy sigue siendo peligrosa, como atestiguan varios accidentes catastróficos, y no se ha encontrado solución para deshacerse de los residuos tóxicos. Y, por si esto fuera poco, tampoco hay tanto uranio. Si se aumentase el uso de las centrales nucleares, las reservas de este metal desaparecerían no mucho después que las de petróleo.

Una de las universidades americanas que han contribuido al entendimiento del cambio climático es el Instituto de Tecnología de California, más conocido como Caltech. Cuando recibimos la noticia de que a mi hijo mayor lo habían aceptado en esa universidad, salté de alegría. ¡Menuda sorpresa! No porque mi hijo no fuera un buen estudiante, que lo era, sino porque las posibilidades de que te admitan en una de las mecas de la ingeniería son mínimas. Caltech es una escuela pequeña en comparación con Harvard o Stanford. Admite menos de mil estudiantes cada año y recibe un número tremendo de solicitudes, por lo que las posibilidades se sitúan alrededor del cuatro por ciento. Y para que fuera miel sobre hojuelas, cuando aceptaron a mi hijo, el rector de Caltech era David

Baltimore, uno de los virólogos más importantes de la historia de la medicina, cuyos descubrimientos llevaron a que se pudieran diseñar medicamentos eficaces para el sida, por lo que recibió el Premio Nobel, y uno de los héroes de mi mujer y mío.

Caltech, en el mundo de la ciencia, es una escuela de la talla de Oxford, Cambridge o las antiguas universidades de Salamanca o Bolonia. Está situada en el extrarradio de Los Ángeles, en una ciudad llamada «Pasadena», donde, según Raymond Chandler, el autor de *El sueño eterno*,[13] en verano hace más calor que en el infierno. Entre las disciplinas que se enseñan, la física ha sido siempre la estrella. Durante los años treinta del siglo XX, la lista de físicos europeos invitados a Caltech incluyó a Paul Dirac, Erwin Schrödinger, Werner Heisenberg, Hendrik Lorentz y Niels Bohr. Las visitas de Albert Einstein al campus en 1931, 1932 y 1933 pusieron la física en el mapa de la Costa Oeste de Estados Unidos.

13. Pocos escritores me gustan más que Raymond Chandler. Hemingway leía las novelas de Maigret de Simenon para evadirse y a mí es Chandler quien me hace olvidar el resto del mundo. He leído cuanto se ha publicado de él en inglés y algunas novelas he vuelto a leerlas en castellano por si me había dejado algo. Philip Marlow, el duro y chistoso —hasta el cinismo— protagonista, es un detective en apuros de los que definieron la novela negra. Subido en su coche, recorre los barrios ricos y los barrios bajos de Los Ángeles como un guía de turismo que pretende enseñarnos qué ocultan las calles oscuras y las grandes fortunas. Y en el periplo de sus investigaciones pasa una y otra vez por Pasadena. Así que, cuando voy a Los Ángeles y a Pasadena, mi imaginación va subida en el coche de Marlow. Mi novela favorita es *La hermana menor*. ¿Me permitís que os deje un regalo? Esta es la receta de un cóctel que describe Chadler en la que quizá sea su obra maestra, *El sueño eterno*. Chandler utiliza esta bebida para describir el lujo en el que vivió un personaje.
—¿Cómo le gusta el brandy, señor Marlow?
—De cualquier manera —dije.
[...]
—A mí me gustaba tomarlo con champán. El champán ha de estar tan frío como el invierno en Valley Forge antes de añadirlo a la tercera parte de una copa de brandy.
¡Salud, amigos lectores!

Caltech ha sido la plataforma que ha lanzado a muchos científicos a ganar el Premio Nobel y es también destino de profesores laureados con ese premio en otras instituciones y que se trasladan allí para enseñar y profundizar en sus estudios. La Fundación Nobel, al hablar sobre Caltech, menciona que, en los años treinta, el presidente de la universidad creía que el mundo moderno era básicamente una invención científica, que la ciencia era la fuente principal del siglo XX y que el futuro de Estados Unidos se basaba en la promoción de la ciencia básica y sus aplicaciones. Caltech, en opinión de Millikan, existía para proporcionar el liderazgo científico de Estados Unidos.

Y la explicación de la Fundación Nobel continúa:

> El enfoque de la investigación científica durante la década de 1930 varió desde la genética de Drosophila y la bioquímica de las vitaminas en biología hasta la teoría de la turbulencia y el diseño de alas de avión en aeronáutica; desde la terapia del cáncer mediante radiación y la radiactividad de los elementos ligeros en la física nuclear hasta la erosión del suelo y el encauzamiento de agua del río Colorado a Los Ángeles en ingeniería; desde la aplicación de la mecánica cuántica a la estructura molecular en química hasta la introducción de la escala de magnitud en sismología.

Más adelante Caltech acabaría liderando el estudio de la física de partículas. Después de la Segunda Guerra Mundial, la física teórica recibió un fuerte empujón cuando la universidad contrató a Richard Feynman y Murray Gell-Mann, que ganarían sendos Premios Nobel. Allí se construyó un acelerador de partículas en los años sesenta.

No muy lejos de la universidad se encuentra el Laboratorio

de Propulsión a Chorro (Jet Propulsion Laboratory, JPL, por sus siglas en inglés), un centro de investigación gestionado por Caltech a través de un consorcio con la NASA. El JPL se dedica a la exploración robótica del sistema solar mediante el desarrollo de vehículos de exploración y la puesta en marcha de misiones de investigación planetaria. Algunos de sus proyectos han incluido las misiones Ranger y Surveyor a la Luna; las misiones Mariner a Venus, Marte y Mercurio; la misión de Galileo a Júpiter y sus lunas; y la serie de *rovers* (vehículo de exploración diseñado para moverse en la superficie de un cuerpo celeste) enviados a Marte.

El JPL tiene protagonismo hollywoodiense en muchas películas, una de las más recientes es *Marte*, de Ridley Scott. En esta película, cuando un astronauta se queda atrapado en Marte, los científicos y la tecnología del Laboratorio de Propulsión a Chorro de Pasadena desempeñan un papel importante ayudándolo a sobrevivir (el astronauta aprende muchos trucos: es un Robinson Crusoe del espacio) y al fin, y de un modo increíble, a regresar a la Tierra. Los críticos están de acuerdo en que refleja bastante bien el trabajo de exploración de Marte llevado a cabo por el JPL. Caltech es también el escenario de la serie de televisión *The Big Bang Theory*, cuyos protagonistas son estudiantes de esta universidad y en la que hacen cameos varios premios Nobel de Caltech.

La conexión de Caltech con el cambio climático se inició con Charles David Keeling. Fue becario posdoctoral en geoquímica y durante su estancia allí desarrolló un sistema para medir la concentración de CO_2 en el aire. Estos estudios mostraron que los niveles de CO_2 en la atmósfera tienen un ciclo diario que refleja la respiración de las plantas. La investigación posterior de Keeling lo llevó a crear un método para detectar la composición del aire respirado. Y del estudio del

CO_2 en la respiración hizo la transición al estudio de este gas en ecosistemas, algo mucho más complejo.

Su mayor aportación fue describir con precisión la variación del CO_2 en el planeta a través de los años. Su trabajo animó a otros científicos a estudiar otros gases que también tienen gran efecto invernadero: el metano y el óxido nitroso, y los compuestos que destruyen el ozono en la atmósfera, como los clorofluorocarbonos. Así que las investigaciones de este estudiante de Caltech tuvieron y tienen una influencia enorme en nuestro entendimiento del cambio climático y de cómo ciertos gases afectan a la atmósfera. Dediquemos un segundo a repasar la historia extraordinaria de sus espectaculares descubrimientos.

A finales de la década de los cincuenta, Keeling inició una colaboración con científicos del Observatorio Mauna Loa, en Hawái, y otras estaciones de observación atmosférica, para medir los niveles de CO_2 en la atmósfera terrestre. Esta colaboración generaría uno de los proyectos más duraderos del estudio de la atmósfera de la Tierra. En marzo de 1958, pocos meses después de que yo naciera, se publicó la primera medición de Mauna Loa: 313 ppm. Y, desde entonces, Mauna Loa ha medido cada día, durante más de sesenta años, la concentración de CO_2 en la atmósfera terrestre. La obtención y el registro de estos datos constituyen un triunfo de la ciencia en general y de la ciencia del cambio climático en particular.

Además, estas observaciones tienen una gran importancia para la humanidad. La curva de Keeling muestra que desde que la humanidad utiliza combustibles fósiles, los niveles de CO_2 en la atmósfera han aumentado de modo desproporcionado. La curva de Keeling evidenció por primera vez la conexión entre tres factores que parecían no estar interconectados: combustibles fósiles, niveles atmosféricos de CO_2 y cambio climático.

La curva de Keeling describe cómo el CO_2 ha ido acumulándose en la atmósfera a lo largo de la biografía de quienes hayan cumplido sesenta años en el 2020. Según esos datos, cuando en mi infancia asturiana vi los ríos contaminados por el carbón, había 313 partículas por millón (ppm) de CO_2 en la atmósfera; durante mis estudios de medicina en Cataluña, ya llegaba a los 340 ppm; a mis cuarenta años, cuando consolidé mi trabajo en el M. D. Anderson, la concentración había llegado a los 360 ppm; cuando publiqué *Viral*, la concentración era de 415 ppm. Y ahora, mientras escribo este párrafo (8 de enero, 2022), la concentración es de 417 ppm. Durante mi vida, la concentración de CO_2 ha sufrido un aumento de casi cien partículas por millón. Una progresión temible, insólita y extraordinaria.

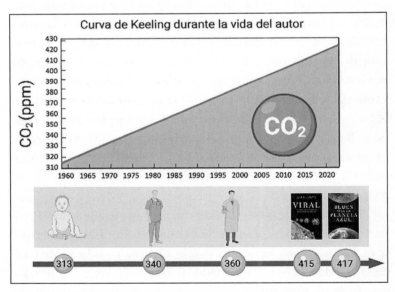

Correlación de la biografía del escritor con la concentración de CO_2 en la atmósfera. © Juan Fueyo.

Se ha dicho que la vida de un hombre es un segundo en la vida de la Tierra. En una escala geológica, mis años son una fracción sin importancia, menos que ínfima. Y, sin embargo, en un tiempo tan insignificante para nuestro planeta los niveles de CO_2 han aumentado un increíble treinta por ciento. Lo que debería haber ocurrido —si es que debía ocurrir— en milenios se ha alcanzado tan solo en unas décadas. Tal es la aceleración del cambio climático. En el Antropoceno, se diría, el tiempo fluye a gran velocidad, es como si del reloj que marca el comienzo y el final de la humanidad se estuviese escapando arena por un gran agujero en el cristal. La humanidad se ha convertido en la gran manipuladora de los gases de la Tierra y está acortando el poco tiempo que le queda de vida.

La curva de Keeling también demuestra que los niveles de CO_2 se correlacionan con el uso de combustibles fósiles para producir energía. En los años en que hubo enlentecimiento económico, sobre todo debido a las crisis del petróleo, la concentración de CO_2 en la atmósfera disminuyó. Del mismo modo, en el año 2020 los niveles de CO_2 y metano en la atmósfera bajaron debido a que la pandemia causó un decrecimiento económico. En cuanto se remontó la economía, los niveles de CO_2 rebotaron de inmediato. Estos dos ejemplos son fuertes indicadores que apuntan a que el aumento de gases de efecto invernadero en la atmósfera tiene su origen en la energía que utiliza la humanidad desde la Revolución industrial.

Los estudios de Keeling partían de las hipótesis propuestas por Svante Arrhenius. Este científico sueco, ganador del Premio Nobel de Química por su teoría de la disociación electrolítica, postuló en 1896 que la cantidad de CO_2 en la atmósfera estaba relacionada con la temperatura de la Tierra. Años después, las mediciones de Keeling convirtieron sus hipótesis en datos.

La curva de Keeling se convirtió en el símbolo del Antropoceno al reflejar de manera drástica el impacto de los humanos en el planeta. Este descubrimiento tuvo importancia social y política, y estimuló los primeros estudios científicos dedicados al cambio climático, como los realizados por Suki Manabe, premio Nobel de Física del 2021.

Syukuro «Suki» Manabe fue uno de los primeros climatólogos en diseñar un modelo digital para simular el cambio climático global y las variaciones naturales del clima. Una vez desarrollado el modelo tridimensional de la atmósfera con un ciclo hidrológico, Manabe lo utilizó para representar por primera vez qué ocurriría con la temperatura de la Tierra si aumentase el CO_2 atmosférico. Después, Manabe también se dedicó a estudiar el papel que desempeña el océano en el cambio climático utilizando programas informáticos que acoplaban océano y atmósfera. Sus modelos predicen de modo fiable el calentamiento global y cómo cambiará el mundo debido a las emisiones de gases con efecto invernadero y, además, son válidos también para determinar cuál sería el beneficio para la vida en nuestro planeta si se produjese una rápida disminución del CO_2.

Sus descubrimientos recibieron en octubre del año 2021 el Premio Nobel de Física. La Fundación Nobel explica las razones del premio:

> Un sistema complejo de vital importancia para la humanidad es el clima de la Tierra. Syukuro Manabe demostró cómo el aumento de los niveles de CO_2 en la atmósfera conduce a un aumento de las temperaturas en la superficie de la Tierra. En la década de 1960 dirigió el desarrollo de modelos físicos del clima de la Tierra y fue la primera persona en explorar la interacción entre el equilibrio de radiación y el transporte vertical

de masas de aire. Su trabajo sentó las bases para el desarrollo de los modelos climáticos actuales.

Veinte años después de los modelos de Manabe y treinta de la curva de Keeling, en la década de los ochenta, se encontró un método para determinar la cantidad de CO_2 antiguo que había quedado atrapado en el hielo polar. Esta metodología ha proporcionado pruebas directas de la conexión entre CO_2 atmosférico y la temperatura terrestre a través de la historia. Según un artículo publicado en la revista *Nature* en marzo del 2020 y titulado «Cuarenta años de archivos del CO_2 en los cores o testigos de hielo»:

> En las antiguas capas de hielo cercanas a los polos de la Tierra, pequeñas burbujas atrapadas en las capas compactas de las nevadas proporcionan un archivo natural de aire de épocas pasadas, pero no son fáciles de leer. Hace cuarenta años, el glaciólogo Robert Delmas y sus colegas desarrollaron una técnica para medir de forma fiable la cantidad de dióxido de carbono en las burbujas. Su trabajo allanó el camino para las mediciones modernas, que muestran que los niveles de CO_2 atmosférico han estado asociados con la temperatura de la Tierra durante cientos de miles de años.

Los testigos de hielo —también llamados «cores» o «núcleos»— son muestras cilíndricas de hielo que se extraen de los glaciares perforándolos desde su superficie hasta capas más profundas y que permiten analizar la temperatura y la química del aire (incluyendo gases de efecto invernadero) de tiempos pasados. Los datos obtenidos permiten reconstruir parcialmente climas pretéritos de hasta hace, aproximadamente, ochocientos mil años, y compararlos con el presente estableciendo correlaciones entre las concentraciones de estos gases y su vinculación con la temperatura del planeta a lo largo de la historia.

Los testigos de hielo empezaron a extraerse en los años cincuenta en los casquetes glaciares de Groenlandia y la Antártida. La imagen que se obtiene podría compararse a los anillos que se observan en los troncos cortados de los árboles. Esos círculos muestran la edad del árbol y también, según su anchura, en qué años hubo lluvia o sequía. Los núcleos de hielo muestran en qué años se ha acumulado más o menos gas de efecto invernadero y, por tanto, son un archivo directo de datos atmosféricos. En vez de anillos, como ocurre en los árboles, los datos de los testigos de hielo vienen contenidos en burbujas distribuidas en estratos anuales. Cada año, en la parte baja de la capa de nieve precipitada, quedan atrapadas burbujas de aire que acaban congelándose y convirtiéndose en hielo. La tecnología permite extraer el aire de estas burbujas y analizar su contenido en gases.

En 1987 se consiguió extraer un core de hielo en la Antártida que consistía en una barra de dos kilómetros de profundidad. Este enorme cilindro proporcionó un archivo de más de ciento cincuenta mil años de temperaturas y CO_2. Ahora sabemos que en este periodo de tiempo los niveles de CO_2 variaron de 290 ppm durante periodos cálidos de la Tierra a 190 ppm en el periodo más frío. Y en un proyecto que aún está en marcha mientras escribo este capítulo, se pretende perforar hasta tres kilómetros de profundidad, con lo que sería posible registrar los niveles de CO_2 de hace más de un millón de años.

La Tierra sufrió temperaturas altas en el pasado y estas se correlacionaron con altos niveles de CO_2 en la atmósfera. Los ecologistas nos advierten de que, si siguen subiendo los niveles de CO_2 y otros gases de efecto invernadero, podríamos regresar a las condiciones climatológicas del Eoceno.

El Eoceno fue una época geológica con intensa actividad volcánica, hace cincuenta y cuatro millones de años, que destacó por el calentamiento global. Los fósiles de plantas y animales de esa época indican que habitaban en ambientes cálidos en latitudes mucho más altas que las de ahora, y que los polos se habían descongelado, un fenómeno del que nosotros estamos ahora siendo testigos. Los niveles de CO_2 durante ese tiempo eran muy altos y la temperatura media era entre nueve y catorce grados más alta que la actual, lo que resultó en una extinción masiva de especies. Por lo que sabemos, será muy difícil para la humanidad sobrevivir a subidas de temperaturas globales de más de cinco grados Celsius.

Hay veces que los efectos del cambio climático son de tal magnitud que no hace falta alta tecnología para detectarlos. Pero en el momento presente los satélites ayudan a identificar y localizar cambios masivos en todo el mundo, incluyendo los polos. En julio del año 2017, por ejemplo, un iceberg con un área mayor que la isla de Mallorca se separó de la plataforma de hielo Larsen C de la Antártida. El satélite Aqua de la NASA denunció el desprendimiento del nuevo iceberg. Asimismo, el primer estudio sobre el cambio de la masa de hielo de la Antártida se hizo utilizando los datos del altímetro Copernicus Sentinel-3 Delay-Doppler, que indicaban la disminución del casquete polar en la Antártida. Los satélites demuestran que en Groenlandia la capa de hielo está derritiéndose a una velocidad seis veces mayor que en la década de los ochenta.

Hay alrededor de ciento sesenta satélites en órbita que miden los distintos indicadores relacionados con el cambio climático, y ese número seguirá creciendo durante los próximos años.

Las mediciones por satélite de la temperatura de la Tierra, las emisiones de gases de efecto invernadero, el nivel del mar, los gases atmosféricos, la disminución del hielo y la pérdida de las zonas verdes del planeta son esenciales para entender las causas y los efectos del cambio climático y, con ello, predecir el posible futuro de la Tierra. Todos esos datos combinados muestran de modo irrefutable que el cambio climático existe y que el calentamiento global es, por desgracia, un hecho.

Los automóviles son una de las principales causas del calentamiento global. En conjunto, estos vehículos causan una quinta parte de las emisiones de Estados Unidos, pues emiten por el tubo de escape alrededor de tres kilos de CO_2 por cada litro de gasolina. La suma de los automóviles, camiones, aviones y barcos es responsable del treinta por ciento de todas las emisiones de CO_2 de un país de economía avanzada, más que cualquier otro sector de la economía. La aviación contribuye al cambio climático mediante una serie de procesos, pero el que más llama la atención son las emisiones de CO_2. La mayoría de los vuelos funcionan con gasolina de aviación, que se convierte en CO_2 cuando se quema. En el 2018, se estima que la aviación conjunta de todos los países emitió mil millones de toneladas de CO_2, es decir, casi el tres por ciento de las emisiones totales de CO_2 de ese año.

Después de la producción de CO_2 por el ser humano, el segundo gas con efecto invernadero producido por la civilización es el metano. Las emisiones de metano están relacionadas con el uso y refinamiento de combustibles fósiles, es decir, petróleo crudo, gas natural y carbón, y también con el cultivo de arroz, la ganadería y los incendios forestales. Las emisiones de metano asociadas a la producción de combustibles constituyen alrededor de un cuarto de las emisiones globales de metano. La proporción de metano en la mezcla atmosférica ha aumentado de un valor preindustrial de 722 ppb («partes por billón», en este caso) en el año 1750 a un promedio de aproximadamente 1803 ppb en el 2011. Dado que la permanencia del metano en la atmósfera es relativamente corta, más o menos nueve años, frenar sus emisiones sería una opción bastante eficiente para mitigar el cambio climático y de ahí que la COP26 y la Administración Joe Biden en Estados Unidos se hayan interesado en este gas.

El exceso de metano tiene un origen en la civilización. El ganado rumiante produce metano como subproducto de la digestión o fermentación entérica y este se libera a la atmósfera por los eructos de los rumiantes. Tad Friend, en un artículo en *The New Yorker*, resume el problema de las vacas y el metano más o menos así. Existen mil quinientos millones de vacas en el mundo. Mil quinientos millones de estómagos de vacas que rumian y que al rumiar expelen el metano que producen los microbios de sus grandes estómagos. Mil quinientos millones de vacas eructando muchas veces cada día es muchísimo metano. Y el metano es un gas peligroso con un efecto invernadero veinte veces más potente que el del CO_2. Así que los rumiantes han sido declarados cómplices de la industria en las emisiones de gases que atrapan el calor. El conocimiento de estos datos ha llevado a que muchos jóvenes inicien dietas vegetarianas o incluso veganas: evitando comer carne pretenden disminuir la cantidad de ganado vacuno en el mundo.

Steven Chu, el que fuera secretario de Energía de Estados Unidos, ha indicado que si las vacas fueran un país, sus emisiones serían mayores que las de la Comunidad Económica Europea y se encontraría solo por detrás de China y Estados Unidos en la lista de países que generan más metano.

«Vacalandia» es un país en guerra con la atmósfera de la Tierra. Naturalmente, la superganadería es un producto del Antropoceno. Los rumiantes no han creado el problema, lo ha engendrado el ser humano al multiplicar el ganado vacuno en todo el mundo. «Vacalandia» emite tanto metano como el conjunto de los automóviles de todo el mundo. Por último, «Vacalandia» también produce enormes cantidades de estiércol, que aporta tanto metano como el equivalente a doscientos millones de toneladas métricas de CO_2.

El calentamiento global acelerará el deshielo del permafrost (capa del subsuelo congelada de forma permanente) y liberará los gases de efecto invernadero retenidos en él, algo así como quinientos millones de toneladas de metano al año.

Después del CO_2 y el metano, el óxido nitroso (N_2O) es también responsable del efecto invernadero. El N_2O sobrevive en la atmósfera durante cien años y un kilogramo de este gas calienta la atmósfera trescientas veces más que un kilo de CO_2 durante un periodo de cien años.

En 1970, algunos científicos sugirieron que determinados productos químicos podían destruir la capa de ozono en la estratosfera, que rodea la Tierra como si fuera una burbuja y funciona como un escudo contra las radiaciones ultravioleta. El ozono es un factor regulador del clima: cuanto mayor es la concentración de ozono, más calor se retiene en la estratosfera, ya que el ozono, además de impedir que la radiación ultravioleta llegue a nuestro planeta, absorbe la radiación infrarroja que asciende de la Tierra al exterior. En 1985 se descubrió un «agujero» en la capa de ozono a la altura de la Antártida que permitía la filtración de una parte de los rayos ultravioletas del Sol, con el consecuente aumento de las temperaturas y de incidencia de enfermedades como el cáncer de piel. Esto desencadenó acuerdos internacionales para eliminar de forma gradual la producción de sustancias que agotan la capa de ozono, como los clorofluorocarbonos (CFC), y ahora se predice que la capa de ozono estratosférico se recuperará a los niveles de ozono de 1980 para el año 2070.

Durante la historia reciente de la humanidad se han producido una serie de atentados contra el medio ambiente que, por su impacto en la naturaleza y su relevancia para la civilización, merecen que profundicemos un poco en ellos. En la noche del 2 de diciembre de 1984, un accidente en una fábrica de pesticidas en Bhopal, la India, provocó el escape de treinta toneladas de isocianato de metilo, un gas tóxico. La planta de pesticidas estaba rodeada de barrios de trabajadores y medio millón de personas estuvieron directamente expuestas a la nube de gas durante esa noche. El Gobierno de la India ha calculado que en el accidente murieron quince mil personas. Algunos supervivientes quedaron ciegos. Muchos de los sobrevivientes han tenido niños con discapacidades físicas y mentales. Miles de animales murieron intoxicados.

En el año 2005 un accidente en la fábrica petroquímica Jilin Petrochemical Company (Jilin, China) causó el vertido de cien toneladas de benceno y nitrobenceno en el río de la ciudad después de una explosión. Por suerte, el benceno, un potente tóxico, se diluyó rápidamente en la corriente del río.

Los vertidos de petróleo en alta mar han constituido parte de los mayores desastres ecológicos ocasionados por esta industria. El petrolero Exxon Valdez derramó treinta millones de litros de crudo en Alaska el 24 de marzo de 1989. La marea negra cubrió dos mil kilómetros de costa y fue letal para cientos de miles de animales, incluyendo ballenas. Aún hoy quedan residuos de petróleo en algunos puntos de la costa. Este fue el peor derrame de petróleo en la historia de Estados Unidos hasta la explosión de la plataforma petrolífera Deepwater Horizon en 2010, que liberó al océano diez veces más petróleo que el Exxon Valdez.

Deepwater Horizon estaba situada en el golfo de México, a sesenta kilómetros frente a la costa de Luisiana. La explosión causó la muerte de once trabajadores y la plataforma acabó hundiéndose en el océano Atlántico. Durante los tres meses siguientes, cuatro millones de barriles de petróleo fluyeron del pozo antes de que al fin se consiguiera contener la fuga. El vertido afectó al rico ecosistema de la zona —una de las imágenes más emblemáticas fueron los pelícanos completamente empapados en el pegajoso líquido negro— y mató miles de tortugas y veinte mil mamíferos marinos, sobre todo delfines.

Estos desastres ecológicos degradan ecosistemas enormes. Los esfuerzos de limpieza solo eliminan una fracción del petróleo derramado, y el que no se puede limpiar continúa envenenando la vida marina durante generaciones. Además del daño directo a los animales marinos, estos accidentes empobrecen las poblaciones que dependen de esta rica masa de agua para la alimentación y los negocios de pesca.

Uno de los mayores desastres medioambientales de España ocurrió el 19 de noviembre del año 2002. Ese día histórico, el Prestige, un petrolero averiado, se partió por la mitad frente a la costa noroeste de España y se hundió frente a las costas de Galicia derramando sesenta mil toneladas de petróleo que contaminaron una zona de mar que se extendía desde el norte de Portugal hasta Francia. La llegada masiva de petróleo a la costa, meses después del accidente, fue catastrófica para la fauna marina.

Otros desastres relacionados con el petróleo fueron los ocurridos en el golfo de México y en Kuwait, entre otros lugares. Estos accidentes continúan produciéndose y mientras escribía este libro un oleoducto de California sufrió una fuga frente a la costa. Ya empezado el año 2022, dos millones de litros de crudo se vertieron al Pacífico cuando un buque descargaba el crudo cerca de una refinería en la costa de Perú, propiedad de la empresa multinacional Repsol. Este accidente ha ocasionado lo que se considera el mayor desastre ecológico de toda la historia del país sudamericano.

El documental *Una vida en nuestro planeta*, de David Attenborough, es un canto a la vida en la Tierra y una advertencia sobre los peligros del cambio climático. Comienza con un nonagenario Attenborough paseándose por una ciudad en ruinas. Pronto sabremos que se trata de las ruinas de Prípiat, que una vez fue una ciudad vital y que hubo que abandonar cuando la radiactividad ocasionada por el accidente de la central nuclear de Chernóbil la volvió inhabitable.

En 1986 un reactor nuclear explotó en la ciudad de Chernóbil. El accidente se produjo por el diseño defectuoso del reactor y la formación incompleta o inadecuada del personal responsable. La explosión lanzó el núcleo radiactivo del reactor hacia el medio ambiente y contaminó amplias zonas de Bielorrusia, la Federación de Rusia y Ucrania, habitadas por millones de personas. Treinta trabajadores murieron a consecuencia de la onda expansiva de la explosión o por el síndrome de radiación aguda. Se cree que la radiación liberada causó cáncer de tiroides en miles de personas. Todavía no ha podido recuperarse la llamada Zona Muerta de Chernóbil.

El accidente de Chernóbil fue trágico, pero no ha sido el único. En el 2011, tras un gran terremoto, un tsunami con olas de 15 metros de altura causó problemas en tres reactores de la central nuclear japonesa Fukushima Dai-ichi. El accidente se clasificó como de nivel siete en la Escala Internacional de Accidentes Nucleares. Además del enfriamiento de los reactores, otra tarea necesaria era evitar la liberación de materiales radiactivos, sobre todo al aguapi que se filtraba de las tres unidades. La zona de protección alrededor del complejo nuclear tuvo un radio de 30 km y se evacuó de su hogar a más de 100.000 personas como medida preventiva. Las cifras oficiales muestran que ha habido dos mil muertes relacionadas con el desastre. La radiactividad liberada contaminó el aire, la tierra y el mar.

Otras contaminaciones debidas al uso de energía nuclear incluyen el uso de las bombas en Hiroshima y Nagasaki, y los consecutivos test llevados a cabo en varios países, incluyendo los numerosos realizados por Estados Unidos y la antigua Unión de Repúblicas Socialistas Soviéticas.

En España se produjo uno de los accidentes nucleares más relevantes. El 17 de enero de 1966, un bombardero B-52 americano cargado con cuatro bombas atómicas chocó con un avión cisterna durante el reabastecimiento de combustible y cayó al mar frente al pueblecito pesquero de Palomares, en la costa de Almería. Dos de las cuatro bombas se recuperaron intactas, pero las otras dos tuvieron una fuga de un isótopo de plutonio altamente radiactivo. Poco después del accidente, Estados Unidos transportó más de mil toneladas de tierra contaminada a Carolina del Sur. La preocupación de que el accidente afectara de forma negativa al turismo español, y su extravagante personalidad, llevaron a Manuel Fraga, en aquel entonces ministro de Información y Turismo, a tomar un esperpéntico baño en Palomares junto al embajador estadounidense. Medio siglo después, Washington finalmente acordó limpiar la contaminación producida por el accidente.

La curva de Keeling y los testigos de hielo muestran, sin lugar a dudas, que el CO_2, el metano y otros gases de efecto invernadero están acumulándose en la atmósfera debido al uso y abuso de combustibles fósiles para mantener el nivel de vida de nuestra sociedad, cuya economía se centra en el derroche y la incesante producción de basura. La transición a energías que se plantean como alternativas, incluyendo la nuclear, no será fácil. Las soluciones probablemente nos exigirán a todos un esfuerzo, pero un ciudadano no puede evitar que el Gobierno utilice la energía de los combustibles fósiles o la nuclear. Si de verdad queremos acabar con la crisis del clima, estos temas deberían tenerse en cuenta a la hora de votar. Como bien dijo Thomas L. Friedman, el avispado e inteligente columnista de *The New York Times*, la solución estaría en «cambiar los líderes, no las bombillas».

5

PANDEMIAS CIRCULARES

La gente tiene problemas en todo el mundo.

B. B. KING

Los brotes de enfermedades son inevitables,
pero las pandemias son opcionales.

LARRY BRILLIANT

Hamlet se preguntaba qué sueños vendrían después del sueño de la muerte. Los epidemiólogos investigan qué nueva pesadilla nos espera después de la COVID-19. ¿Cuándo vendrá el siguiente virus? ¿Qué bacterias u otros patógenos pueden producir pandemias? ¿Cuáles de todos ellos se verán favorecidos por el cambio climático? ¿Dónde empezará la siguiente pandemia? ¿Cuál es el animal más peligroso del mundo desde el punto de vista de las pandemias? ¿Qué opinan de todo esto expertos como David Quammen, autor de *Contagio*, y Peter Hotez?

Comencemos. Según el informe publicado en *Lancet*, el

cambio climático aumenta la idoneidad para la transmisión de virus, bacterias y parásitos transmitidos por el agua, el aire, los alimentos, y vectores como los mosquitos. Por ejemplo, el número de meses con condiciones ambientalmente adecuadas para la transmisión de la malaria (*Plasmodium falciparum*) aumentó en la década del 2010-2019 con respecto a la de 1950-1959 en zonas densamente pobladas de países con economías no desarrolladas. El potencial epidémico del virus del dengue, del virus del Zika y del virus chikungunya, que ahora afectan sobre todo a las poblaciones de América Central, América del Sur, el Caribe, África y el sur de Asia, se está extendiendo a otras zonas del mundo, como Estados Unidos y Europa. Se han constatado cifras similares de aumento del riesgo para el *Vibrio cholerae*, una bacteria que causa cien mil muertes al año, en las poblaciones con escaso acceso a agua potable y condiciones higiénicas pobres. En lo que a pandemias se refiere, el cambio climático es el rifle y las bacterias y los virus, las balas.

Escribo en el tercer año de la pandemia de la COVID-19. La variante ómicron, que posiblemente afectará a una gran parte de la humanidad, nos recuerda que vivimos en el planeta de los virus, en el que ellos habitan desde hace miles de millones de años y nosotros somos simplemente huéspedes débiles que acabamos de llegar. El coronavirus, variante a variante, se ha empeñado en seguir dando titulares, llenar portadas en la prensa y alimentar horas y horas de programación en los medios audiovisuales e internet. En este momento no sabemos si estamos viviendo el final de la pandemia o la antesala de una nueva variante.

En esta pandemia sigue reinando una palabra: «incertidumbre». No se puede descartar ningún escenario. El virus ha esquivado las predicciones de los expertos en múltiples ocasiones durante estos tres años debido a su alta capacidad para mutar. El coronavirus es un virus altamente inestable debido a que posee uno de los ARN monocatenarios más largos encontrados jamás en un virus. Sea como sea, ha demostrado que lo infinitamente pequeño puede poner en jaque a nuestra sociedad en todas las partes del mundo.

Y el problema es que esta pandemia no será la última; que vendrán otras peores para las que, con toda probabilidad, no podremos crear una vacuna con la velocidad con la que se ha hecho esta vez. La siguiente amenaza es inevitable porque el cambio climático supone un aumento del riesgo de infecciones contagiosas. La relación de las pandemias con el cambio climático se podría resumir en tres factores:

- La deforestación. Debido a las sequías, a los incendios y al ataque salvaje del hombre a los bosques y selvas —y la subsecuente construcción de granjas cerca de la jungla—, la deforestación conlleva la pérdida del ecosistema natural de animales salvajes como los murciélagos, portadores de virus desconocidos, que se ven obligados a mudarse a otros pastos, en muchas ocasiones más cercanos a la civilización, como granjas, ranchos y parques de ciudades.
- El calentamiento global. El aumento de las temperaturas en el planeta amplía las extensiones de tierra viables para los mosquitos y las garrapatas, artrópodos que transmiten patógenos capaces de producir pandemias. Es decir, a mayor temperatura, mayor número de personas expuestas a los virus que transmiten enfermedades como la fiebre amarilla, la fiebre del Nilo o el Zika y a otros parásitos, como el que causa la malaria.
- La descongelación del permafrost. La elevación de la

temperatura dejará al descubierto cadáveres de animales y personas que murieron a causa de bacterias como el ántrax, el agente de la peste negra, o de virus como el de la viruela, para los que la población general no está vacunada en estos momentos. Más horrendo aún: la descongelación del permafrost puede exponernos a virus prehistóricos que quizá fueran prevalentes en algún momento del pasado de nuestro planeta, pero para los que hoy no tenemos anticuerpos ni medicamentos ni vacunas. Estos monstruos salidos del frío son una amenaza lovecraftiana: un mal que viene de mundos pasados, con los que nunca antes cohabitamos y cuyo contacto podría aniquilarnos. Los científicos han «resucitado» bacterias con miles de millones de años de antigüedad que estaban enterradas y conservadas en permafrost. No hay duda de que ahí fuera hay virus y bacterias atávicas a las que el cambio climático podría devolver la virulencia.

En el año 2016 se declaró un brote de carbunco en Rusia debido a que un grupo de jóvenes tuvieron contacto con el cadáver de un ciervo infectado que afloró por el deshielo del permafrost. La interacción del hombre con la vida salvaje, sea por el motivo que sea, es una de las mayores causas de pandemias. Así lo explica David Quammen en un libro que ha sido casi profético de la COVID-19. El libro, mitad reportaje, mitad ensayo, se titula *Contagio: la evolución de las pandemias*. David explica que los virus contenidos en una especie que actúa como un recipiente se «derraman», como si fueran un líquido, hacia otras especies.

Quammen es un escritor de divulgación científica que disfruta de gran prestigio internacional. Nació en 1948 en Cincinnati, Ohio. En 1973, después de asistir a Yale y Oxford, se asentó en Montana. Tras escribir algunas novelas, comenzó a interesarse en la divulgación de la ciencia y la investigación sobre problemas científicos actuales, como *The Song of the Dodo*, publicado en 1996, que trata sobre la extinción de las especies; o *Contagio*, publicado en el 2014 y premiado internacionalmente; o *El árbol enmarañado: una nueva y radical historia de la vida*. En los últimos treinta años, Quammen ha publicado artículos en las mejores revistas del mundo, incluyendo *Harper's*, *National Geographic*, *Esquire*, *The Atlantic*, *Rolling Stone* y *The New York Times*. Doctor *honoris causa* de varias universidades de Estados Unidos, sus libros de divulgación están bien documentados, profundizan en las materias y ofrecen una lectura amena y entretenida. En ellos viaja a junglas, montañas e islas remotas, y conversa con los mejores especialistas en ciencia y naturaleza. Su libro *Contagio* predijo la llegada del rosario de pandemias y es uno de mis libros favoritos sobre este tema.

Mientras escribía y trataba de resumir las ideas principales de *Contagio*, decidí contactar con Quammen y mandarle una serie de preguntas. Me contestó con total amabilidad. Me explicó que estaba muy apurado de tiempo porque estaba concluyendo su siguiente libro, que trataba sobre la COVID-19, y que tenía diciembre como fecha límite para entregarlo. Sintiéndome muy identificado con él, pues yo también tenía cerca mi fecha de entrega para este libro, le dije que no se preocupara por las preguntas, que no era necesario que contestase. Me respondió que quería hacerlo y que dedicaría algunas tardes/noches a contestarlas.

JUAN FUEYO: *Contagio* describe cuán invasivo es el ser humano. ¿Es la deforestación una de las causas principales de zoonosis?

DAVID QUAMMEN: La deforestación es, sin duda, uno de los factores que contribuyen a la propagación de nuevos virus, desde los animales a las personas. El virus Nipah, que surgió en el norte de Malasia en 1998, es un claro ejemplo de esa dinámica. La destrucción del bosque nativo obligó a los grandes murciélagos frugívoros a desplazarse a otras zonas para alimentarse; comenzaron a ir a las vastas granjas de cerdos que habían reemplazado en parte el bosque y en las que se habían plantado árboles frutales domésticos para obtener ingresos adicionales. Los árboles frutales atrajeron a los murciélagos, que arrojaron pulpa de fruta, orina y heces que contenían el virus Nipah en los corrales de cerdos. Los cerdos contrajeron el virus Nipah y se lo transmitieron a los trabajadores que los cuidaban y sacrificaban, y también a los vendedores de puercos que manipulaban la carne. Mucha gente se puso enferma y muchos pacientes fallecieron. Nuestros sofisticados ecosistemas forestales están llenos de animales, y esos animales portan virus únicos, algunos de los cuales tienen el potencial de infectar a los humanos. Cuando invadimos los bosques en busca de carne, madera o minerales, cuando talamos los bosques y matamos a los animales, les damos a esos virus la oportunidad de convertirse en infecciones humanas. Si logran hacer eso, habrán tenido suerte y habrán expandido enormemente su éxito darwiniano, porque ahora tendrán una población de ocho mil millones de huéspedes para infectar.

Como escribió el propio Quammen en *Contagio*: «Hoy en día estamos destrozando ecosistemas, y los animales y los seres humanos se codean de formas nuevas e inesperadas».
Debido a la deforestación y a otras formas de invasión de la naturaleza por la civilización, el salto de microbios de ani-

males hacia los seres humanos, algo que siempre ha existido, está acelerándose y, como resultado directo de ello, las zoonosis, que han originado pandemias, se han multiplicado en la última década. Desde el año 2012, tal y como recojo en mi libro *Viral*, hemos sufrido al menos seis pandemias causadas por zoonosis, incluyendo las de gripe, SARS, MERS, Ébola, Zika y COVID-19. Un aumento de la incidencia que no parece ser por azar.

En *Contagio* se describe una idea interesante: las zoonosis obligan a desarrollar una convergencia entre la ciencia veterinaria y la medicina humana. Los cazadores de virus han de ser médicos expertos, pero deben tener formación y mentalidad veterinaria. David argumenta que las zoonosis nos obligan a tener presente que los humanos, con toda nuestra civilización a cuestas, somos simplemente animales. La humanidad está compuesta de animales —el «mono desnudo» de Desmond Morris— que comparten su destino en el planeta con las demás especies. Desde el punto de vista de un virus, no hay ninguna diferencia entre quienes vuelan o corren a cuatro patas y los que andamos más torpemente con dos. David explica esto en una frase donde pone juntos a reservorios, víctimas y patógenos: «Seres humanos y gorilas, caballos y cerdos, monos y chimpancés, murciélagos y virus. Todos estamos metidos en esto». Esa lista no está dictada al azar, todos esos animales actúan como reservorios o vectores de virus que han saltado, o pueden saltar en el futuro, de otros animales a nuestra especie.

David recorrió el mundo recogiendo información para escribir *Contagio* —y también algunos artículos encargados por *National Geographic*— y profundizar en el tema de los reservorios y los virus, algunos de ellos muy poco conocidos. Por ejemplo: los hantavirus y los virus causantes de la fiebre de

Lassa, que saltan al hombre desde los roedores; la fiebre amarilla, que se «derramó» desde los monos; el herpes B, que proviene de los macacos; la gripe, que saltó y salta de las aves salvajes a las aves de corral y desde allí, con un paso intermedio en ganado porcino, hacia el hombre; el virus del sarampión, que es probable que saltara al ser humano desde las ovejas domesticadas; el VIH, que saltó a los humanos en África, probablemente desde el chimpancé; y los coronavirus, que nos infectaron partiendo de los murciélagos.

Mostrando el profético papel de *Contagio*, antes de publicar su libro y mucho antes de la COVID-19, David viajó a China, donde se unió a un equipo de científicos que investigaban los murciélagos locales, temibles reservorios del virus del SARS. El papel de los murciélagos en las zoonosis es sobresaliente, ya que estos mamíferos voladores son el reservorio de una infinidad de virus que incluyen coronavirus, rabia, Ébola y otros mucho menos conocidos, pero no menos peligrosos, como el virus Nipah, el Hendra, Menangle, Tioman y Menaka, que en ocasiones coexisten en el mismo animal. Un murciélago es una bomba volante repleta de virus de todo tipo. Un surtidor nocturno de enfermedad y muerte.

JUAN FUEYO: *Contagio* enfatiza el papel que desempeñan las zoonosis en las pandemias. ¿Cree que el cambio climático aumentará la incidencia de zoonosis? Y si es así, ¿por qué?

DAVID QUAMMEN: Es probable que el cambio climático exacerbe la propagación de nuevas enfermedades, sí, al alterar la distribución de vectores como mosquitos y garrapatas, que transmiten algunas de estas enfermedades. Los mosquitos que pueden transmitir malaria, dengue o fiebre amarilla, por ejemplo, ya están expandiéndose hacia el norte, hacia núcleos de población humana que hasta ahora han estado libres de esas enfermedades.

JUAN FUEYO: ¿Ha encontrado pruebas de este fenómeno durante sus viajes por el mundo?

DAVID QUAMMEN: ¿Si he encontrado pruebas de ello en mis viajes? No, todavía no, pero es probable que solo sea porque no me he centrado en ese aspecto particular de la imagen completa.

JUAN FUEYO: De todos los virus y patógenos que menciona en sus viajes por diferentes continentes, ¿cuáles tienen más potencial para ser la etiología de la próxima pandemia? ¿Y por qué?

DAVID QUAMMEN: Como me dijeron algunos científicos de alto nivel especializados en enfermedades infecciosas mientras investigaba para escribir *Contagio*, y como expliqué en el libro (publicado en 2012), los virus de ARN monocatenario son, con mucho, los virus más plásticos, los que evolucionan con más rapidez y, por lo tanto, los que tienen más posibilidades de transferirse de huéspedes animales a los seres humanos. Este grupo de virus incluye, entre las posibilidades más peligrosas, como escribí en 2012, los influenza y los coronavirus.

David quiere hacer hincapié en que predijo una ristra de pandemias debidas a zoonosis siete años antes de que comenzase la COVID-19. Como científico, entiendo el orgullo de ver una predicción confirmada por observaciones posteriores. Y también percibo su frustración ante la prueba de que, por más que se diga, se investigue y se muestren los datos, nunca se hace lo mínimo necesario para prevenir la siguiente epidemia.

En otras páginas de *Contagio* David nos conduce a estudiar el virus Nipah en Bangladés, una nación que representa un riesgo mayor para el inicio y la propagación de futuras pandemias debido a su inmensa población. Con cerca de doscientos millones de personas, Bangladés es el país más densamente poblado, si exceptuamos algunas islas Estados. La densidad de población y unas medidas higiénico-sanitarias deficientes son incubadoras para las enfermedades producidas por patógenos y, por ejemplo, decenas de miles de niños mueren cada año debido a diarreas. Allí, David se interesa por pacientes infectados por el virus Nipah y se horroriza al saber que casi la mitad de los casos son de transmisión entre seres humanos, lo que sugiere que en cualquier momento podría desencadenarse una pandemia.

En uno de los capítulos más interesantes de *Contagio*, nos trasladamos con David a la ciudad de Hendra, en Australia. En esa ciudad, en la década de los noventa, varios caballos de carreras contrajeron una enfermedad que los volvía locos antes de causarles la muerte. Una enfermedad que mezclaba los síntomas de la rabia (echaban espuma por la boca) y la de las vacas locas (estaban desorientados). Aunque primero se infectaban los caballos, enseguida lo hacían sus cuidadores, quienes sufrían síntomas parecidos y, además, convulsiones epilépticas.

Una enfermedad rara sin una etiología clara. Pronto se descubrió que se trataba de un virus. Un virus transmitido por el único mamífero volador: el murciélago.

Los murciélagos gigantes de Australia viven en las selvas, lejos de los hombres y de los caballos. Pero cuando las carreteras cortaron su ecosistema y a las talas de árboles les siguió la construcción de granjas en su territorio, los murciélagos agradecieron la llegada de los árboles frutales plantados por los hombres, ya que el cambio climático y la deforestación estaban consiguiendo que sus alimentos naturales escaseasen.

Fue entonces cuando los murciélagos empezaron a poblar los árboles de los prados donde pacían los caballos y contaminaron el pasto con orina y heces, que contenían varios virus, entre ellos uno que no se había identificado con anterioridad y que se conocería como virus Hendra. El virus llevado por los murciélagos se derramó a los caballos, y de ellos a los humanos que los cuidaban. El primer caballo que sufrió una encefalitis, una inflamación cerebral mortal, ironía del destino, se llamó Drama. Después de Drama, otros caballos enfermaron y varios de ellos murieron. Un destino compartido por sus cuidadores.

Por fortuna, el virus Hendra no se transmite todavía con facilidad entre los seres humanos, pero esa situación podría cambiar en el futuro. Cuando comiencen a observarse casos de infecciones entre personas, las condiciones para el riesgo de una epidemia (y posible pandemia) causada por un monstruo terrible para el que no tenemos tratamiento ni vacunas estarán servidas.

JUAN FUEYO: ¿Están los virus Nipah y Hendra cerca de mejorar su capacidad de propagarse entre los humanos?

DAVID QUAMMEN: No lo sabemos. O, mejor dicho, no lo sé. Ese es el tipo de pregunta que la inteligencia artificial y la investigación basada en introducir una ganancia de función en un virus tratan de responder. Es, literalmente, una cuestión de ganancia de función. Pero la investigación de la ganancia de función, como sabes, es muy controvertida en este momento.

David se refiere a que los miembros republicanos del Congreso y el Senado estadounidenses afirman que estudios de ganancia de función —por ejemplo, modificaciones del virus para mejorar su infectividad o su virulencia— realizados en un laboratorio de Wuhan, quizá con el apoyo económico de Estados Unidos, fueron responsables de la creación del coronavirus modificado que, cuando se escapó del laboratorio, inició la pandemia. Anthony Fauci, que es de alguna manera el jefe de los epidemiólogos que estudian enfermedades infecciosas para el Gobierno, ha negado categóricamente estas acusaciones. De todos modos, como afirma David, las mutaciones que llevan a ganancia de una función del virus, incluyendo los coronavirus, se han hecho y se seguirán haciendo porque constituyen un método para estudiar las propiedades de las proteínas virales y las rutas potenciales de su evolución.

Volvamos por un momento a los murciélagos y recordemos que son reservorios además del virus de Hendra, del virus Nipah,[14] ya que el mismo murciélago puede transportar los dos virus a la vez. Los murciélagos también fueron y son los reservorios del agente que causó otra misteriosa y letal enfermedad, esta vez en Europa. En 1967, dos brotes simultáneos en Alemania y Serbia llevaron al reconocimiento inicial de una nueva enfermedad que cursa como una fiebre hemorrágica y que tiene una tasa de letalidad de hasta el 88 %. La enfermedad está producida por un virus que pertenece a la

14. El virus Nipah causa encefalitis, una inflamación del cerebro que es mortal en el setenta y cinco por ciento de los pacientes infectados, y uno de cada tres supervivientes tiene secuelas neurológicas. Una pandemia de Nipah arrasaría el planeta. Identificado en las granjas de Malasia a finales de la década de los noventa, lo transmiten los murciélagos cuya saliva infectada contamina las pocilgas y causa una enfermedad sin importancia en los cerdos, pero letal para quienes los cuidan. Por el momento, el número de casos identificados de transmisión de persona a persona, requerida para producir una epidemia y una pandemia, no llega al centenar. El Nipah pertenece al mismo grupo de los virus que causan el sarampión y las paperas, enfermedades que se propagan muy bien en los seres humanos. El Nipah, para muchos expertos, podría ser una plaga apocalíptica: una pandemia con una letalidad sin precedentes.

misma familia del Ébola y que ahora se denomina virus de Marburg, la ciudad de Alemania donde se detectó el brote. No obstante, se cree que la zoonosis tuvo lugar en África, donde ya había habido varios brotes que suelen producirse a raíz de la exposición prolongada de personas a dicho virus en cuevas habitadas por colonias de murciélagos. Una vez que una persona está infectada, el virus puede contagiar a otros seres humanos a través del contacto directo o indirecto con la sangre, las secreciones, los órganos u otros fluidos corporales, como ocurre con el Ébola.

En *Contagio*, David también nos lleva a Camerún, donde rastreamos el camino que probablemente siguió el VIH-1 desde la selva a los seres humanos.

JUAN FUEYO: ¿Aprendimos algo de los orígenes del virus del sida en África y la propagación de la epidemia a Estados Unidos que pueda aplicarse al control de la próxima pandemia?

DAVID QUAMMEN: La historia del origen del sida, el origen del virus VIH-1, nos recuerda lo mismo que nos recuerdan muchas otras historias de enfermedades, solo que de manera más drástica: que el contacto humano con animales salvajes conlleva el riesgo de contraer nuevos virus y de invitarlos a propagarse a través de la población humana. El peligro es mayor, como enseña el sida, si los animales afectados son parientes cercanos nuestros, como los chimpancés.

JUAN FUEYO: En otro de sus libros, *El árbol enmarañado*, habla del concepto de «herencia infecciosa», transferencia horizontal de genes (HGT) y endosimbiosis. ¿Podría una pandemia, principalmente causada por un retrovirus, influir de forma significativa en la evolución de las especies, incluidos los seres humanos? ¿Podría la pandemia del sida modificar la evolución de los seres humanos?

DAVID QUAMMEN: Estos son dos temas bastante distintos y no quiero esforzarme para conectar cosas que no tienen una vinculación firme. La transferencia horizontal de genes es un fenómeno fascinante y bien demostrado. Está implicada, en cierto sentido, cuando los coronavirus intercambian genes, de una cepa de virus a otra, mientras infectan una sola célula. Pero ese es el significado más débil de la HGT. De hecho, los retrovirus endógenos pueden modificar la trayectoria evolutiva de los seres humanos; ha sucedido con el retrovirus endógeno que se convirtió en el gen sincitina-2. Pero dejemos esto claro: el VIH-1 es un retrovirus, pero no un retrovirus endógeno, porque ha evolucionado para infectar células inmunes, no células reproductoras. Y, por lo tanto, no puede insertarse en los genomas humanos y entrar en el canal hereditario.

JUAN FUEYO: Menciona muchos animales en su libro, desde gorilas en África hasta monos en Borneo, ratones en América y murciélagos y caballos en Australia. ¿Cuál es el animal salvaje más peligroso desde el punto de vista de una pandemia? ¿De qué animal provendrá el próximo «derrame» que resultará en una pandemia?

DAVID QUAMMEN: El más peligroso de todos los animales salvajes, como han dicho otros, es probablemente el mosquito portador de la malaria, el *Anopheles gambiae*.

JUAN FUEYO: ¿Podría intentar adivinar en qué región geográfica tendrá su origen la próxima pandemia? Algunos investigadores apuntan a megaciudades en la India y China. ¿Está de acuerdo con ellos? ¿Podría ser África?

DAVID QUAMMEN: No es posible adivinar, aplicando solo el sentido común, dónde se originará la próxima pandemia. Sin embargo, lo más probable es que provenga de un ecosistema muy diverso que esté siendo atacado, donde muchos seres humanos interactúen con animales salvajes. Esto podría ocurrir en algún lugar de África, del sudeste asiático o de la América tropical. Sin embargo, la próxima pandemia no tiene por qué partir necesariamente desde un ecosistema tropical rico. También podría comenzar si un ave acuática salvaje, como un pato, transmitiera un virus de influenza especialmente peligroso a los pollos de una granja en casi cualquier lugar del mundo.

JUAN FUEYO: Me sorprendió que un coronavirus provocara la pandemia actual. Se esperaba otra pandemia, pero causada por un virus de la gripe. ¿Le sorprendió la pandemia de SARS-CoV-2?

DAVID QUAMMEN: No, a mí no me sorprendió en absoluto que esta pandemia estuviera causada por un coronavirus. Cuando vi por primera vez la palabra «coronavirus» aplicada a la nueva infección en Wuhan, creo que fue el 13 de enero de 2020, me quedé de piedra. Sabía que la próxima podría ser una gripe, como dice, pero también pensaba que era muy posible que fuese un coronavirus. Lo que sí que me sorprendió fue lo mal que los Gobiernos, especialmente el de Trump, manejaron esta crisis sanitaria.

JUAN FUEYO: Algunas secuencias del virus SARS-CoV-2 humano no están presentes en el virus que infecta a otros animales y, de hecho, hay doce bases de su ARN que aumentaron la infectividad del virus. El origen de la pandemia no está del todo claro para la comunidad científica. Basándonos solo en los datos que tenemos, ¿podría haber comenzado la pandemia SARS-CoV-2 en el laboratorio de virología ubicado en Wuhan?

DAVID QUAMMEN: No estoy seguro de a qué doce bases se refiere. ¿En el dominio de unión al receptor? ¿O a los doce pares de bases que codifican cuatro aminoácidos cruciales en el sitio de escisión de la furina? Si se refiere a esto último, entonces sí, ese sitio de división no se encuentra en el SARS-1 o en los virus salvajes más cercanos al SARS-CoV-2. Pero los sitios de escisión similares son bastante comunes en otros coronavirus, incluido el virus MERS. El sitio de la hendidura furina ha sido una gran distracción para las personas que no saben que existe en otros virus o que eligen ignorarlo.

JUAN FUEYO: En *Contagio*, explica cómo un «alto cargo» le dijo a Burgdorfer[15] que la enfermedad de Lyme, o la fiebre recurrente en África, era una enfermedad del pasado que no justificaba el apoyo del Gobierno a la investigación. ¿Ha visto otros casos en los que políticos y administradores interfieren en la investigación de los científicos sobre pandemias?

DAVID QUAMMEN: La forma principal en que los políticos han «interferido» en la investigación de los científicos sobre pandemias ha sido cancelando los programas de financiación e ignorando los resultados de la ciencia cuando se ofrecen. Donald Trump fue el ejemplo más desastroso de esto, pero está muy lejos de ser el único.

JUAN FUEYO: Las megaciudades, el creciente contacto de los seres humanos con los animales salvajes y la globalización son tres factores que desencadenaron pandemias. ¿Qué otros elementos son fundamentales para comprender la propagación de enfermedades como la COVID-19?

DAVID QUAMMEN: Los principales factores impulsores de

---

15. En la década de los ochenta, pocos años después de que se diagnosticara la enfermedad de Lyme por primera vez, Wilhelm Burgdorfer descubrió que esta misteriosa dolencia estaba causada por una espiroqueta, una bacteria con forma de serpentina. Burgdorfer aisló el germen que ahora lleva su nombre *Borrelia burgdorferi* de las garrapatas de los ciervos. Este descubrimiento fue muy importante porque llevó a que se abandonase la teoría de que la enfermedad de Lyme estaba causada por un virus y abrió la posibilidad de curar a estos pacientes usando antibióticos.

nuestros tres problemas más importantes —la pérdida de biodiversidad, el cambio climático y las enfermedades pandémicas— son dos: el crecimiento de la población humana y el consumo humano. Somos demasiados y los más ricos consumen demasiada diversidad biológica y almacenan carbono como si fueran «recursos» que nos ha dado algún dios.

Esta respuesta lleva implícita la acusación, que discutimos en varios otros capítulos y que ha sido formulada por Vaclav Smil: la sociedad no usa combustibles fósiles, sino que abusa de ellos.

JUAN FUEYO: En Estados Unidos, tenemos un porcentaje de personas escépticas acerca de las vacunas. En España no tenemos todavía un fenómeno similar. ¿Ha encontrado este escepticismo en otros países durante sus viajes?

DAVID QUAMMEN: No he encontrado escepticismo hacia la vacuna de la COVID-19 en mis viajes porque no he viajado desde el 2 de marzo de 2020. No he salido del estado de Montana. Pero veo grandes oleadas de rechazo a las vacunas cada vez que miro las noticias, sí. Llamarlo «escepticismo» es, como poco, demasiado educado.

Creo que en esto mi amigo Peter Hotez, un especialista en enfermedades infecciosas de la Facultad de Medicina de Baylor, en Houston, y un adalid contra los movimientos anticiencia, incluyendo los antivacunas, estaría totalmente de acuerdo. La actitud de estos grupos, que está basada en ocasiones en una curiosa definición de libertad individual —que no les afecta cuando la ley los obliga a abrocharse el cinturón de seguridad en el coche—, puede poner en peligro a los demás. Mientras escribo esto, leo que Australia ha decidido deportar al número uno del tenis mundial por intentar entrar en el país sin estar vacunado del coronavirus...

JUAN FUEYO: ¿Debería otorgarse el próximo Premio Nobel de Medicina a los científicos que generaron la vacuna de ARNm anti-SARS-CoV-2?

DAVID QUAMMEN: Sería muy difícil otorgar un Premio Nobel justo y equitativo (incluso más difícil de lo habitual para los Nobel) por las vacunas de ARNm, porque el Nobel solo admite a tres ganadores y hay muchas más personas involucradas. La historia de las vacunas de ARNm es una historia de grandes equipos. Elegir solo a tres personas sería arbitrario y en cierto modo cruel. Esta artificialidad es un problema inherente a los Premios Nobel. Son una guía muy pobre para los logros científicos o la historia científica.[16]

Contagio: la evolución de las pandemias es un libro fascinante e imprescindible para entender cómo los virus y otros patógenos saltan de la selva al hombre. El mensaje de David podría resumirse quizá con un pensamiento de Darwin:

El ser humano con todas sus nobles cualidades; con la simpatía que siente por los más desgraciados; con una benevolencia que se extiende no solo a otros seres humanos, sino a la criatura viviente más sencilla; con su intelecto divino, que ha penetrado

---

16. Creo que David tiene razón en los dos aspectos: por un lado, la ciencia es un trabajo colectivo, y premiar a una persona determinada es un esfuerzo absurdo. En cuanto a la relevancia de los Premios Nobel de ciencia, sería imposible trazar una historia coherente y sólida de la ciencia basándose solamente en la lista de estos premios. Algunos de ellos se otorgaron a descubrimientos que luego se vio que estaban equivocados; otros se dieron a los jefes de quienes en realidad habían hecho los descubrimientos, se excluyó de forma sistemática a las mujeres; y muchos científicos que habían influido en el progreso de la medicina, la biología, la física o la química se quedaron fuera de la lista de premiados.

en los movimientos y la constitución del sistema solar —con todos estos poderes exaltados— todavía lleva en su cuerpo el sello indeleble de su origen humilde.

Somos animales. Punto. Al menos para los virus y las bacterias. Animales como los demás y quizá más expuestos a los patógenos que ninguna otra especie. Eso ayuda a entender las zoonosis, porque, debido a nuestra biología, para los virus somos un animal más donde pueden «derramarse» después de un proceso previo de adaptación. Estos monstruos infinitamente pequeños utilizan nuestras células animales para la multiplicación y diseminación de su ADN o su ARN viral. Es fácil predecir que habrá un rosario de pandemias que sucederá a la COVID-19.

No podemos quedarnos sentados tranquilamente en nuestro salón, en una cafetería o en una playa pensando que estamos a salvo. Ya se está gestando, auspiciada por el cambio climático y el temperamento abusivo de la humanidad hacia la naturaleza, otra pandemia que será mortal y devastadora. La que vendrá será la Más Grande. No nos servirá de nada esperar que no suceda nada. Como uno de los científicos, citando a Dante, le dice a David Quammen: «No hay esperanza en el infierno». Un infierno propiciado por el calentamiento global.

Son pensamientos y predicciones terroríficos. Por suerte, pocos microbios consiguen saltar a los humanos; la gran mayoría infectan a una especie determinada, contenidos en su recipiente y sin «derramarse». Y existen obstáculos para que un «derrame» tenga éxito y se convierta en una enfermedad transmisible entre humanos. Por ejemplo, los agentes de la infección han de tener un cierto grado de letalidad. Ni muy alto ni muy bajo. Si el grado de mortalidad fuese muy alto, el virus se autolimitaría. El virus debe secuestrar al paciente con vida durante suficiente tiempo para poder multiplicarse en sus células y conseguir infectar al mayor número posible de seres humanos. Si el virus mata con demasiada rapidez, corre el peligro de que el brote de la enfermedad no dé tiempo a iniciar o mantener la cadena de contagios. El efecto dominó se acabaría al caer las primeras piezas. La variante ómicron, como pudimos ver, cumplía estos factores: era muy contagiosa, pero con baja tasa de mortalidad, y por eso consiguió proclamarse como el virus que más rápidamente se ha extendido alrededor del mundo.[17]

También por esto el Ébola ha tenido hasta ahora un potencial pandémico limitado. También se autolimitó el SARS, que en principio causó estragos, pero después sufrió una muerte acelerada. Muy rápido en producir una epidemia; demasiado rápido para llegar a una pandemia. Otros virus, con independencia de su vía de contagio, como el coronavirus de la COVID-19, el

---

17. La capacidad de contagio de un virus se define como R0 y el personaje interpretado por Kate Winslet en la película *Contagio* lo explica de esta manera:

—Lo que tenemos que determinar es esto: por cada persona que se infecta, cuántas más se infectan. En la gripe estacional es normalmente una; en la viruela, por otro lado, es alrededor de tres; y antes de que tuviéramos la vacuna, la polio infectaba a entre cuatro y seis. Llamamos a ese número «R0». La «R» es la capacidad de reproducirse del virus.

—¿Tenemos alguna idea de cuál será para este virus?

—La velocidad de multiplicación depende de varios factores, como el periodo de incubación, el tiempo durante el cual una persona es contagiosa. A veces las personas son contagiosas sin tener síntomas, necesitamos saber también si eso ocurre. Y el tamaño de la población susceptible de ser infectada por el virus.

—Pues parece que serían quienes tengan manos, boca y nariz.

—Una vez que conozcamos el R0 podremos calcular la escala de la epidemia.

En el caso del coronavirus sabemos que la R0 inicial era de dos, que en la variante delta era de cinco y en la ómicron era de siete, pero aún lejos de la de las paperas, que era de doce, o de la del sarampión, que era de doce a dieciocho.

sarampión, el VIH (agente del sida) o la malaria, encontraron ese equilibrio, ese perfil de asesino paciente, de agentes de una muerte lenta, y se propagan pasito a pasito. Y aún hoy en día sobreviven sin prisas mientras nos matan cuando respiramos la brisa artificial de una cafetería, hacemos el amor o nos pica un mosquito en una noche de verano perfecta. La mayoría de los virus, bacterias y parásitos que aspiren a causar una pandemia han de encontrar un equilibrio difícil y casi hamletiano entre su ser y no ser, y el ser y no ser del paciente.

A pesar de las dificultades que tiene un virus para llegar a ser un superasesino en serie, la pandemia que vendrá, esa que será la más terrible de la historia de la humanidad, es inevitable. Por eso los expertos tratan de adelantarse a los hechos y predecir dónde comenzará la Más Grande. Equipos de científicos internacionales, cazadores de virus, epidemiólogos y sociólogos están tratando de identificar las grietas por donde se arrastrará el virus desde la oscuridad salvaje hasta la luz artificial de nuestras ciudades. ¿Cuál es el lugar geográfico, urbano, óptimo para que el primer brote dé lugar a una extensa y rápida diseminación global?

No parece una pregunta con una respuesta fácil. Ya conocéis la opinión de David. Y, sin embargo, durante la historia de la medicina —que no es otra que una versión reducida de la historia del ser humano— hemos acumulado tanta información que podemos permitirnos trazar una X en algunos lugares en el mapamundi sin que nos tiemble la mano, aunque se nos acelere el pulso.

Vayamos de lo más general a lo específico. Dos continentes ofrecen mayor riesgo para el origen de otra pandemia: África y Asia. En muchas áreas de estos dos continentes existen las condiciones básicas para el inicio del desastre:

- Interacción íntima entre humanos y animales salvajes.
- Megaciudades con gran densidad de población y crecimiento acelerado.
- Comunicación excelente y fluida con países vecinos y con otros continentes.
- Carencia de un sistema sanitario óptimo, lo que dificulta el reconocimiento rápido del brote inicial antes de que el virus se propague y viaje.

Así ocurrió en Wuhan: una megalópolis de catorce millones de habitantes con una red de autopistas excelente y un aeropuerto magnífico. Y aunque Wuhan dispone de un servicio médico moderno y actualizado, la denuncia de los médicos que detectaron los primeros casos de la pandemia se censuró, lo que contribuyó a la extensión rápida del coronavirus.

Las guerras, cómo no, también pueden actuar como un elemento favorecedor, porque virus y bacterias viajan en la mochila de los soldados, agazapados entre sus miserias. Así ocurrió con la pandemia de la gripe española durante la Primera Guerra Mundial. Y así está ocurriendo en África, donde las guerras dificultan el control de los brotes de virus como los del Ébola.

En Asia, algunos expertos han marcado una cruz roja en Bombay, en la India, y en Chengdu, en China. Un brote en ciudades parecidas a estas constituiría un problema internacional en cuestión de días. Bombay tiene veinte millones de vecinos, es la mayor ciudad de la India, se ha convertido en el centro comercial del país y su principal puerto en el mar de Arabia, y dispone de acceso por aeropuerto a todos los continentes y principales ciudades del mundo. A pesar de que allí se encuentra la poderosa industria del cine indio y el Gobierno prosigue con sus esfuerzos para mejorar la salud pública y la atención sanitaria, estas dos prestaciones médicas clave siguen siendo deficitarias. En la India se originó la variante delta del coronavirus, que llegó a ser la variante predominante en todo el mundo, antes de ser desplazada por la ómicron.

Chengdu ha sido un importante centro de comunicaciones, al principio por vía fluvial y después mediante ferrocarril, y en la actualidad es el nudo ferroviario del sudeste de China. Chengdu también está bien comunicada por carretera, con autopistas que la conectan con otras megalópolis como Shanghái y, por si fuera poco, su aeropuerto es uno de los más utilizados en China, con numerosos vuelos domésticos e internacionales diarios. En cuanto al transporte público, los ciudadanos usan una red subterránea de trenes metropolitanos de doce líneas. Así pues, la aparición de un virus en esta ciudad infectaría a muchas personas en apenas horas, estaría en otras ciudades de China en unos días y fuera del país en pocas semanas. En China se han originado dos de las últimas pandemias por coronavirus.

Para algunos estudiosos de las pandemias, el África subsahariana es quizá la región que contiene más puntos de origen para la siguiente pandemia. De nuevo se trata de megaciudades con infraestructuras médicas insuficientes y buenas redes de comunicación con el resto de los continentes. La población de África se duplicará y alcanzará los dos mil quinientos millones de personas en el año 2050. Sus habitantes viajan y se desplazan cada año a mayores distancias. Ethiopian Airlines, que no es la aerolínea más popular del mundo, superó los diez millones de pasajeros al año antes de que llegase la COVID-19. Este progreso conseguirá que las infecciones locales se propaguen más lejos y más rápido.

Entre las ciudades africanas donde podría originarse la pandemia que vendrá se encuentran Lagos, capital de Nigeria y la ciudad más grande del continente africano, con una población de más de veinte millones de personas, y Kinshasa, en la República del Congo, que ya ha demostrado que puede ser una plataforma de lanzamiento para una pandemia (la del sida se proyectó al mundo, según muchos expertos, desde allí). No hay que descartar el Cono Sur africano, donde están apareciendo constantemente nuevas variantes de coronavirus, incluyendo la ómicron, que desafían las pautas de vacunación actuales. En otros continentes se vigilan ciudades como Yakarta y Manila.

La subida global de la temperatura, quiero insistir, está ampliando los peligros que representan los mosquitos. Diminutos, molestos, pesados, inconvenientes en nuestras salidas al aire libre, poderosos en los pantanos, estos insectos se encuentran tanto en Alaska como en sus antípodas, en los países pobres y en los ricos, desde Brasil a Palestina, desde Nueva York a Viena... Tan frágiles que pueden eliminarse con un dedo, con un espray o asesinados en masa con vehículos fumigadores, son, sin embargo, perfectos helicópteros de combate para las guerras que los virus letales y otros microbios tienen con el ser humano. El dato es escalofriante: la mitad de las personas que han vivido hasta ahora ha muerto debido a la picadura de un mosquito. ¿Recordáis la respuesta de David Quammen sobre cuál era, según él, el animal más peligroso del mundo?

En el jardín de mi casa, aquí, en esta ciudad de cemento, asfalto y acero, alejada de junglas y bosques, es posible que viva el *Aedes aegypti*. Uno de los mosquitos más mortíferos, el *Aedes* es el emperador de los mosquitos infecciosos, el transatlántico de los virus, el doméstico mensajero de la muerte en forma de fiebre amarilla, dengue y Zika.

Los pequeños mosquitos generan números enormes. El

Aedes aegypti es responsable de cincuenta millones de contagios por año y su imperio sigue creciendo y extendiéndose con la fiebre del planeta. Una temperatura más cálida no solo aumenta la zona geográfica de los mosquitos, sino que también ayuda a su proliferación y actividad. Debido a que dependen del calor exterior para que sus huevos se transformen en adultos, el aumento de la temperatura implica temporadas de reproducción más largas y mayores tasas de eclosión de la progenie, es decir: más mosquitos y durante más tiempo. Un número excesivo los obligará a ampliar su campo de acción a la búsqueda de víctimas. La falta de inviernos fríos impide que los mosquitos y las garrapatas mueran durante esa estación, lo que impide que sus poblaciones se autorregulen. Corren buenos tiempos para los mosquitos y, por ende, para las infecciones que transmiten.

De acuerdo con esta hipótesis, en el reportaje *Cómo el cambio climático marcará el inicio de la nueva pandemia*, publicado en la revista *Rolling Stone*, Jeff Goodell indica (traduzco del inglés):

> Según la OMS, antes de 1970 solo nueve países tenían epidemias graves de dengue. Desde entonces, se ha multiplicado por treinta, lo que convierte esta enfermedad en endémica —es decir, embebida de forma permanente en la población local de mosquitos— en 128 países. La OMS registró 4,2 millones de casos de dengue en 2019. A medida que el mundo se calienta y hace más cómodo el planeta para el *Aedes aegypti*, amante del calor, el área de distribución del mosquito se expande hacia el norte y a mayores altitudes.

Aterrador. Pero hay más. Según Goodell, «un estudio reciente estimó que en el año 2080 más de seis mil millones de personas, o el 60 por ciento de la población mundial, estarán en riesgo de contraer dengue».

Y no vamos a olvidarnos de que los peligrosos murciélagos se alimentan de mosquitos, así que cada día que pasa tendrán una dieta más abundante y más variada, un menú que incluirá un espectro más grande de virus.

En *Viral* decía que el coronavirus no era tan grave y que la siguiente pandemia podría ser mucho peor. Decía, por ejemplo, que el siguiente virus podría ser como el de la viruela, que se cebaba en los niños (un grupo de población que se ha mostrado no inmune, pero sí más resistente al coronavirus), o que podría dejar secuelas como la polio. Así lo explica, con otras palabras y otros datos, Stephen Luby, epidemiólogo de la Universidad de Stanford, quien afirma que el coronavirus no ha sido, desde luego, leve, pero también hace esta observación:

> [...] no mata a tres de cada cuatro personas a las que infecta, como el virus Nipah. No hace que las personas sangren por los ojos y el recto, como el Ébola. Imagínense una enfermedad con un 75 por ciento de letalidad que sea igualmente transmisible. Eso sería una amenaza existencial para la civilización.

Vivimos en el planeta de los virus (la expresión es del periodista Carl Zimmer). Estamos a su merced. Es de noche en Houston. Una noche de verano, caliente y húmeda. Si saliese a caminar bajo las estrellas, estaría sudando en pocos minutos, con la camiseta empapada pegada a la piel y las gafas empañadas. A través de la ventana, que muestra la silueta de los árboles casi indistinguible de la noche en la calle poco iluminada, me llega el ruido familiar de una camioneta moviéndose despacio. Enseguida veo los haces de luz amarilla de los potentes faros. Pronto aparece la silueta blanca de una unidad del ejército fumigador de Houston. Esta noche ha tocado rociar con insecticidas mi barrio. Poco a poco, con una lentitud meticulosa, se aleja del marco de la ventana y se pierde de vista. El ruido transformado en rumor y luego en murmullo acaba desapareciendo en la noche tranquila y callada.

Es una buena y mala noticia al mismo tiempo. La fumigación suele ser eficaz, esa es la parte optimista. Pero esta medida, esta noche, es necesaria porque la unidad de vigilancia antimosquitos de Houston ha detectado en sus trampas un número inaceptable de mosquitos peligrosos.

En Houston se puede encontrar *Aedes aegypti*, aunque, por el momento, y que dure, no es muy frecuente. La ciudad sufrió el primer brote de dengue en el año 2003 y el de Zika en el año 2016. Hay tantos mosquitos en Houston y de tantas variedades que no solo es un paraíso para los murciélagos, sino que ha atraído a un cierto tipo de humanos: expertos mundiales en mosquitos urbanos.

Estos equipos atrapan mosquitos a diario y los estudian y clasifican. Buscan sobre todo los que transmiten enfermedades mortales. El trabajo exhaustivo se centra, además de en el *Aedes aegypti*, en el mosquito que transporta el virus de la fiebre del Nilo, el tigre asiático, que puede propagar también los virus del dengue y del Zika. Por algún motivo a estos mosquitos les gusta vivir entre nosotros. El ser humano es su blanco favorito.

Vuelvo a oír el ruido de la camioneta fumigadora. Me levanto a mirar por la ventana. Está repitiendo el recorrido, esta vez en sentido opuesto. La veo pasar. Se mueve a pocos kilómetros por hora, rociando insecticida por la parte trasera. Pienso por un momento. La doble pasada no es una rutina. ¿Estamos en peligro?

El *Aedes aegypti* y otros mosquitos comienzan a ser resistentes a los insecticidas. ¿Podría la siguiente pandemia originarse aquí, en mi barrio? Somos ya la tercera ciudad más grande de Estados Unidos y estamos muy bien comunicados, pero no tenemos malas condiciones de higiene y la sanidad está a la altura de las mejores del mundo. Quizá, como con el dengue y el Zika, todo quedaría en un brote. Pero Estados Unidos pudo haber sido el punto de inicio de la gripe española, la pandemia de 1918. El rumor de la fumigadora y su humo profiláctico vuelven a desvanecerse en la noche. Mi preocupación permanece.

Es alarmante que lugares como Nepal, históricamente libre de mosquitos peligrosos, ahora sufra brotes de dengue. Las variaciones geográficas de los mosquitos debido al cambio de temperatura podrían conseguir que el vector de la malaria, que es letal en el África subsahariana, se desplazase a otras regiones del norte de África y Europa, con una de las primeras paradas en España y los demás países mediterráneos.

Otro artrópodo capaz de transmitir enfermedades causadas por virus y bacterias son las garrapatas. La reina de las asesinas es la garrapata *Hyalomma*. Este monstruo diminuto transmite la fiebre hemorrágica de Crimea-Congo, una enfermedad que causa los síntomas del cuento de *La máscara de la muerte roja* de Edgar Allan Poe:[18] debuta como un síndrome gripal con fiebre y artralgias, pero enseguida aparece un sarpullido de manchas rojas en la cara, seguido de hemorragias na-

---

18. El comienzo de «La máscara de la muerte roja» dice así: «La muerte roja llevaba devastando al país durante mucho tiempo. Nunca una peste había sido tan mortal y terrorífica. La sangre era su tragedia y su sello: el color rojo y el horror de la sangre. Debutaba con dolores agudos y vértigos repentinos, que se seguían de hemorragias profusa a través de los poros y la muerte. Las manchas escarlatas sobre el cuerpo y especialmente sobre el rostro de la víctima anunciaban la peste y aislaban a quien la sufría de la ayuda o simpatía de sus semejantes».

sales y hematomas graves, y luego sangran todos los orificios del cuerpo. No existe tratamiento. Uno de cada tres pacientes fallece dos semanas después del diagnóstico. La garrapata transmisora vive en el norte de África, Asia y partes de Europa. En Asia, su territorio está expandiéndose aceleradamente y la fiebre hemorrágica ya ha causado víctimas mortales en el norte de la India. En África sucede lo mismo.

Esta enfermedad ha dejado de ser exótica en España. En un artículo científico que causa más miedo que un cuento de Poe, Lia Monsalve Arteaga y sus colegas anuncian su llegada a España:

> La fiebre hemorrágica de Crimea-Congo se considera actualmente endémica en áreas del suroeste de Europa, ya que se han identificado seis casos humanos en el oeste de España desde el verano de 2016, uno de los dos primeros casos detectados por transmisión nosocomial. En el año 2018 se han producido en España nuevos casos asociados al manejo de animales salvajes y en 2020 se han diagnosticado nuevos casos asociados a picadura de garrapata. [...] Una de las posibles vías de entrada de la fiebre hemorrágica de Crimea-Congo en España es a través de aves migratorias portadoras de formas prematuras de garrapatas infectadas de África.

Las garrapatas viven meses y son mucho más resistentes que los mosquitos a los insecticidas, pero, como estos, ellas tampoco soportan los climas secos y fríos. Las temperaturas cálidas de España la convierten en un paraíso para estos chupadores de sangre. Las garrapatas africanas que emigran hacia España transportan como mínimo una veintena de bacterias y virus, y son el vector de la enfermedad de Lyme, que puede causar trastornos neurológicos graves y hasta la muerte si no se diagnostica y se trata a tiempo. Para muchos expertos, la enfermedad de Lyme podría causar epidemias tanto en Estados Unidos como en España.

Dejemos por un momento la amenaza que nos llega de las zonas áridas del sur, de los desiertos africanos, para hablar de las costas y los mares. En esas aguas costeras la civilización evacua las alcantarillas y nos bañamos y practicamos diversos deportes.

Las bacterias y los virus fecales son, a causa de la urbanización, el mayor contaminante de las costas. Entre las bacterias destacan la *Escherichia coli* y los enterococos intestinales. Los virus, por su parte, son los organismos más abundantes en todos los ecosistemas y el océano no es una excepción. En los siete mares existen 10^{30} —un diez seguido de treinta ceros— virus. Los virus persisten en ambientes marinos durante largos periodos de tiempo y esta podría ser la causa de un alto porcentaje de enfermedades transmitidas por el agua del mar.

Como las bacterias, los virus marinos más perjudiciales para la salud pública son los virus entéricos, que causan infecciones en los ojos, las vías respiratorias, gastroenteritis, hepatitis, miocarditis y meningitis. Los virus más representativos incluyen los enterovirus, norovirus, el virus de la hepatitis A, el virus Norwalk, reovirus, adenovirus y rotavirus. Los rotavirus y los norovirus se encuentran entre los patógenos más comunes en las aguas costeras contaminadas de España y son los causantes principales de la gastroenteritis viral en el mundo. En el año 2015, la OMS informó de que estos virus causan millones de muertes cada año.

Las aguas residuales contaminadas suponen un peligro al alza también en las zonas urbanas. Con el calentamiento global se prevén epidemias de cólera en muchas regiones del mundo, sobre todo en las grandes urbes. Esto constituye, de alguna manera, una vuelta al pasado. En Londres, los casos de cólera han aumentado trescientas veces, como si fuese un *flashback* de la época victoriana, cuando el *Vibrio cholerae*, la bacteria causante de la enfermedad, asesinó a miles de ciudadanos. El cólera ha vuelto hace relativamente poco a la primera plana en otras regiones del mundo como Siria, Irak y Yemen, y se ha propuesto como un prototipo de las epidemias causadas por bacterias.

La historia del cólera es muy interesante para mí porque hice parte de mis estudios de medicina y de mi formación como residente de neurología en el Hospital del Mar. Los vecinos de Barcelona, en especial los de cierta edad, conocían este hospital como el «hospital de los infecciosos». Y es famoso por haber frenado una epidemia de cólera.

El Hospital del Mar (sigue ubicado en el lugar en el que se encontraba la Casa de la Salud en el siglo XVI, donde los ciudadanos pasaban las cuarentenas por las enfermedades infecciosas características de una ciudad portuaria, a la que llegaban gentes de muchas regiones de España y del mundo).[19] En el año 1905 el Ayuntamiento de Barcelona fundó el hospital municipal como un centro de cuarentena durante las temibles epidemias de fiebre amarilla y cólera. Después de la Guerra Civil, durante la terrible posguerra, que dejó a tanta gente en la miseria, el hospital se especializó en ayudar a combatir las olas de viruela, tifus y poliomielitis. Para luchar contra la polio, antes de que las vacunas la erradicasen, el Hospital del Mar fue el primero que instaló una cámara hiperbárica, conocida popularmente como «pulmón de acero», en su unidad de cuidados intensivos; aún estaba allí, como un monumento al pasado, mientras cursaba mis estudios de medicina.

19. El hospital ha sido modernizado y, debido a su belleza arquitectónica, es famoso por haber aparecido en películas de cine como *Todo sobre mi madre*, una de las mejores películas de Pedro Almodóvar.

En el año 1971, durante una epidemia de cólera en Barcelona, se eligió al hospital como centro de referencia para el tratamiento de los enfermos de España. El brote de cólera comenzó en septiembre y el tratamiento se organizó en dos pabellones del hospital que estaban separados y aislados. El primero era una unidad de cuidados básicos, donde los esfuerzos se centraban en la rehidratación de pacientes con enfermedad aguda, ya que estaban aquejados de diarreas imparables. El segundo pabellón se dedicó a los enfermos convalecientes. La epidemia duró tres meses y durante ese tiempo se trató a varios centenares de pacientes. Barcelona no ha vuelto a sufrir cólera desde entonces, pero todavía hoy esta enfermedad persiste activa en otras regiones del mundo.

La salud pública es una de las armas más importantes para detener un brote y prevenir una epidemia. El cólera no podrá erradicarse si no se invierte en la modernización del sistema de alcantarillas. Este papel del alcantarillado en las epidemias es uno de los temas tratados en *La ciudadela*, de A. J. Cronin.

La ciudadela se publicó en el año 1937 y narra las aventuras de un médico que vive en el Reino Unido entre la Primera y la Segunda Guerra Mundial. Una de mis novelas favoritas, tuvo y tiene influencia en mi percepción de la práctica médica.

A Andrew Manson lo contrata una ciudad minera de Gales nada más terminar la carrera de Medicina. Allí conoce a la que será su mujer, una maestra de escuela, pero unas condiciones laborales abusivas le impiden asentarse en el pueblo y, tras la boda, la pareja se muda a otro pueblo minero.

Allí sus nuevos pacientes lo veneran, pero el traslado no lo libra de tener que enfrentarse a los conflictos que le deparan el ejercicio de su profesión y sus elevados estándares éticos.

En un relato basado en la biografía del escritor, el protagonista descubre la vinculación entre la minería y las enfermedades profesionales, desde un tipo de nistagmo (movimiento incontrolado e involuntario de los ojos) hasta las afecciones de pulmón. Así que su carrera se centra en luchar contra las dolencias que la extracción de combustibles fósiles ocasiona al ser humano.

A Manson no le basta con eso y se enfrenta a otros temas que no podrían ser de más actualidad: la resistencia de ciertos grupos de la población a las vacunas y las deficientes condiciones higiénicas del pueblo. Ante un brote de fiebre tifoidea, Manson no tarda en darse cuenta de que, por más medicinas que use, estas no podrán detener el número creciente de casos, ya que, como ocurre en muchos países en desarrollo, el suministro de agua está contaminado por fugas de las cloacas, que son una vía continua e inagotable de bacterias para la población.

Frustrado con las autoridades, que no prestan atención a la causa principal de la epidemia, el médico adquiere dinamita de los mineros y, en un acto desesperado, vuela la alcantarilla principal. La explosión tiene el efecto de desviar la porquería de las aguas residuales a los barrios ricos, que hasta entonces se encontraban a salvo de la enfermedad. Con la avalancha de quejas de los poderosos, el Ayuntamiento comienza la renovación urgente del alcantarillado. Andrew nos muestra que las medicinas no bastan para detener las pandemias; hay que tener en cuenta otros factores del Antropoceno y actuar sobre ellos.

De fácil lectura y constantes conflictos e intrigas, *La ciudadela* es también una historia de amor y se lee en un fin de semana. La novela y la serie de televisión —no he visto la película— me reafirman en mi versión más romántica de la medicina. Y no me cabe ninguna duda de que la actitud explosiva del protagonista contra una epidemia debería servir de ejemplo a muchas naciones para invertir más y mejor en su salud pública.

Las pandemias llevarán a conflictos humanos de todo tipo y contribuirán a la desestabilización de la sociedad, que se producirá por la progresión de la crisis climática. Las naciones deberían darse cuenta de que las epidemias y las pandemias amenazan la paz y la seguridad de millones de ciudadanos en el mundo. Así lo han demostrado los brotes de SARS, MERS y COVID-19, el Ébola, la gripe porcina, la gripe H5N1, la *E. coli* 0157:H7 (productora de la toxina Shiga), el Zika y docenas de otros microbios que pueden convertirse en amenazas para la seguridad nacional. Uno de los mayores factores de desestabilización es que las pandemias generan éxodos, refugiados por cuestiones de salud. Por otro lado, las epidemias son causa de pobreza y quienes las sufren se verán obligados a conseguir los medios necesarios para subsistir. Y, en ocasiones, forzados a ello o guiados por políticos violentos, lo harán del modo más expeditivo.

Además de los virus y las bacterias, existen parásitos que constituyen plagas en países con economías emergentes, como las llamadas *neglected tropical diseases* (NTD), enfermedades tropicales que pasan desapercibidas al primer mundo. Uno de los mayores expertos en este campo y fundador de una revista científica específicamente dedicada a estos temas es Peter Hotez.

Peter, un hombre de baja estatura, vivaracho y ataviado día sí y día también con una pajarita de topos, tiene su oficina al otro lado de la calle de la mía y se dedica al desarrollo de vacunas para enfermedades olvidadas. Y aclaremos ya que han sido o son olvidadas porque afectan a los más pobres de las naciones más pobres. Peter, tras un periplo por varias universidades, es ahora catedrático y decano de la Escuela Nacional de Medicina Tropical de la Facultad de Medicina de Baylor, catedrático de Enfermedades Tropicales Pediátricas y director del Centro para el Desarrollo de Vacunas del Hospital de Niños de Texas. Su último libro se titula *Previniendo la siguiente pandemia: diplomacia con vacunas en un tiempo de anticiencia* (*Preventing the Next Pandemic: Vaccine Diplomacy in a Time of Anti-science*).

Estudiando esas credenciales y hojeando su libro recién salido del horno, no pude reprimir la tentación de llamarlo. Una persona que de inmediato trasluce la diplomática educación de quien tiene mucho mundo —«Tendríamos que vernos en un restaurante y hablar tomando un vaso de Rioja», me dice—, Obama envió a Peter a los países musulmanes, desde Túnez hasta Arabia Saudí, para impulsar un concepto desarrollado por el médico: la «diplomacia de las vacunas». Cuando le pregunto qué significa eso, porque es una idea nueva para mí, me explica que dos países antagonistas y que se niegan a cooperar en temas políticos pueden establecer vías de diálogo mediante la cooperación en campañas de vacunación.

Peter menciona a uno de sus ídolos, Edward Jenner, el médico británico que inició la era de las vacunas en el siglo XVIII con la vacuna de la viruela. Jenner asesoró a países que no tenían relaciones diplomáticas con Inglaterra o que eran sus adversarios políticos, incluyendo a Francia, Rusia, Turquía, México y España. Hablar sobre la vacuna mejoró las relaciones entre estos países. Jefferson, el que fuera presidente de Estados Unidos, se convirtió en uno de los mayores seguidores de Jenner, por ejemplo.

Peter ha publicado en artículos y entrevistas que el Instituto Pasteur francés creó a finales del siglo XIX una red de laboratorios en los países francófonos, en Indochina y el norte de África, dedicados al tratamiento y la prevención de la rabia, lo que sirvió para estrechar los lazos entre estas naciones. Y un ejemplo más reciente, al que Peter dedica espacio en su libro y del que me habla de forma generosa durante nuestra conversación, es el del médico Albert Sabin.

Sabin desarrolló una de las vacunas contra la poliomielitis —la otra la diseñó Salk. Sabin y Salk, como suele ocurrir, se llevaban fatal— utilizando un virus atenuado que podía administrarse por vía oral, con lo que se podía suministrar en cualquier lugar del mundo sin la intervención de personal médico especializado. Una vacuna así era ideal para países con una red sanitaria insuficiente y durante la Guerra Fría entre Estados Unidos y la antigua Unión Soviética Sabin viajó con frecuencia al país rival para colaborar con virólogos soviéticos en el desarrollo de un prototipo de la vacuna. Según Peter matiza en un artículo:

> El éxito se debió a que cada científico hizo lo posible para convencer a sus enlaces diplomáticos de que dejaran de lado las ideologías con el propósito de una cooperación científica conjunta.

Peter tiene una misión: llevar vacunas para enfermedades olvidadas —«esas vacunas que no producen beneficios económicos», me explica— a los países más pobres, donde estas enfermedades son endémicas y amenazan con extenderse a los países de economías fuertes a través de los movimientos de refugiados y ayudadas por la expansión geográfica de los vectores que las transmiten. En otro artículo científico titulado «La lucha mundial para desarrollar vacunas contra la pobreza en la era antivacunas», Peter explica otro concepto también muy interesante: las vacunas contra la pobreza.

Las vacunas antipobreza están dirigidas a un grupo de aproximadamente veinte enfermedades tropicales desatendidas, según la definición actual de la Organización Mundial de la Salud. El apodo de «antipobreza» se refiere al hecho de que estas enfermedades relegan a las poblaciones a la penuria y la indigencia debido a sus efectos crónicos y deletéreos sobre el intelecto infantil y la productividad de los trabajadores.

Las enfermedades generan pobreza y, cuanto más mísero es el país, más miseria producen. Si las vacunas se generalizasen, podrían crear sinergias con las medidas sociales y los planes económicos. Pero no es tarea fácil porque, a pesar de las pruebas de su rentabilidad y el ahorro de costes a largo plazo, el desarrollo de vacunas contra la pobreza no llena los bolsillos de las grandes compañías farmacéuticas y se ha quedado rezagado con respecto a otras vacunas para las infecciones infantiles principales y las amenazas pandémicas del primer mundo. Las corporaciones farmacéuticas tienen bolsillos profundos que aspiran a llenar con oro; la falta del metal amarillo enlentece la producción y distribución de vacunas para las enfermedades olvidadas.

Peter indica que ha habido algún progreso a pesar de todo:

Actualmente, las únicas vacunas autorizadas contra enfermedades tropicales olvidadas incluyen las de la fiebre amarilla, el dengue y la rabia, aunque otras vacunas contra enfermedades como la anquilostomiasis, la esquistosomiasis, la leishmaniasis y las vacunas para las infecciones del Zika y el Ébola se encuentran en diferentes etapas de desarrollo clínico.

Peter habla de la influencia del cambio climático en las infecciones de los países pobres, y en su libro define los factores creados o reforzados en el Antropoceno que favorecen las pandemias. Se trata de una lista en la que yo creo ver varios jinetes del Apocalipsis:[20] Cambio climático, Guerra, Pobreza, Inestabilidad política, Refugiados, Megaciudades y Movimientos anticiencia.

En un artículo de *The New Yorker*, Jerome Groopman entrevista a Peter y repasan cómo trabajan juntos esos factores:

[...] El conflicto en curso en Yemen ha producido el mayor brote de cólera de la historia y ha infectado ya a dos millones y medio de personas desde que comenzó en el año 2016.

[...] Las guerras en Siria e Irak provocaron un resurgimiento del sarampión y la poliomielitis.

[...] El colapso de los programas de control de insectos provocó la propagación de la leishmaniasis cutánea, una enfermedad parasitaria que provoca úlceras cutáneas. Conocida como «hervor de Bagdad» o «mal de Alepo», esta enfermedad se transmite a través de la picadura de moscas de la arena que se alimentan de sangre y que abundan en la ba-

20. Es fácil observar similitudes entre el Antropoceno y el cambio climático originado por la civilización que lo define y el aviso bíblico de la llegada del fin del mundo. El papa Francisco ha advertido a los líderes políticos de que el cambio climático está poniendo en peligro la vida en la Tierra y de que el momento de actuar para frenarlo es ahora. Si no disminuimos las emisiones de gases de efecto invernadero, nos encaminamos hacia el apocalipsis de la especie humana.
Los cuatro jinetes del Apocalipsis son: el Conquistador, subido a un caballo blanco; la Muerte, a un potro pálido; el Hambre, montada sobre un corcel negro; y la Guerra, con su montura roja. Los cuatro jinetes anuncian el fin del mundo y aparecen en *El libro de las revelaciones* del Nuevo Testamento de la Biblia.

sura no recolectada. Ya en el año 2016, la destrucción de la infraestructura en las zonas de conflicto había multiplicado por diez los casos de la enfermedad en Siria, con doscientos setenta mil casos al año, y con otros cien mil al año en Irak.

Unos números impresionantes que pocas veces ocupan los titulares en la prensa. Durante las guerras se presta poca atención a las enfermedades, aun cuando estas puedan convertirse en pandemias. Durante la Primera Guerra Mundial los países envueltos en el conflicto silenciaban el número de casos y muertes debidos a la mal llamada gripe española. Las cosas no han cambiado desde entonces. Las guerras en Oriente Medio, los conflictos en la República Democrática del Congo, la República Centroafricana y Sudán del Sur han hecho reaparecer el sarampión y el kala-azar, y en Nigeria, el terrorismo de Boko Haram ha producido un colapso sanitario que ha ocasionado un aumento de casos de polio, sarampión, tosferina, meningitis bacteriana y fiebre amarilla.

La inestabilidad política también favorece las enfermedades, sobre todo cuando se une al hundimiento de la economía del país. Para Peter es especialmente doloroso el caso de la Venezuela de Maduro, donde el sistema sanitario ha sufrido tanto que han resurgido el sarampión y la esquistosomiasis. Esta enfermedad, para la que no existen todavía vacunas, se contrae cuando las personas se bañan o lavan la ropa en ríos infestados por las caracolas que llevan el parásito, cuyos huevos quedan atrapados en el hígado de los pacientes y causan hepatitis. También en Venezuela, el descuido de las medidas antimosquitos ha hecho aumentar las enfermedades transmitidas por artrópodos, como los virus del Zika, el del chikungunya y del dengue. Y por desgracia, debido al desplazamiento de más de diez millones de emigrantes y refugiados, Venezuela ha extendido estas enfermedades a países vecinos, como Brasil y Colombia.

En su libro, Peter repasa además los efectos del cambio climático en Europa, donde por primera vez se han dado casos de chikungunya y dengue en Italia, España y Portugal; ha reaparecido el paludismo en Grecia e Italia; y se han diagnosticado casos de esquistosomiasis en Córcega. Es decir, enfermedades propias de África o endémicas en países tropicales avanzan ahora por Europa aumentando las posibilidades de desarrollo de una futura pandemia.

Fiel a su ideología y mentalidad, Peter acaba de desarrollar una vacuna para la COVID-19, pero con dos detalles diferentes de las ya desarrolladas: no se basa en la tecnología del ARN mensajero, que ha producido vacunas no muy eficaces, y no ha protegido su tecnología con una patente. Esto conseguirá que su vacuna pueda desarrollarse en todos los países del mundo con un gasto que los Gobiernos de los países más pobres puedan asumir. Y es así, con medidas y planes solidarios como estos de Peter, como conseguiremos mitigar algunos de los efectos de las pandemias que vendrán.

La teoría del eterno retorno postula que, en un tiempo infinito, todas las cosas, todos los seres, todas las circunstancias y encuentros volverán a repetirse, y no solo una vez, sino infinitas veces. Nunca he podido resistirme al desquiciado encanto de esta filosofía y confieso que más que con las ideas de la escuela de Pitágoras, Hume o Nietzsche, me he sumergido en ella con Borges. El tiempo circular es probablemente un mito (y, según la física cuántica, el tiempo en sí mismo quizá también lo sea). Pero la pandemia circular no lo es. La clara interrelación entre el comportamiento abusivo del hombre con la naturaleza y la emergencia de zoonosis han sido los desencadenantes. La infinita amenaza de nuevos patógenos y vectores, y su devenir en tiempos de cambio climático, cubre la esfera de nuestro planeta con una circunferencia de peligros biológicos que, girando como una ruleta rusa, hilvana todas las junglas, mares y ciudades del mundo, y no tiene su centro en ninguna.

kiloparsecs

6

LA CENICIENTA DE LA CIENCIA

Estoy respirando productos químicos.

IMAGINE DRAGONS

Hay que entender más para tener menos miedo.

MARIE CURIE

La humanidad escribe con mayúsculas los nombres de guerreros y reyes desde tiempos inmemoriales, pero la historia de la ciencia está llena de lagunas inmensas: no sabemos quién inventó el fuego o la rueda, y tampoco conocemos el nombre de quien ideó cómo cazar un mamut o domesticar animales y cereales, o el método inicial para transmitir ideas de modo escrito. Los primeros científicos e inventores, y muchos más después, han quedado en el anonimato. Sabemos poco de los hombres y menos de las mujeres. En ocasiones, a estos genios, que cambiaron el curso de la civilización, no se los aprecia en el momento en el que vivieron, sino muchos años después. Las nuevas generaciones, al mirar atrás, intentan, agradecidas, recuperar su cara o su nombre. Esta tarea es la que nos hemos impuesto en este capítulo. Demos luz a las científicas y científicos que mostraron por qué hoy sufrimos la crisis climática. Repasemos y celebremos las vidas y las ideas de los auténticos héroes de nuestros días.

Es interesante comprobar que el libro *Cosmos*, de Carl Sagan, un ejemplo espectacular de divulgación científica y humanismo, no dedica ningún capítulo a la ciencia del cambio climático. El libro se publicó cuando la concienciación sobre este fenómeno no se había generalizado. Sagan trataría este tema con posterioridad, entre otras ocasiones, en su informe al Congreso estadounidense y en varias conferencias, una de las más interesantes en el MIT, una de las mejores universidades de ciencia del mundo. Más asombroso resulta comprobar que Bill Bryson, en su magnífico superventas *Una breve historia de casi todo*,[21] aunque habla del clima en varias ocasiones, no reseña con detalle ni la biografía ni los descubrimientos de los científicos del cambio climático. De hecho, en la frase final de uno de los capítulos, predice que la Tierra acabará solucionando por sí sola los agravios a los que la somete la humanidad. Tampoco aparece el cambio climático en un libro espléndido y más reciente que trata sobre el origen de la ciencia y sus principales

---

21. Bill Bryson es un escritor brillante, ameno, que sabe contar una historia, y por eso llega al público interesado por la ciencia como pocos. Su libro *Una breve historia de casi todo* es un esfuerzo notable que intenta algo imposible y lo consigue: explicar los acontecimientos más relevantes de la ciencia y servir de introducción a varias disciplinas del conocimiento humano como la astronomía, la biología, la geología, la física o la química. Con un estilo simple y directo, pero lleno de anécdotas interesantes, Bryson convierte cada biografía en una novela de ficción y cada descubrimiento en un potente «eureka». Un libro que hay que leer para disfrutar mientras se aprende. Este capítulo está, sin duda, inspirado por su estilo, por su modo de contar y por que, como he mencionado antes, el cambio climático no es un tema principal en su ensayo.

corrientes, *The invention of Science: A New History of the Scientific Revolution*, de David Wootton, donde no se informa sobre la relevancia que el estudio del cambio climático ha tenido para la humanidad ni la influencia clave de estos estudios para exigir a las ciencias económicas la inclusión de algunos conceptos de biología.

La falta de la divulgación de la ciencia del clima se debió en algunos casos al momento de la publicación de los libros y, también, al menos en parte, a la propaganda negativa y las medidas de censura adoptadas por los mercaderes de la duda contra uno de los temas más importantes y urgentes de la ciencia moderna. Estas *fake news* habían conseguido que hasta hace unos pocos años el calentamiento global tuviese escasa visibilidad en las grandes corrientes populares del saber. Además, cuando se hablaba de la gran crisis, era dentro de un marco de incertidumbres y titubeos: un debate más... El estudio de la crisis climática parecía la cenicienta de la ciencia o el patito feo. Los tiempos han cambiado y ahora los «padres del cambio climático» se han transformado en gloriosos cisnes y se los considera las estrellas de la ciencia del momento, con Premios Nobel incluidos.

No se enseña todavía en las escuelas, pero la historia de la ciencia del cambio climático, que debería poder emplearse para evitar el mayor desastre al que se ha enfrentado la humanidad, comenzó hace más de tres siglos. Gracias a estos pioneros hemos descubierto y conocido las razones, los motivos y las causas del calentamiento global. Desde el siglo XVIII hasta el momento presente, una serie de científicos han demostrado matemáticamente que la actuación irresponsable, primero inconsciente y luego intencionada, de una humanidad adicta a la energía producida por el carbón primero y el petróleo después ha conseguido colocar al género humano al borde de una extinción. Una extinción que ya ha comenzado para otras especies, pero que acabará afectando al ser humano. La crisis climática se extenderá de la física y la biología a la economía y sumirá a la civilización en guerras debido a la falta de recursos ocasionada por el envenenamiento de la atmósfera.

El origen de la vida en la Tierra se produjo hace alrededor de dos mil millones de años. Antes, el planeta estaba marcado por grandes regiones cubiertas de hielo bajo un cielo rosado. Es la vida, con las primeras bacterias, que comienza a modelar el planeta. La vida unida a fenómenos geológicos y fisicoquímicos, como las erupciones de los volcanes, generará la atmósfera y, con ella, el clima. La vida no tuvo un camino fácil y se enfrentó a una serie de extinciones, cinco masivas y muchas otras parciales o discretas. La última de las grandes, la quinta extinción, ocurrida hace sesenta y cinco millones de años, se debió al choque de un meteoro con la Tierra, que acabó con los dinosaurios y abrió la puerta a que los mamíferos se hicieran dueños y señores del planeta. Las otras extinciones globales tuvieron como causa el cambio del clima.

La sociedad agrícola y ganadera es el primer signo de que el hombre puede modificar el medio ambiente y a la larga también el clima. Comenzó como el primer signo de desarrollo moderno hace, mes arriba, mes abajo, veinte mil años. La domesticación de los cultivos y de los primeros animales permitía al ser humano vivir de forma más cómoda y durante más años, pero también generó una dependencia. Cuando las grandes sequías, que duraron siglos, impidieron el cultivo y acabaron con el pasto para el ganado, algunos de los imperios antiguos más formidables no supieron adaptarse a las nuevas condiciones de vida (de este tema hablaremos con más detalle en el capítulo titulado «La sexta extinción»).

La diseminación de la agricultura durante miles de años consiguió que desde hace cinco mil años se haya convertido en una fuente importante y artificial del calentamiento global. Algo que no era del todo ignorado por las culturas clásicas precristianas, que ya habían comenzado a preguntarse si existían variaciones del clima con el paso del tiempo. Aristóteles escribió uno de los primeros tratados sobre el tiempo atmosférico, *Meteorologica*, donde estudia los cambios del medio ambiente a nivel global. Por ejemplo, en la parte 14 podemos leer:

> Las mismas partes de la tierra no siempre están húmedas o secas, pero cambian según los ríos nacen y se secan. Y así también cambia la relación de la tierra al mar, y un lugar no siempre permanece tierra o mar durante todo el tiempo, pero donde había tierra seca pasa a ser mar, y donde ahora hay mar, un día llega a secarse y convertirse en tierra. Pero debemos suponer que estos cambios siguen algún orden y ciclo. [...] Las causas son el frío y el calor, que aumentan y disminuyen a causa del sol y su curso. Es debido a ellos que las partes de la tierra llegan a tener un carácter diferente, que algunas partes permanecen húmedas durante cierto tiempo y luego se secan y envejecen, mientras que otras partes a su vez se llenan de vida y humedad. [...] Pero todo el proceso vital de la tierra tiene lugar tan gradualmente y en periodos de tiempo que son tan inmensos en comparación con la duración de nuestra vida, que estos cambios no se observan, y antes de que se pueda registrar su curso de principio a fin, naciones enteras perecen.

Para Aristóteles no hay mitos ni dioses que gobiernen los cambios de la Tierra, parece que todo sucede por fuerzas telúricas como el sol, la humedad y la sequía, que afectan al planeta a través de enormes periodos de tiempo. Se puede decir igual, pero difícilmente se dirá mejor.

En otro país y muchos siglos después, en el siglo XII nació y vivió el que quizá ha sido el Leonardo de China. Entre sus teorías y descubrimientos destacaron el diseño de métodos para la defensa de las ciudades —como hiciera también el genio de Vinci—, la elaboración de teorías sobre la erosión del suelo, el descubrimiento de fósiles marinos en las montañas, la invención de la brújula, las modificaciones de la imprenta, la clasificación de minerales y sus usos, y la localización de la estrella polar. A pesar de su talento, como suele suceder, tuvo enemigos poderosos que lo apartaron de la corte. Este genio, tan poco conocido fuera de China, se llamaba Shen Quo y aportó las primeras pruebas de que el clima de la Tierra está en continuo cambio.

Su teoría sobre el clima se originó cuando un deslizamiento de tierra desenterró un bosque de bambú petrificado. El lugar contenía troncos y también raíces. Shen Quo concluyó que aquella tierra, que ahora era la orilla de un río, en el pasado remoto había sido un bosque frondoso de bambú y que, con el tiempo, el clima de la Tierra cambió y los cultivos y la orografía también. Esa observación, ese momento lúcido que encuentra una explicación para los fósiles y para el paisaje actual en el fluir del clima, fue un descubrimiento pionero de la ciencia del cambio climático. Tras su muerte, sus estudios se interrumpieron y sus libros se destruyeron. Tenemos que agradecer a la Academia China de Ciencia que hace treinta años decidiese restaurar su historia, sus descubrimientos y su reputación, y que hoy en día se considere a Shen Quo como uno de los padres del concepto de «cambio climático».

Una prueba determinante de los ciclos que alternan el frío y el calor en la historia de la Tierra fue la aparición y duración de las Edades de Hielo. El periodo más largo y antiguo de glaciación que afectó a todo el planeta cubrió la Tierra de polo a polo con hielo; fue la llamada «glaciación huroniana» y duró, mes más, mes menos, trescientos millones de años. Pero, además de estas glaciaciones generales, tuvieron lugar otras que solo se observaron en algunas regiones geográficas o que, siendo globales, no fueron ni tan intensas ni tan duraderas como las grandes glaciaciones. Quizá la más famosa de ellas es la llamada «Pequeña Edad de Hielo», que duró cuatrocientos años y que es probable que afectara en mayor o menor medida al planeta, pero cuyas descripciones más completas y vívidas se refieren a sus efectos en Europa.

En Europa, los ríos se congelaron y Londres, por ejemplo, comenzó a celebrar ferias en el Támesis, completamente sólido. Virginia Woolf,[22] la escritora que revolucionó la novela moderna, cuenta y exagera sobre ellas en *Orlando* (traduzco del inglés y que me perdone la genial Woolf):

> La Gran Helada fue, dicen los historiadores, la más grave que jamás haya visitado estas islas. Los pájaros, congelados en pleno vuelo, caían como piedras al suelo. En Norwich, una joven y saludable campesina comenzó a cruzar la calle, pero cuando una ráfaga de viento gélido la golpeó en la esquina de la calle la vieron convertirse en polvo y ser arrojada en forma de nube de hielo sobre los tejados.

---

22. Para los admiradores de Virginia Woolf, así sigue el texto *de Orlando*: «La mortalidad entre las ovejas y el ganado fue enorme. No era extraño encontrar una piara de cerdos congelados en el camino. Los campos estaban llenos de pastores, labradores y chiquillos congelados en el acto que realizaban en ese preciso momento: uno con la mano en la nariz, otro con la botella en los labios, un tercero con una piedra levantada para arrojarla a los cuervos que estaban posados, como disecados, sobre el seto, a un metro de él. La dureza de la helada fue tan extraordinaria que a veces parecía un acto de petrificación».

No todo era tragedia, también hubo fiesta:

> Pero el carnaval era más alegre por la noche. La helada se
> mantuvo, las noches eran de perfecta quietud, la Luna y las
> estrellas resplandecían como diamantes y los cortesanos baila-
> ban al son de la buena música de la flauta y la trompeta.

Durante los siglos de la Pequeña Edad de Hielo, España
sufrió fenómenos extremos relacionados con el frío y la lluvia
intensos, que causaron nevadas más intensas que las habituales
y mucho más duraderas. Los Pirineos y el resto de las cordilleras y las montañas notaron el efecto de las bajas temperaturas, que favorecieron la formación de glaciares, algunos de
ellos ya desaparecidos. Uno de los fenómenos mejor documentados fue la congelación de los ríos. El río Ebro permane-
ció helado durante semanas media docena de veces. El negocio
del hielo se instauró en partes áridas de la Península donde
nunca ha vuelto a nevar y se construyeron almacenes llamados
«neveras», en ocasiones edificios circulares cubiertos con una
bóveda, que aún persisten en distintos puntos del levante español.

La temperatura del ambiente dejó de ser un fenómeno abstracto cuando se pudo cuantificar. En 1593 Galileo inventó
uno de los primeros termómetros y de ese modo podríamos
decir que inventó también la temperatura. Su termómetro no
tenía una aplicación clara y carecía de una escala pragmática
de temperaturas. Se necesitarían casi doscientos años para que
un termómetro pudiera usarse en la vida diaria.

En 1709, Daniel Fahrenheit culminó las pesquisas de Galileo al inventar el termómetro moderno, eso sí, con la peculiar
escala de temperatura que lleva su nombre y que aún se utiliza
en los países de habla inglesa. Esta escala no tiene una base

racional y no sitúa en los extremos las temperaturas a las que hierve y se congela el agua, por ejemplo. Años después, un científico nórdico llamado Anders Celsius, sugeriría una escala más coherente con los hechos naturales y desde entonces el agua hierve a cien grados y se congela por debajo de los cero grados. En ciencia, una actividad racional y lógica, la escala de Celsius le ha ganado la partida a la de Fahrenheit.

Siguiendo el hilo de las bases que llevaron al descubrimiento del calentamiento global, y una vez aclarado el tema de la temperatura, tenemos que hablar del descubrimiento de los gases de efecto invernadero. Y allá por el año 1640, Johann Baptista van Helmont, un alquimista flamenco enamorado de la química, que consideraba una ciencia superior a las demás, sobre todo a la medicina —admiraba a Paracelso y despreciaba a Galeno—, acuñó la palabra «gas». La tomó prestada del griego *caos* y la utilizó para describir el aire como una mezcla de gases entre los que se encontraba el CO_2 («gas silvestre»). Un hombre de su época mezcló ciencia y religión, alquimia y mística, química sólida y piedras filosofales. Y no escapó tampoco a la persecución por la Santa Inquisición, que le prohibió publicar sus supuestas heréticas ideas durante muchos años. Sus descubrimientos, de todos modos, influyeron sobremanera en la futura ciencia del cambio climático.

Medio siglo más tarde, un estudiante de medicina escocés llamado Joseph Black descubrió que el agua de cal funcionaba como un detector de CO_2. Sus experimentos, en los que mezclaba hidróxido de calcio y agua, siguen poniéndose en práctica hoy en día en laboratorios de química (el lector curioso puede ver diferentes versiones de ellos en YouTube. Practíquelos en casa bajo su propia responsabilidad). Black se dedicó a detectar el CO_2 de fuentes naturales y artificiales, incluyendo la quema de carbón y aceite, y concluyó que el gas detectado en el aire por Van Helmont podía producirse quemando carbón. Aún era pronto para concluir que la quema de carbón resultaba en la acumulación de CO_2 de en la atmósfera, pero la primera piedra de esa teoría quedaba puesta.

Cinco o seis años después de los descubrimientos de Black en Edimburgo comenzó la Revolución industrial y, con ella, la quema masiva de carbón. Es una pena, digámoslo con triste ironía, que ni Van Helmont ni Black pudiesen ver cómo el CO_2 del aire, que en sus tiempos estaba en una concentración de 280 ppm, pasaba a incrementarse de modo significativo con el consumo de combustibles fósiles y que ahora, como mencionamos en otros capítulos, haya superado las 400 ppm.

La ciencia del calentamiento global propiamente dicha nació en el siglo XVIII y se debió al interés de los científicos por la energía que produce calor y por el comienzo del estudio de la termodinámica. Estos dos temas, calor y termodinámica, en boga en aquella época, cambiarían la física para siempre. Fue por aquel entonces cuando los estudios y ecuaciones preliminares de Joseph Fourier, científico francés interesado por la transferencia de calor entre los objetos, lo llevaron a preguntarse cuáles eran los factores que influían en la temperatura de la Tierra.

Era una pregunta demasiado grande para el siglo; enorme para un científico solo. Pero Fourier partió de principios y argumentos simples, tan sencillos como pudiera encontrar, para avanzar hacia lo complejo. Se preguntó por qué la temperatura terrestre no podía justificarse solo por la llegada de energía del Sol. Pensaba así porque cuando calculó la energía que nos llegaba del Sol y la comparó con la temperatura que tendría la Tierra si esa energía se reflejara por completo al exterior, es decir, se devolviera al espacio, la temperatura de la Tierra debería ser de menos dieciséis grados Celsius. Es decir, la Tierra debería estar cubierta de hielo por completo. Seríamos un planeta blanco. Viviríamos en una Edad de Hielo constante. Y, sin embargo, no era así. Somos un planeta azul donde la tierra alterna con océanos de agua líquida.

La Tierra, como calculó Fourier, tiene una temperatura de 15 grados Celsius. Así que existía una diferencia de unos treinta grados sobre sus predicciones matemáticas y la realidad. Treinta grados, todos estaremos de acuerdo, son muchos grados. Por lo tanto, tenía que existir otro factor, por el momento desconocido, que era responsable de mantener la Tierra caliente, alejada de los cero grados. Este factor en teoría actuaría como una manta que envolvía el planeta e impediría que la energía que llegaba del Sol se disipase de vuelta al espacio. Algo allá arriba en la atmósfera abrigaba nuestro planeta previniendo que toda la energía que llegaba se reflejara hacia el exterior.

No tenía muchos datos del fenómeno ni una explicación clara de por qué ocurría, pero Fourier decidió publicar un informe en 1824. En ese artículo científico se formulaba por primera vez la hipótesis del efecto invernadero. La Tierra era como un jardín cubierto de cristal. Una caja de cristal deja pasar la luz y el calor que provienen del Sol, pero el calor se queda atrapado dentro, con lo que aumenta la temperatura del interior.

Treinta años más tarde una científica, Eunice Newton Foote,[23] basándose en experimentos con gases, formuló por

23. Newton identificó los colores rojo, naranja, amarillo, verde, azul, índigo y violeta que componen la luz al descomponerse a su paso por un prisma (o una gota de agua y forman el arcoíris). Como estos colores no pueden verse normalmente, Newton los llamó «espectro» o «fantasma». Y la palabra «espectro», aunque pocos saben su significado original, se ha mantenido desde Newton hasta nuestros días. Así, hablamos del espectro de luz visible al referirnos a las longitudes de onda de 380 a 700 nanómetros, que van desde el color rojo

primera vez la hipótesis de que una atmósfera de CO_2 elevaría la temperatura de la Tierra. En la década de 1850, Eunice era pionera en dos campos: una activa feminista y una científica no profesional; las mujeres no podían ocupar puestos de profesoras en las universidades. Como feminista desempeñó un papel notable en la lucha por los derechos de las mujeres y la igualdad con los hombres. En 1848, por ejemplo, asistió a la primera Convención sobre los Derechos de la Mujer, en Nueva York, y firmó con otras sesenta mujeres y treinta hombres la Declaración de Derechos en apoyo de los principios de igualdad para la mujer en todas las esferas de la vida.

En el campo de la ciencia, Eunice era ya una inventora con varias patentes a su nombre cuando hizo su descubrimiento sobre los gases de efecto invernadero. Su artículo científico, como ha pasado tantas veces con las contribuciones de las mujeres en la historia de la ciencia, pasó inadvertido y se desvaneció en la oscuridad del tiempo. Y, sin embargo, sus estudios tenían la elegancia inherente a los experimentos de los genios. Utilizó dos cilindros de vidrio llenos de varias sustancias, incluyendo aire húmedo y dióxido de carbono. Luego colocó un termómetro en cada uno de ellos y dejó que se calentasen a la luz del sol. Así de sencillo. Así de fácil. La pregunta sería esta: ¿qué gas ayudaba a que la temperatura subiese en los cilindros? ¿Qué gases tenían un efecto invernadero? En 1856 publicó un artículo en el que resumía los resultados de los experimentos: el cilindro con aire húmedo se calentaba más que el que tenía aire seco. Es decir, el agua tenía efecto invernadero. Y lo que tendría más valor para el futuro de la

---

al color violeta y que el ojo humano puede ver. Las longitudes de onda por debajo del rojo, que no son visibles, se denominan «radiaciones infrarrojas» y las que están por encima del violeta, que tampoco son visibles, «radiaciones ultravioleta».

ciencia del cambio climático: el cilindro que estaba lleno de CO_2 se calentaba aún más, y no solo eso, sino que tardaba mucho más en enfriarse.

Así pues, y llevando las conclusiones de los experimentos a un tema candente hoy en día, según Eunice una atmósfera constituida por CO_2 ocasionaría la subida de la temperatura de la Tierra. Si en el futuro, predijo, la concentración de CO_2 en el aire fuese más alta «necesariamente» habría un aumento de la temperatura del planeta. Y ahí habría comenzado todo si la ciencia hubiese sido más respetuosa con las mujeres.

Unos años después de que Eunice hubiera publicado sus datos, el científico irlandés John Tyndall diseñó por primera vez un aparato que permitía medir cuánto calor podía pasar a través del CO_2 y descubrió que el CO_2 podía atrapar mil veces más calor que el aire seco. Tyndall fue el primer científico que estudió cómo los gases absorbían la radiación infrarroja, algo que Eunice no había mencionado en su trabajo. Tyndall desconocía los experimentos de Eunice y no citó su artículo en el suyo, algo que ocurre a menudo en ciencia: dos grupos independientes llegan a conclusiones similares haciendo experimentos diferentes. Y los datos de los dos juntos explican mejor el fenómeno que los datos de cada uno por separado.

Tyndall se enfrentó con valentía a una paradoja: sus datos indicaban que el CO_2, un gas transparente, atrapaba el calor. Algo contrario al sentido común: si la luz pasaba a través del gas, sin dejar marca, el calor también debería atravesarlo. Después de repetir el experimento un centenar de veces, acabó tirando la toalla y aceptando sus datos. Una cosa estaba clara: el CO_2 dejaba pasar la luz (era transparente), pero no dejaba pasar con tanta facilidad el calor. El CO_2 actuaba como una campana de cristal. Podría ser que ese gas mantuviese la temperatura del planeta.

En su artículo clave, «Note on the transmission of radiant heat through gaseous bodies», Tyndall demostró con precisión que el CO_2 y el vapor de agua calentaban el planeta. Dado que Eunice estaba usando la luz del sol, su experimento se centró en el espectro visible; pero Tyndall fue más allá y, usando una nueva tecnología, la espectroscopia, pudo estudiar el espectro infrarrojo, la forma de la radiación en la que el calor se refleja hacia el espacio.

Si los trabajos de Eunice pasaron inadvertidos, los de Tyndall ganaron el aplauso de sus colegas y así el CO_2 entró en el mapa de una nueva ciencia: la ciencia del calentamiento global.

Por aquella misma época, Arvid Högbom estudió el CO_2 en el contexto urbano. Arvid pensó que además del CO_2 expelido por los volcanes y los océanos, quizá sería relevante estudiar el CO_2 emitido por fábricas y así, sin darse cuenta del alcance completo de sus proposiciones, sus estudios sugerían que las actividades humanas estaban influyendo en la concentración de CO_2 en la atmósfera.

Para Arvid la cosa estaba clara: con las minas de carbón el ser humano estaba «evaporando» diariamente CO_2 hacia el aire. Arvid calculó que si se pudiera solidificar el CO_2 que existía en la atmósfera en 1894, se podría crear una lámina de un milímetro de espesor que envolviese la Tierra por completo. Así que había calculado el grosor de la manta atmosférica de Fourier. Arvid se dio cuenta de la importancia de la actividad humana en la modificación de la atmósfera, pero no llegó a proponer medidas concretas para frenar estas actividades.

En 1896, un colega de Arvid, Svante Arrhenius, un químico de la Universidad de Upsala, publicó un artículo que lo haría entrar en la historia de la química coronado con laureles y que lo convertiría en uno de los padres de la ciencia del cambio climático.

Su biografía no predecía el triunfo. Parecía que Arrhenius estaba destinado a ser un científico mediocre, despreciado por sus colegas y repudiado en su universidad. De hecho, casi suspendió su tesis doctoral y acabó sacando un aprobado raspado después de presionar a los profesores responsables de la calificación.[24]

Una vez que consiguió un puesto en la universidad, Arrhenius se interesó por un tema científico candente en aquel momento: ¿Cuál era la causa de las glaciaciones? Una de las hipótesis defendía que los cambios en los niveles de CO_2 atmosférico eran el factor principal. Arrhenius se decidió a estudiar qué había ocurrido en las pocas décadas de Revolución industrial y sus investigaciones quedaron resumidas en una

24. Escribí a mi amigo Bernardo Herradón para preguntarle por Arrhenius. Bernardo es un prestigioso químico madrileño que ha sido director del Instituto de Química Orgánica del CSIC y que es conocido, además de por su labor científica, por ser un gran divulgador de ciencia y un conferenciante muy buscado. Bernardo es, de los profesores que conozco, el que está más al día de las biografías de los científicos del presente y del pasado. Así que le mandé un correo para preguntarle por Arrhenius.

«Excelente químico clarividente. En la época de su divorcio decidió dedicarse a un tema que lo tuviera ocupado con números. Dicen que desde su puesto en la Fundación Nobel decidía quién recibía los de Física y Química».

Yo había leído sobre eso también. Arrhenius estaba en ese comité cuando le concedieron el Premio Nobel de Química, que además fue el primero para un sueco. No se lo dieron, por desgracia, por su trabajo sobre el cambio climático, sino por el desarrollado en su tesis, diecinueve años antes. Y dice Bernardo que existe el rumor no confirmado de que quizá aprovechase su posición de poder e influencia en el comité Nobel para castigar a los que no prestaron mucha atención a su tesis doctoral (Kelvin, Mendeléyev) y premiar a los que lo apoyaron. También se dice que vetó el segundo Premio Nobel (el de Física) a Rutherford, que, sin duda, lo merecía. Pero esto solo son rumores, por supuesto.

frase que ahora es famosa entre los ecologistas: «Estamos evaporando nuestras minas de carbón».

Arrhenius se propuso calcular cuáles eran las concentraciones del agua y del CO_2 atmosféricos que calentaban la Tierra. Durante un año, y partiendo de datos de Langley, un astrónomo americano que había calculado el calor que recibía la Tierra de la luna llena, realizó cien mil cálculos y publicó sus resultados en 1896. Sus datos eran tan sorprendentes para él como para los demás y podrían resumirse así: si disminuyéramos a la mitad el CO_2 atmosférico, la temperatura de la superficie de la Tierra bajaría entre cuatro y cinco grados Celsius. Y dándole la vuelta: si duplicáramos la concentración de CO_2, la temperatura aumentaría entre cuatro y cinco grados. Aquí estaba la hipótesis que había ido fraguándose con los experimentos de los científicos anteriores y que ahora se respaldaba con datos. La teoría pasaba a ser un hecho.

Arrhenius dio el paso definitivo, como ya intentó hacer Arvid, al demostrar el efecto antropogénico del consumo de carbón: su uso generalizado para producir energía estaba incrementando el CO_2 en la atmósfera por encima de los valores que permiten la homeostasis requerida para la vida en la Tierra. No tenía duda alguna de que la humanidad estaba autoenvenenándose con CO_2. Naturalmente, no todos estuvieron de acuerdo con él. Podríamos decir que con los primeros datos apabullantes que mostraban la existencia del cambio climático comenzó a aparecer el escepticismo, aunque quizá en ese momento era un escepticismo sincero debido a la ignorancia o a la falta de información y no derivado de conflictos de interés económico, como ocurre ahora.

Para muchos científicos, aunque Arrhenius tuviese razón, el tema no era tan importante. Pero él estaba convencido de que las emisiones de CO_2 podrían cambiar la civilización tal y como se entendía en aquel momento. El progreso acarreaba consigo consecuencias inesperadas: la humanidad tenía que pagar un precio por él. Los datos de Arrhenius predecían olas de calor muy superior a las temperaturas normales y sequías con desaparición de las cosechas. Quedaba claro que las minas podían cambiar el clima al igual que estaban cambiando la faz de la Tierra. Dos cambios a peor. La destrucción del medio ambiente por la industria se trata de una manera desgarradora en una novela de profundas raíces españolas y asturianas. En Asturias, a principios del siglo XX, la minería comenzaba a entrometerse en la vida bucólica de prados y granjas y amenazaba con terminar con la vida simple y feliz de los habitantes de algunos de los valles más verdes y maravillosos de la Península. La novela se titula *La aldea perdida*.

Publicada en 1903 y escrita por Armando Palacio Valdés, se trata de una de las primeras novelas ecologistas. Centrada en la transición de la Asturias agrícola a la industrial, narra los cambios en el paisaje y en las gentes que trae la civilización; la perturbación y aniquilación súbita de la tranquilidad de los pueblos producida por la llegada de la industria de los combustibles fósiles, que lleva consigo el dinero y la violencia. Palacio Valdés nos dejó una advertencia, una nota de precaución sobre el peligro de que la minería —y, por extensión, otras industrias que producen energía, como la del petróleo o el gas natural— pudiese destruir ecosistemas. En *La aldea perdida* se comentan desventajas sociales y ecológicas acarreadas por la ambiciosa industria de los combustibles fósiles, que tanto confort y progreso ha proporcionado a la sociedad. El progreso puede aniquilar lo mejor de nuestras tierras y costumbres.

En su ensayo *La aldea perdida, de Palacio Valdés, alegato antiindustrialista*, José Luis Ramos Gorostiza recuerda cómo se valoraba al escritor en su tiempo:

Armando Palacio Valdés (1853-1938) fue uno de los novelistas españoles de mayor éxito del primer tercio del siglo XX, que llegó a convertirse en «un clásico vivo», como lo definió el exigente crítico Azorín. Dos veces propuesto para el Premio Nobel, en 1927 y 1928, sus obras alcanzaron una enorme popularidad y se tradujeron a numerosos idiomas europeos (inglés, francés, alemán, ruso, holandés, sueco, eslovaco, finés, etc.). De hecho, al haber sido muy traducido, sobre todo al inglés, es probablemente uno de los escritores españoles de finales del siglo XIX y principios del XX —junto con Blasco Ibáñez y Galdós— que ha sido más accesible y leído en el extranjero.

Otro aspecto interesante es que el autor asturiano habla en su novela de cómo sangraban sus propias heridas, de que sentía lo que decía de corazón, de que le resultaba insoportable ver la llegada de la industria brutal a su paraíso. Para Ramos Gorostiza no hay duda de que en la novela subyace un fuerte componente autobiográfico:

> El escritor, cuya primera infancia transcurrió en la aldea de Entralgo —ubicada en el valle de Laviana—, asistió al brutal impacto que produjo la industrialización del concejo entre 1860 y 1870, con la rápida ruptura de los modos, usos y costumbres ancestrales propios de la vida campesina.

Calificada en su momento como «conservadora», es decir, antiprogreso, debido a su crudo y directo tono antiindustrial, se recuperó más tarde como una de las primeras novelas donde la conservación de la naturaleza prima sobre la obtención de beneficios de las fábricas. Así lo explica Ramos Gorostiza en el último párrafo de su ensayo:

Podemos insertar *La aldea perdida* en una tradición crítica muy larga: tendría su antecedente en la vieja oposición campo-ciudad presente desde el mundo clásico, tomaría forma en el antiindustrialismo «fin de siglo» con sus componentes antiurbano, antimaquinista y antimercado, y conectaría posteriormente con la condena de la civilización industrial de la contracultura de la década de 1960 y los actuales grupos alternativos anticapitalistas, especialmente preocupados por los problemas ambientales.

En tiempos de Palacio Valdés la ciencia, a pesar de la indiferencia de la sociedad, siguió adelante con sus estudios. Y algunas décadas después, nuevas e importantes observaciones salieron de las mismas minas.

En 1949, un ingeniero de minas inglés, Callendar, publicó un artículo titulado «¿Puede el CO_2 influir en el clima?». La respuesta era afirmativa: el CO_2 era responsable de la temperatura en la Tierra. Y, además, el CO_2 seguía aumentando la temperatura del planeta. Pero, según él, no tenía por qué ser ominoso; de hecho, Callendar creía que tendría efectos positivos, incluyendo el de prevenir los desastres que produciría una nueva Edad de Hielo. El futuro no le dio la razón y pocas historias sobre la ciencia del cambio climático citan a Callendar. Las predicciones, como es sabido, las carga el diablo.

Sigamos cronológicamente con la historia de la ciencia del cambio climático. En la década de 1950 los científicos comienzan a entender que la liberación de CO_2 por el hombre constituye un experimento de inigualables proporciones, diferente por completo de cuanto el planeta había experimentado en toda la historia de la humanidad, y que podía tener consecuencias tan imprevisibles como negativas. Y al final de esa década, Keeling, sobre quien ya hemos hablado en otros capítulos, comenzó a medir cada año el acúmulo de CO_2 en la atmósfera de la Tierra. La concentración actual de CO_2 en la atmósfera tiene un nivel similar al que existía hace tres millones de años, cuando la Tierra pasó por una etapa de calentamiento llamada «Plioceno Medio». Desde entonces, el CO_2 nunca se había acercado a estos niveles.

Al paso que vamos, la cantidad de CO_2 en la atmósfera podría doblar las cantidades preindustriales para el año 2050. Es decir, en menos de treinta años el hombre habrá conseguido verter más CO_2 en la atmósfera del que se había acumulado por medios naturales antes de que se descubriese la máquina de vapor, y en dos siglos, tanto como en tres millones de años.

También en 1950 se empieza a observar la disminución progresiva de la capa de hielo marino en el Ártico. Desde que en esa década se iniciaron las mediciones, los metros cúbicos de hielo han ido disminuyendo de manera constante y se prevé que el Ártico dejará de tener hielo durante el verano en menos de veinte años.

Para algunos, las emisiones de CO_2 producidas por la civilización no son peligrosas porque los océanos tienen la capacidad infinita de absorber cuanto CO_2 se vierta al aire. Sin embargo, esta hipótesis, que era parte del conocimiento común, la refutaron Roger Revelle y Sues en 1957 cuando demostraron que los océanos solo podrían absorber la mitad del CO_2 producido por el ser humano. Lo que producimos nosotros está por encima de lo que el planeta recicla por medios naturales. Y, además, el CO_2 perdura durante cien años.

Como reacción a las nuevas y consistentes observaciones de la ciencia, así como a la prueba de que los fenómenos meteorológicos extremos ocurrían con mayor frecuencia que en el pasado, la sociedad modificó su actitud pasiva frente al calentamiento global y en 1979 se organizó la primera Conferencia Mundial sobre el Clima, patrocinada por la Organización Meteorológica Mundial. La Conferencia mostró la preocupación por la situación del calentamiento global, que podría llegar a afectar de forma grave a la civilización. Por primera vez una asociación internacional dependiente de la ONU aceptaba el cambio climático como un problema para la vida en la Tierra. A partir de ese congreso internacional de expertos se creó un Programa Mundial sobre el Clima bajo la responsabilidad conjunta de la Organización Meteorológica Mundial, el Programa de las Naciones Unidas para el Medio Ambiente y el Consejo Internacional para la Ciencia.

En 1988 se crea el Panel Intergubernamental de Cambio Climático (IPCC), que se impulsó en la primera Conferencia Mundial sobre el Clima y que debía cuantificar la magnitud y monitorizar la evolución de los cambios climáticos, describir los efectos sobre el medio ambiente y sobre la biología de la Tierra, así como sus repercusiones sociales, políticas y económicas. El IPCC propondría estrategias de respuesta al calentamiento global.

Este comité, que acabaría recibiendo el Premio Nobel de la Paz junto a Al Gore, está compuesto por miles de científicos de todo el mundo, pero no hace investigación *per se*. Los científicos recogen la información pertinente sobre el cambio climático y crean un informe en el que se detalla la situación actual, una especie de auditoría del clima que se comparte con los responsables de la política internacional.

Hasta ahora estos informes han ido detallando lo mal que estamos y cómo y por qué vamos a peor. Un informe del IPCC suele consistir en un conjunto de malas noticias y una reprimenda a los políticos que prometen y prometen, pero que no cumplen.

Los núcleos o testigos de hielo mostraron que las variaciones del CO_2 en la atmósfera habían sufrido un incremento espectacular en los últimos cien años, lo que confirmó los resultados de investigadores previos y de la curva de Keeling. En los ochenta, con la llegada del uso de los modelos generados por ordenador, se crearon los primeros trabajos científicos modernos sobre el cambio climático. Los ordenadores permitían elaborar con detalle estudios sobre el presente y proponer predicciones razonables sobre el futuro. Uno de los primeros estudios publicados a partir de estos patrones generados por ordenador fue el de James Edward Hansen, que, gracias a sus fascinantes predicciones, pasó a ser conocido como «el padre del cambio climático» (como veis, un título muy promiscuo, ya que con anterioridad se lo habían otorgado a Tyndall, Fourier y Arrhenius).

Hansen, que trabajaba en la NASA, aprovechó un programa ya existente, diseñado para pronosticar el tiempo atmosférico a corto plazo basándose en información de los satélites, para generar patrones que permitían predecir los cambios en el clima de los próximos años.

Un tipo echado para delante, con una gran personalidad y muy carismático, cuyo trabajo no estaba destinado a pasar inadvertido aunque hubiese de apostar en contra de quienes mandaban en la sociedad. Su informe, publicado en la revista *Science* en 1988 y que usaba un sofisticado modelo climático tridimensional, obtuvo una fama relámpago. Se llamó a Hansen para que ofreciera un testimonio sobre el cambio climático en el Congreso de Estados Unidos. Aquí traduzco fragmentos de su declaración:

> Primero, en 1988 la temperatura de la Tierra es más alta que en cualquier otro momento de la historia de las mediciones instrumentales.

Segundo, el calentamiento global es ahora lo bastante importante como para poder atribuir con un alto grado de seguridad una relación causal al efecto invernadero.

Y tercero, nuestras simulaciones climáticas por ordenador indican que el efecto invernadero ya es tan marcado que puede comenzar a incrementar la probabilidad de fenómenos extremos, como olas excesivas e inesperadas de calor durante el verano.

Los datos se resumieron en un artículo en la portada de *The New York Times*, el periódico más leído en Estados Unidos. «Se requiere un recorte brutal y urgente de los combustibles fósiles para combatir el cambio climático», rezaba el titular. Un periódico y no una revista científica, como había ocurrido hasta el momento, prestaba atención al cambio climático. Aquello indicaba un cambio en la percepción que la sociedad y la opinión pública tenían del cambio climático. El titular hacía hincapié en que el cambio climático afectaba a la sociedad americana en particular y a la humanidad en general.

Así que las cosas comenzaban a estar claras: las acciones de la humanidad y el uso de los combustibles fósiles no solo afectaban a la vida aquí abajo, donde estaban las fábricas y los pozos de petróleo, sino también allí arriba, donde habitan los gases que cuidan de la vida. Para algunos, aquellos informes y reportajes ponían en peligro la supremacía económica de Estados Unidos. ¿Debían estos datos frenar el consumo de petróleo y sacrificar no solo la sociedad de confort, sino también las multibillonarias ganancias de una industria que proveía y sostenía la riqueza de América?

La industria del petróleo, que no aceptó ser la culpable ni quiso ser la víctima indefensa de los ataques, contraatacó de inmediato y al máximo nivel. Desde la Casa Blanca se dieron órdenes para controlar a los científicos del clima. Y cuando Hansen comenzó a impartir conferencias sobre el sombrío panorama que nos deparaba el cambio climático, el presidente de Estados Unidos presionó a la NASA —cuyo presupuesto depende por completo del Estado— para que Hansen no pudiese dar ninguna otra conferencia sin recibir antes el visto bueno explícito de esta. Como es natural, se trataba de una forma de censura que no solo atentaba contra la libertad de expresión, sino contra uno de los elementos fundamentales del progreso científico: la difusión de conocimientos.

Hansen rechazó de inmediato la intervención de la NASA y, para luchar contra estas medidas injustas, denunció la actitud de la Casa Blanca y la agencia espacial a *The New York Times*. La publicación de estos hechos consiguió frenar la censura directa, pero no impidió que apareciesen otro tipo de represalias. En sus conferencias, Hansen usaba un eslogan de la NASA: «Entender y proteger nuestro planeta». Esta frase fue eliminada por la NASA y nunca más volvió a usarse.

Hansen no se desanimó por estos ataques y continuó dando charlas por el mundo durante diez años más, llamando la atención sobre la necesidad urgente de cambiar la política con respecto a la energía, con objeto de desacelerar o prevenir el cambio climático. Por suerte, a pesar de todos los ataques del poder real y fáctico, algunas de sus conferencias siguen vigentes en YouTube y otros portales de internet. Hansen, que ahora tiene ochenta años, es profesor en la Universidad de Columbia, en Nueva York, donde dirige el programa de Ciencia del Clima.

Además de la producción de gases de efecto invernadero desde la Revolución industrial, en el siglo XX la humanidad había comenzado a usar sustancias tóxicas de modo incontrolado, como por ejemplo insecticidas, que podían tener una repercusión muy grave en muchos ecosistemas. Esa fue la observación que llevó a Rachel Carson a escribir, en 1962, uno de los libros pioneros y emblemáticos de los movimientos de protección del medio ambiente, *Primavera silenciosa*.

La primavera, según Carson, podría quedarse muda si la humanidad intoxicase y matase a los pájaros. «Primavera silenciosa» es una imagen bellísima y triste al mismo tiempo. Ya en la antigua literatura nórdica y germánica aparecía una metáfora, «el guardián del verano», para referirse al pájaro. Carson, que no sé si sabía o no de esta metáfora, utiliza el pájaro como el guardián de la primavera, una estación del año más alborotada y alborotadora, cuando los bosques se llenan de música, para describir de manera acústica el efecto nocivo de los tóxicos que se usan en la agricultura moderna. Carson veía que la muerte de los animales convertiría nuestro planeta en un paisaje mudo.

En este libro, que marcó una época, Carson proponía que el uso de insecticidas, como el DDT, no solo mataban mosquitos, sino que también provocaba la acumulación de tóxicos en la atmósfera y en el océano, que podían envenenar pájaros y peces. Y, en casos extremos, el DDT podía ser nocivo también para los niños. Según declaró Carson en una ocasión: «Nuestros actos destructivos e imprudentes los absorben los vastos ciclos de la Tierra y, con el tiempo, su amenaza se cierne sobre nosotros».

Si con el tiempo hemos comprendido los males que la acumulación de gases tóxicos en la atmósfera ocasiona a los organismos vivos, el libro de Carson se centra en la contaminación del polvo, la tierra y las aguas subterráneas y superficiales. El agua, que contiene sustancias imprescindibles para la vida de un sinnúmero de especies de plantas y animales, se convierte también en el vehículo ideal para transferir los venenos que los granjeros y ganaderos utilizan para eliminar los mosquitos en un intento de proteger sus árboles y cultivos. El DDT no solo mataba mosquitos, sino que acababa intoxicando a los pájaros que se alimentaban de ellos y a las fieras que se comían los pájaros envenenados. En la naturaleza todo está conectado. Y la acumulación de DDT, en última instancia, podía poner en peligro el desarrollo del cerebro de los niños pequeños.

No se puede envenenar una parte de la cadena alimentaria y asumir que las otras están a salvo. Carson demuestra esto una y otra vez, y ocupa página tras página con diversos ejemplos que van desde gentes humildes que detectan los efectos de los insecticidas a los informes de las autoridades encargadas de proteger el medio ambiente, pasando por los comentarios e investigaciones de científicos y políticos. La acumulación de testimonios, de datos y de pruebas es abrumadora. Y trágica: son los tóxicos que matan a los pájaros lo que nos llevará a tener esa primavera silenciosa.

En el primer capítulo de *Primavera silenciosa*, Carson cuenta una pequeña fábula que no me he podido resistir a citar aquí. Dice así (traduzco del inglés):

> Había una vez una ciudad en el corazón de América donde la vida parecía vivir en armonía con su entorno. [...] A lo largo de los caminos, laureles, grandes helechos y flores silvestres deleitaban la vista del viajero durante gran parte del año. Incluso en invierno las orillas de las carreteras eran lugares hermosos, donde innumerables pájaros acudían a alimentarse de las bayas y de las semillas de las hierbas secas que se elevaban sobre la nieve. El campo era, de hecho, famoso por la abundancia y variedad de su vida avícola, y cuando la avalancha de las

migraciones de aves llegaba en primavera y otoño, la gente viajaba grandes distancias para observarlas. [...] Entonces, una extraña plaga se arrastró sobre el área y todo comenzó a cambiar. Un hechizo maligno se había apoderado de la comunidad: enfermedades misteriosas azotaban las bandadas de aves; vacas y ovejas enfermaron y murieron. En todas partes se cernía la sombra de la muerte. En la ciudad, los médicos estaban cada vez más desconcertados por los nuevos tipos de enfermedades que aparecían entre sus pacientes.

[...] Había una extraña quietud. Los pájaros, por ejemplo, ¿adónde se habían ido? [...] Los pocos que se veían estaban moribundos; temblaban con violencia y no podían volar. Era un manantial sin cantos. En las mañanas que antes habían palpitado con el coro del amanecer de petirrojos, palomas, jilgueros, cardenales y decenas de otros trinos, ahora no se oía ningún sonido; solo el silencio cubría los campos, los bosques y las marismas. [...] Ninguna brujería, ninguna acción enemiga había silenciado el renacimiento de la vida en este mundo asolado. Las personas eran las únicas responsables.

Según Carson, el polvo blanco que había caído sobre los tejados era el veneno que estaba destruyéndolo todo. Y, más allá de la alegoría, ese podría ser el efecto global del DDT. El hombre había adquirido el poder de envenenar su medio ambiente y de envenenarse al mismo tiempo.

La Administración del presidente Kennedy se tomó muy en serio el libro y con el tiempo se prohibió el uso de DDT. *Primavera silenciosa* mostraba por primera vez que la humanidad no iba a quedar impune por sus crímenes contra el medio ambiente, que la naturaleza devolvería golpe por golpe, que la agresión se convertiría en un bumerán violento y asesino. Ya no se podría tirar la piedra y esconder la mano.

Es posible que ningún otro libro o autor haya superado el impacto que Carson causó en la sociedad medioambiental. Podríamos decir que en el movimiento ecologista hay un antes y un después de la publicación de *Primavera silenciosa*. Paciente de cáncer de mama, Rachel Carson falleció en pie, mirando a la cara a la humanidad, obligándola a que reconsiderase sus terribles errores y a que actuara.

Rachel nunca presenció el primer Día de la Tierra, que se anunció el 22 de abril de 1970 y que marcó el surgimiento del ecologismo como movimiento político, apoyado por un tanto por ciento considerable de los votantes, que querían ver acciones políticas encaminadas a la protección de la vida. Los ecologistas atacaron a las autoridades y a la industria declarándolos los villanos responsables de atentar contra el planeta. Para esta nueva generación de ambientalistas, cualquier tecnología nueva, incluyendo las centrales nucleares, parecía innecesaria y peligrosa.

Así que, para muchos, Rachel Carson es una pionera y valiente activista cuyo libro llevó a la prohibición del uso masivo de pesticidas. Los propagandistas del lado oscuro de la historia tacharon a Rachel de irresponsable y de haber asesinado a quienes, en realidad, se habían infectado por la picadura del mosquito que transmite el paludismo. Para estos conspiracionistas su irresponsabilidad criminal es comparable a la de Stalin. No se puede ir contra las grandes multinacionales públicamente y no esperar intentos de descrédito, calumnias y amenazas. Estas acusaciones injustas a Rachel pululan por internet como muchos otros mitos y conspiraciones contra los ecologistas. Y en ocasiones los ataques contra estos grupos no quedaron solo en palabras. En las guerras del cambio climático, una de las primeras víctimas fue el Rainbow Warrior, el barco emblema de Greenpeace.

Greenpeace, la organización ecologista internacional, nació para frenar la proliferación de centrales nucleares. En un momento en que las actividades nucleares francesas buscaban liderar el mundo, el Rainbow Warrior se ocupaba de denunciar actividades potencialmente dañinas para el planeta. En una de sus misiones, el barco zarpó hacia Nueva Zelanda, donde Greenpeace planeaba una protesta ante las pruebas nucleares de Miterrand en el Pacífico Sur. No pudieron llevarla a cabo. Unas bombas adheridas a su casco explotaron y lo hundieron. Un miembro de la tripulación falleció debido al atentado. En pocas horas la policía arrestó a dos sospechosos. Un informe oficial francés confirmó que los dos detenidos y otros cuatro sospechosos eran agentes de la inteligencia francesa que llevaban a cabo una misión oficial. Los que no fueron detenidos regresaron a Francia en secreto. El Gobierno francés, de todos modos, solo aceptó la acusación de espionaje, pero no que los agentes formaran parte de ningún atentado.

Fue por aquel entonces, en la década de los ochenta, cuando diversas asociaciones ecologistas se organizaron en un partido político. La carismática, rebelde y valiente Petra Kelly se hizo inolvidable con sus flores en su escaño del Parlamento alemán. Kelly había fundado un partido nuevo, en la línea de un movimiento representado en muchos otros países: Los Verdes. Este partido quería convertirse en el defensor del planeta. Por aquel entonces, durante mis años universitarios, un eslogan agitaba los campus de España: «¿Nucleares? No, gracias». Petra Kelly, finalmente, fue hallada en su apartamento con una bala en la cabeza.

También en los ochenta, la llegada de Reagan a la Casa Blanca vinculó los movimientos conservadores a la negación del cambio climático, y la industria creó la Global Climate

Coalition para desacreditar la ciencia del clima. La conexión entre los combustibles fósiles y el cambio climático, no obstante, era evidente. La civilización dependía de estos combustibles y la deshabituación no iba a ser fácil, ya que desde el primer momento las grandes corporaciones se negaron a poner en marcha programas que nos permitieran abandonar con calma el consumo del oro negro.

Y tampoco había energías alternativas. Los accidentes de los reactores nucleares de Chernóbil, en la Unión Soviética, sembraron dudas de si la única energía no contaminante de la atmósfera era demasiado peligrosa para reemplazar los combustibles fósiles.

Fuera como fuese, una cosa estaba clara: la humanidad podía intervenir de manera decisiva en el curso de la naturaleza. Una intervención podía acabar en desastre.

Así lo percibió Bill McKibben, autor de *El fin de la naturaleza*, considerado el primer libro que divulga los problemas reales del cambio climático. Para este autor, el fin de la naturaleza significa el fin de la independencia, de la libertad de la naturaleza, que ahora ha sido subyugada, ultrajada por el hombre. La naturaleza está esclavizada mediante el impacto global de la contaminación y el cambio climático producido por los gases de efecto invernadero.

En 1989, Nicholas Wade, uno de los mejores periodistas sobre ciencia de todos los tiempos, escribía, con el escepticismo frente al cambio climático propio de la década, sobre *El fin de la naturaleza* en *The New York Times*:

> Si el clima calienta la Tierra y si la tasa de calentamiento resultara demasiado rápida para que los sistemas naturales se adaptaran, podría producirse un colapso ecológico generalizado. La mayoría de los climatólogos no están dispuestos a afir-

mar con rotundidad que el calentamiento global haya comenzado por el efecto invernadero. Pero para un hombre que predica el apocalipsis, McKibben habla con una voz mesurada y civilizada que merece ser escuchada. Incluso aquellos que rechazan su idea de que los humanos no deben exceder ciertos hipotéticos límites pueden detenerse a pensar si el equilibrio entre el progreso del hombre y el declive de la naturaleza ha alcanzado un momento clave.

Para McKibben la humanidad vive inmersa en una falsa sensación de tranquilidad con respecto a su futuro en la Tierra. El objetivo de McKibben es educar a los lectores para conseguir cambiar de modo radical nuestra interacción con la naturaleza. Según él, a la humanidad se le ha dado un pequeño espacio en la Tierra y por lo tanto debería dejar de manosear, contaminar y destruir el resto. McKibben cita *Paraíso perdido*, de Milton, para enfatizar este punto de sus argumentos. En esos versos la Tierra sería un edificio y el ser humano solo uno de los inquilinos:

> *Un edificio demasiado grande para que él lo llene,*
> *lo alojó en una pequeña parcela y el resto*
> *fue creado para otros usos de su Señor.*

McKibben es un personaje muy interesante. Pionero de los ensayos sobre el cambio climático producido por el consumo de combustibles fósiles, es un intelectual que ha publicado varios libros sobre el tema, y está encargado de la *newsletter* «The Climate Crisis» («La crisis climática») de *The New Yorker*.

El escepticismo mostrado por Nicholas Wade en los

ochenta ha ido disminuyendo con el tiempo. Las pruebas de que el cambio climático existe son cada vez más abrumadoras, algo que ha convertido *El fin de la naturaleza* en un libro profético. Durante los veinte años que siguieron a su publicación, el cambio climático se ha convertido en una realidad cotidiana. Mientras hacía estas reflexiones, dejé de escribir un momento y le envié un correo electrónico a Bill McKibben. Le dije que tenía unas preguntas sobre el cambio climático y que me gustaría saber su opinión. Me dijo que se las enviara. Se las mandé. Y aquí está la entrevista con este genio, filósofo y profeta de la crisis climática.

JUAN FUEYO: *Primavera silenciosa* y *El fin de la naturaleza* son dos libros muy diferentes y a la vez muy influyentes en el desarrollo de los movimientos medioambientales. Quería preguntarle si *Primavera silenciosa* fue una de las fuentes de inspiración para su libro.

BILL MCKIBBEN: En el sentido más amplio, el de Carson fue el manantial del ecologismo moderno. Pero la diferencia está en que el DDT es un químico contaminante y el CO_2 es el producto principal de la combustión, y por lo tanto se necesitan estrategias muy diferentes para combatirlo.

JUAN FUEYO: Desde la publicación de *El fin de la naturaleza* en 1989, la concentración de CO_2 en la atmósfera ha subido de manera considerable, algunos glaciares han desaparecido y ha aumentado la frecuencia de fenómenos extremos. El IPCC, que se creó coincidiendo con la publicación de su libro, acabó ganando el Premio Nobel de la Paz junto a Al Gore. ¿Cree que ha cambiado la actitud de la humanidad desde la publicación de su libro?

BILL MCKIBBEN: En los comienzos la gente estaba asustada y lista para enfrentarse al cambio climático. La industria del petróleo montó una campaña masiva de desinformación que confundió al público durante décadas. Ahora hemos vuelto al miedo y quizá estemos listos para el cambio.

Es curioso esto que dice Bill. No me había dado cuenta de la existencia de esta curva de camello que describe la atención inicial, el abandono del tema y la vuelta a enfrentar la crisis climática. Para él tuvo un papel claro la industria como motor de propaganda falsa y, por otro lado, aunque él no lo nombra, trabajos tan esenciales como el suyo y personajes como Al Gore, Gretta Thunberg o María Neira han ido concienciando de nuevo a la población sobre la crisis climática, sus riesgos y las posibles soluciones.

JUAN FUEYO: El artículo científico de Hansen se publicó en *Science* también en la década de los ochenta, pero sus datos y conclusiones no fueron suficientes para impulsar un cambio en la sociedad. ¿Por qué cree que ocurrió así?

BILL MCKIBBEN: Se debió a la falta de cooperación de la industria del petróleo o, mejor dicho, a su activo e inacabable discurso de mentiras y conspiraciones.

JUAN FUEYO: Hansen y muchos otros sufrieron censura y amenazas por hacer declaraciones públicas sobre las causas y los peligros del cambio climático. ¿Lo han atacado en privado o en público debido a sus opiniones sobre estos temas?

BILL MCKIBBEN: Sí. He tenido muchas amenazas de muerte y todo eso.

Tuve un escalofrío mientras leía la respuesta de Bill. Un intelectual pacifista que no ha cometido ningún delito y ha sido víctima de los *haters* y las políticas del odio que a veces han sido propiciadas por algunas de las grandes corporaciones, cuando no el mismo Estado.

JUAN FUEYO: ¿Está usted de acuerdo con la afirmación de que estamos en el Antropoceno, de que la influencia del ser humano sobre el medio ambiente del planeta es lo bastante fuerte para justificar el cambio de nombre del periodo geológico, de que la humanidad es una fuerza destructora?

BILL MCKIBBEN: Sí.

JUAN FUEYO: En su artículo «Reflections: the end of nature», publicado en *The New Yorker* en 1989 y ahora recogido en el libro *The Fragile Earth*, usted describe cambios dramáticos en la vegetación de Estados Unidos debidos al cambio de temperatura, y predijo la desaparición potencial de bosques durante este siglo. ¿Tenemos más información acerca de lo que sucede en los bosques y las junglas alrededor del mundo? ¿Cómo se nota el aumento de la temperatura en los trópicos?

BILL MCKIBBEN: Contamos con un gran volumen de información que demuestra que el Amazonas en particular está sufriendo no solo por los asaltos con sierras eléctricas e incendios, sino porque está llegando el momento en que su asombrosa habilidad para movilizar el agua está fallando, lo que conducirá al proceso de convertir la jungla en una sabana. Esto sería, obviamente, muy peligroso a muchos niveles.

JUAN FUEYO: En *Falter: Has the Human Game Begun to Play Itself Out?*, usted menciona que, debido al modo en que interactuamos con la naturaleza y a recientes progresos tecnológicos, el experimento que llamamos «humanidad» podría estar en peligro. ¿Es una exageración afirmar que los seres humanos no sobrevivirán la sexta extinción?

Bill McKibben: Creo que la humanidad sobrevivirá. Otra cosa es qué ocurrirá con la civilización.

Otra respuesta escalofriante. En otros capítulos de este libro decíamos que otras civilizaciones se habían extinguido en el pasado y que en muchos casos el cambio climático había sido una de las causas. Pensar que debido al consumo de combustibles fósiles nos hemos colocado al filo del colapso de la civilización debería despertar la conciencia de la opinión pública.

Juan Fueyo: ¿Cómo podríamos movernos hacia un futuro junto con el planeta y no luchando contra él? ¿Cuáles son los factores más esenciales de lo que usted llama «el juego humano» que necesitarían modificarse?

Bill McKibben: Tenemos algunas herramientas muy elegantes, como las placas solares, por mencionar alguna; eso debería conseguir que viviéramos sin causar tantos trastornos.

Juan Fueyo: *El fin de la naturaleza* y *Falter* son libros duros de leer, pero usted propone soluciones, incluyendo la acción civil. ¿Qué es el grupo 350.org? ¿Cuáles son sus metas? ¿Existe una rama en España? ¿Quién puede participar?

Bill McKibben: 350.org fue el primer movimiento global sobre el clima organizado directamente por comunidades. Tiene muchos seguidores en España. De hecho, hemos organizado manifestaciones en todos los países del mundo, con la excepción de Corea del Norte.

Juan Fueyo: En una entrevista usted mencionó que la «regla de hierro del cambio climático es que quienes hayan hecho menos para causarlo serán los que lo sufrirán más y más rápido». ¡Un excelente resumen del concepto de justicia climática! ¿Qué opina de las afirmaciones de los analistas optimistas, como Steven Pinker, que piensa que nuestra sociedad está moviéndose hacia un mundo mejor con menos guerras, menos pobreza, más educación y mayor progreso para todas las naciones?

BILL MCKIBBEN: Creo que está equivocado. Si saltas desde el tejado de un edificio muy alto todo parece ir bien mientras caes durante cuarenta o cincuenta pisos.

No será esta la última vez que el optimismo de Steven Pinker sorprenda a alguien en este libro. Parecería que el gran humanista de Harvard no se ha apercibido de los cambios que traerá al mundo la crisis climática. Pensar que el futuro, con todo lo que implica el Antropoceno, será mejor es casi una broma.

JUAN FUEYO: ¿Por qué piensa que el movimiento social del cambio climático es en parte una revolución de los niños? ¿Por qué es más difícil para los adultos implicarse en estos asuntos tan urgentes?

BILL MCKIBBEN: Porque los niños tendrán que vivir con las consecuencias y ellos lo saben. Y porque los niños están menos constreñidos por los hábitos de la vida diaria. Pero no pueden hacerlo solos. Nosotros estamos tratando de organizar más y más a la gente mayor, mira por ejemplo thirdact.org.

Es el aspecto intergeneracional de la crisis climática. Quizá no es un problema para nosotros, pero ¿cómo vamos a dejar el terreno para la vida de las generaciones que vienen? Las cosas están poniéndose duras. A partir del 2050 la vida puede empezar a ser complicada para mucha gente y del 2100 en adelante la humanidad verá amenazado su futuro por la combinación de cambio climático y falta de combustibles fósiles. La crisis climática exige solidaridad con nuestros hijos, nietos y compañeros y compañeras del futuro.

JUAN FUEYO: Los negocios de la industria de los combustibles fósiles podrían acabarse en unas décadas. ¿Cree usted que las energías renovables de las que disponemos ahora están listas para reemplazar el carbón, el gas y el petróleo y mantener nuestra calidad de vida? Sé que a usted le agrada la energía solar, pero ¿debería la energía nuclear desempeñar un papel para tener una transición suave hacia las energías renovables?

BILL MCKIBBEN: Podría ser así, pero es muy cara. La energía solar y la eólica se han vuelto muy baratas en poco tiempo.

JUAN FUEYO: ¿Cree usted todavía que los paneles solares y el movimiento social pacífico son, como indicó en *Falter*, las dos invenciones más importantes del siglo pasado?

BILL MCKIBBEN: Sí. Y de alguna manera caminan cogidas de la mano.

JUAN FUEYO: En *Falter* usted identificó otro grupo potencial de villanos además de las corporaciones del petróleo: los milmillonarios, incluyendo los de Silicon Valley. ¿Cómo aumentarán estos grupos las diferencias entre ricos y pobres?

BILL MCKIBBEN: Creo que la actual concentración de la riqueza está desestabilizando la sociedad a un nivel muy profundo, y por ello acabamos teniendo «líderes» como Trump.

JUAN FUEYO: Creo que un consejo que aparece con frecuencia en sus artículos y libros es que no deberíamos tomar nuestra existencia como algo garantizado. Los sacrificios y las acciones son necesarios para sobrevivir. ¿Qué tipo de sacrificios prevé que tendrá que hacer la sociedad para evitar su colapso?

BILL MCKIBBEN: Creo que deberíamos aceptar que tenemos que trabajar intensamente durante unas cuantas décadas en la elaboración de un proyecto global que será tan arduo y lento como combatir en una guerra. Es necesario reemplazar el sistema de los combustibles fósiles de manera urgente, pero será doloroso y difícil.

JUAN FUEYO: En septiembre del 2019 usted escribió «El dinero es el oxígeno con el que arde el calentamiento global» para *The New Yorker* y propuso que una manera de frenar la industria del petróleo era cortando las fuentes de dinero que la mantenían. Un artículo muy informativo. ¿Se centrarán las compañías del petróleo en las energías alternativas? ¿Se transformarán los Estados mineros como Virginia, o algunas partes de España, en líderes de la producción de placas solares? ¿Cree usted que ese tipo de reconversión es posible?

BILL MCKIBBEN: Lo es si los Gobiernos proveen el presupuesto necesario para esa transformación. De otra manera, esas regiones languidecerán y harán más difícil el cambio.

JUAN FUEYO: Cambio climático, pandemias, control de armas nucleares, edición del genoma e inteligencia artificial son problemas globales que no puede resolver ninguna nación trabajando sola. ¿Pueden el nacionalismo y el aislacionismo poner en peligro el futuro de la humanidad?

BILL MCKIBBEN: Bueno, está viendo lo que sucede en Glasgow (Bill se refiere a la COP26) en estos momentos. Es tan doloroso como previsible observar que cada uno se enroca en sus propios intereses.

JUAN FUEYO: ¿Qué piensa del papel de los líderes del indigenismo en el movimiento del clima? ¿Son lo bastante fuertes para marcar la diferencia?

BILL MCKIBBEN: ¡Están marcando una gran diferencia! Están a la vanguardia de gran parte del movimiento en muchas partes del mundo, incluida América del Norte.

Juan Fueyo: En cuanto a las soluciones a la crisis climática, parece que hay al menos tres tendencias. Una, propuesta por Bill Gates y otros, sugiere que se requieren nuevas tecnologías para salvarnos de la extinción. Para otros, como Michael Mann, la tecnología ya está aquí y la solución es hacer que las energías verdes sean económicamente competitivas frente a los combustibles fósiles. El tercer punto de vista, apoyado por Paul Hawken, sugiere que debemos volver a la naturaleza, proteger y regenerar nuestros bosques y selvas, y aprender de las formas de vida de los pueblos indígenas. ¿Cuál es su opinión sobre las posibles soluciones a este complejo problema?

Bill McKibben: Creo que Michael Mann y Paul Hawken tienen razón.

En otros capítulos hablaremos con detalle sobre las ideas de Michael Mann y Paul Hawken acerca de la crisis climática y cómo solucionarla. Y también discutiremos aspectos de la tecnología propuesta por Bill Gates.

Juan Fueyo: La COP26 está debatiendo el clima global en Glasgow. ¿Está de acuerdo con Greta Thunberg en que esto será más «bla, bla, bla», o cree usted que serán generadores de cambio? ¿Qué espera de la COP26?

Bill McKibben: Creo que por ahora va mal. Desde que se firmó el Acuerdo de París han surgido Gobiernos antiliberales por todo el mundo, y esto ha dañado gravemente el proceso.

Los noventa, además de buenos libros sobre el cambio climático, nos dieron el primer coche híbrido, el Toyota Prius, que se introdujo en París en 1997. El Prius representó la concienciación de parte de una de las industrias más contaminantes sobre nuestra agresión a la atmósfera, fue un éxito de ventas y abrió el camino a otras modalidades de coches híbridos y a los automóviles eléctricos, que ganan cada día más popularidad. También en 1997 se celebró la convención de Kioto.

Las conclusiones de varios informes del IPCC consiguieron al fin que se programase un congreso en el que los países intentasen llegar a un acuerdo. La Convención Marco de las Naciones Unidas sobre el Cambio Climático (CMNUC) de 1997 se celebró en Japón. Y a este congreso, enorme para los estándares de los congresos sobre cambio climático, asistieron miles de delegados oficiales y millares de representantes de grupos ambientales y de la industria.

En aquella reunión, los delegados de Estados Unidos propusieron que los países industriales redujesen de forma gradual sus emisiones a los niveles de 1990, y Europa propuso planes incluso más agresivos. Sin embargo, China, cuya industria dependía —y sigue dependiendo— en parte del carbón, y junto a ella la mayoría de los demás países con economías en desarrollo, exigieron la exención de las regulaciones hasta que sus economías alcanzaran a las naciones que ya se habían industrializado. El razonamiento era más o menos este: ustedes, los países ricos, han llegado a un buen nivel de confort y calidad de vida utilizando carbón y petróleo sin medida, pero ahora quieren que nosotros no usemos esas energías para limpiar un mundo que ustedes ensuciaron, y sumirnos así en la pobreza.

El razonamiento no es del todo ilógico. Inglaterra, al principio, y luego Estados Unidos habían sido los países más contaminantes del pasado y los que ahora pretendían, a través de la regulación de las emisiones y la disminución del consumo de los combustibles fósiles, frenar el desarrollo industrial de China y las demás naciones. No habría acuerdo. El congreso estaba destinado a fracasar.

El último día cambió el rumbo de los acontecimientos. Al Gore, vicepresidente de Estados Unidos, voló a Kioto e impulsó un compromiso: el llamado Protocolo de Kioto. El acuerdo no afectaba a los países pobres y obligaba a Estados Unidos y Europa a reducir sus emisiones significativamente para 2010.

La llegada de George W. Bush al Gobierno complicó las cosas. Su Administración renunció de forma pública al acuerdo de Kioto y criticó duramente a los directivos del IPCC. El protocolo quedó relegado a una mera anécdota. El mundo volvía a la casilla cero. O retrocedía aún más en la cuestión de la crisis climática.

La concienciación de los políticos, empujados por unos ciudadanos cada vez más conscientes del cambio climático, llevó a que después de un largo camino de negociaciones —sobre todo entre Estados Unidos y Rusia— se preparase una gran conferencia en París en el año 2015 (COP21). En la capital francesa se reunieron alrededor de doscientos países que llegaban dispuestos, como mínimo —y casi como máximo—, a dialogar sobre el calentamiento global y ver qué se podía hacer. Y se concluyó que las naciones no podían eludir por más tiempo la idea de que había que hacer algo al respecto. La pasividad, a partir de entonces, sería casi un acto criminal. Cada país debería hacer todo lo posible para combatir el cambio climático, eso sí, estableciendo sus propias metas sin que ninguna otra nación pudiera imponérselas desde fuera. Y eso mismo ocurriría con la evaluación de los resultados: cada Estado lo llevaría a cabo de manera independiente. Todas esas absurdas tautologías querían confirmar que no iban a existir ni obligaciones ni controles reales.

El acuerdo mencionaba que el mundo debería conseguir que la temperatura de la Tierra no llegase nunca a superar un aumento de 1,5 °C. El acuerdo se calificó de histórico, pero ha sido poco más que una declaración de buenas intenciones que ninguna de las grandes naciones ha llegado a tomarse en serio. La sociedad actual, con sus lujos, aparece con el abuso de los combustibles fósiles. Dependemos de ellos. El petróleo es la dopamina de la sociedad. Tanto es así que el síndrome de abstinencia, si nos retirasen de golpe el acceso al petróleo, podría matarnos. Sin gasolina y sin plásticos la civilización que conocemos sería impensable.

Por otro lado, la sustitución de los combustibles fósiles por energías verdes —con la nuclear o sin ella— parece que podría llegar a ofrecernos el mismo nivel de vida y que sería incluso atractiva desde un punto de vista económico al resultar a la larga menos cara que los gastos derivados de los fenómenos meteorológicos extremos y de los cambios de las zonas climáticas.

El cambio climático significa cosas muy distintas para diferentes grupos de personas. Para un científico, se trata de un fenómeno anormal que a la larga podría poner en peligro la existencia de la humanidad. Para algunos pueblos africanos, sequía y menos acceso a agua potable. Para quien viva cerca de un bosque o en ciudades costeras, una amenaza para su vida y sus propiedades. Para los biólogos, la extinción de muchas especies de plantas y animales. Para los militares, un problema de seguridad mundial que podría causar guerras en un futuro próximo. Para un sociólogo, el colapso de muchas civilizaciones. Para un humanista, la mayor crisis migratoria y de refugiados de la historia. Para un médico, un escenario nocivo para la salud de los ciudadanos de todas las regiones del mundo y una fuente de pandemias. Y para un capitalista que viva del petróleo, frenar el cambio climático es una amenaza para su fortuna.

Mientras escribo este capítulo, la temperatura media del planeta es la más alta en decenas de miles de años, y el nivel de CO_2 en la atmósfera es de 420 ppm también. Lee mañana los periódicos, escucha la radio o mira las noticias en la televisión. Si no hablan del cambio climático es que no te están contando lo que pasa en el mundo en este momento. Los adultos, de un modo u otro, tienen acceso a la información, pero ¿y los niños? ¿Cuándo se explicará la ciencia del cambio climático en las escuelas? ¿Hay acaso asignatura más importante?

7

LA SALUD DEL CAMBIO CLIMÁTICO

> El olor de las plantas químicas es el olor a
> dinero. Y el olor a muerte.
>
> HARRY HURT

> *Respira, respira el aire.*
>
> PINK FLOYD

Gabriel Celaya explicaba que aspiramos aire trece veces por minuto. Así es: respiramos veinticuatro mil veces al día. Necesitamos, imploramos, exigimos seis litros de aire por minuto. Ese «prana» de los hindúes: aire que transporta vida. Nada más esencial, nada más básico y fundamental: sin respirar fallecemos en cuestión de minutos. Nada es más valioso que el aire. Es lo más necesario. El mayor bien para preservar. Pero cada vez quedan menos lugares en los que se puede hinchar el pecho, inspirar con fuerza, para tomar ese soplo vigorizante de aire puro. Respirar en nuestras ciudades está convirtiéndose en un negocio peligroso. La crisis climática, según el *Lancet Count down*, enferma y mata: «A través de múltiples riesgos para la salud simultáneos e interactivos, el cambio climático amenaza con revertir años de progreso en salud pública y desarrollo sostenible».

Cuando María Neira subía la cuesta que la llevaba a la Facultad de Medicina sabía que quería ser médico, quizá ya intuía, aunque no fuera consciente de ello por completo, que intentaría hacer un periodo de formación en el extranjero, pero nunca imaginó que acabaría siendo una de las ejecutivas más importantes de la ONU en el área de salud pública y medio ambiente. María acabaría sus estudios de Medicina en España, se trasladaría a París para completar la especialidad en Endocrinología y Enfermedades del Metabolismo en la Université René Descartes de París y después completaría su formación con un máster en Salud Pública y un diploma en Nutrición Humana en la Université Pierre et Marie Curie, también en París, y otro máster internacional de Preparación para Emergencias y Manejo de Crisis otorgado por la Universidad de Ginebra en Suiza. Se unió a la OMS en el año 1993 y durante un tiempo ha compatibilizado su trabajo con cargos en el Gobierno español. Hoy, en el momento en que escribo este libro, es la directora del Departamento de Salud Pública y Medio Ambiente de la OMS.

Una viajera incansable, María, que habla español, portugués, italiano, francés e inglés, ha coordinado grupos de Médicos sin Fronteras y recorrido medio mundo, desde Mozambique a Honduras, desde El Salvador a Ruanda, para convertirse en una diplomática de fama internacional en asuntos de contaminación, salud y cambio climático. En el año 2019, la plataforma Apolítica la nombró una de las cien personas más influyentes del mundo en política climática, y es quizá la científica que más ha trabajado para concienciar a los Gobiernos, los

María Neira. Directora del Departamento de Salud Pública y Medio Ambiente en la Organización Mundial de la Salud (OMS).

científicos y el público en general de todos los rincones del mundo sobre los riesgos para la salud que conlleva la polución del aire. Muchos de los conceptos que mencionaré en este capítulo del libro están basados en comentarios, citas, conferencias, artículos y entrevistas realizados por María Neira o sobre ella.

Según la Agencia Europea del Medio Ambiente, la contaminación del aire es una de las causas principales de enfermedades y muerte prematura. Los números de la Unión Europea son escalofriantes. Las enfermedades cardiacas y los accidentes cerebrovasculares se han identificado sorprendentemente como las causas más frecuentes de muerte prematura atribuibles a la contaminación del aire, por delante de las enfermedades que uno esperaría que fueran las primeras: patologías pulmonares y cáncer de pulmón. Más específicamente: en el año 2019, más de 300.000 muertes prematuras se atribuyeron a la exposición crónica a partículas sólidas finas en el aire; más de 40.000 muertes prematuras se atribuyeron a la exposición crónica al dióxido de nitrógeno y más de 16.000 muertes prematuras se atribuyeron a la exposición aguda al ozono.

Dos males de nuestro tiempo coexisten: el cambio climático y la contaminación del medio ambiente. Y aunque los lazos entre los dos fenómenos son muy claros, casi obvios, no han podido cuantificarse hasta hace bien poco. El ozono, por poner un ejemplo, es parte de la polución cuando se encuentra en niveles bajos de la atmósfera y a la vez un gas beneficioso cuando se localiza en las capas altas, donde actúa como si fuese una crema de protección solar para la piel de la humanidad.

Además del ozono, la OMS ha identificado otros tres contaminantes del aire que influyen en el cambio climático y que son peligrosos para la salud: las partículas sólidas que flotan en el aire, el dióxido de nitrógeno y el dióxido de sulfuro. Y los expertos han demostrado que el cambio climático empeora los episodios agudos de contaminación del aire. La contaminación del medio ambiente es responsable de que se arrojen sobre nuestra cabeza toneladas de detritos desde las empresas y fábricas del país o de otros países, lo que impide que respiremos aire puro, uno de nuestros derechos más fundamentales. Y así lo denunciaron primero los científicos y luego la ONU.

En un artículo publicado en *Annals of Global Health* en el año 2019, los autores reclamaban que respirar aire limpio debería ser uno de los derechos humanos. Traduzco del inglés:

Las academias nacionales de ciencia y medicina —Brasil, Alemania, Sudáfrica y Estados Unidos— emitieron una poderosa denuncia sobre el inmenso impacto de la contaminación del aire sobre la salud pública. La declaración concluyó que las pruebas que vinculan la contaminación del aire y los efectos adversos para la salud son inequívocas, que los costes son enormes y que, sin embargo, estos problemas se pueden prevenir. Pero es insuficiente tratar el aire limpio como un objetivo político; debe considerarse un derecho humano fundamental.

El impulso para reclamar este derecho nació de la gente: una masa anónima de ciudadanos concienciados sobre el problema, que presionó a los políticos para que cambiasen las cosas. Y también lo propulsaron activistas con nombre propio, uno de ellos es Levy Muwana. Hace diez años, Levy Muwana, ciudadano de Zambia, reunió cien mil firmas para proponer a la ONU que declarase la necesidad de un ambiente limpio como un derecho humano. Y por fin ha llegado la modificación de la actitud oficial en favor de los pobres e indefensos sobre quienes polucionan aire, tierra y agua con escrúpulos o sin ellos. Aunque parezca increíble, la contaminación afecta a cientos de millones de personas que nunca han hecho nada contra el medio ambiente y que no tienen mecanismos para defenderse de los atropellos causados por los poderosos. De nuevo vemos en acción la ley de hierro del cambio climático: cuanto menos has hecho para causarlo, más sufrirás las consecuencias.

La resolución de la ONU llegaría el 8 de octubre del año 2021, y fue aprobada por una abrumadora mayoría y calificada por muchos observadores como histórica. En *Reuters*, David Boyd, especialista de la ONU sobre derechos humanos y medio ambiente, afirmó que esta declaración era necesaria porque la polución del aire causa más de nueve millones de muertes prematuras cada año. Es decir, que la polución ya provoca más muertes al año que fumar tabaco.

La lástima es que esta declaración no es vinculante, es decir, que no obliga a ningún Gobierno o entidad a tomar medidas al respecto. Y las industrias y corporaciones multinacionales responsables de la contaminación mundial controlan directa o indirectamente muchos Gobiernos. Así que no se espera que haya muchas naciones que impongan nuevas medidas que restrinjan la producción en condiciones contaminantes.

Como María Neira nos ha explicado —ver su conferencia TED es un placer que no debería perderse ningún lector—, el noventa por ciento de los seres humanos respiran aire contaminado por productos vertidos por la civilización. Y eso tiene una repercusión clara en nuestra salud: la polución es la mayor causa ambiental de muertes prematuras. Se calcula que entre seis y nueve millones de personas que fallecen por ataques de corazón, accidentes cerebrovasculares, diabetes y enfermedades respiratorias ven precipitada su muerte debido a que respiran aire no saludable. La polución disminuye la calidad de vida y acorta las vidas de enfermos y sanos. Si la contaminación del medio ambiente sigue progresando a este ritmo, las generaciones futuras vivirán menos años que las presentes. La polución es veneno para la esperanza de vida.

La polución no es otro enemigo invisible. Su conspicuo manto negro gravita sobre las ciudades de todo el mundo: de Pekín a Nueva Deli pasando por Madrid y Barcelona. El manto es más grueso y permanente si las metrópolis se encuentran en valles, rodeadas de montañas. Una vez en el aire, la exposición a la polución no es evitable; nos acompaña en la calle durante los paseos o las idas y venidas del trabajo y la escuela, y se mete en nuestra casa infiltrando el aire doméstico. En las ciudades de cemento, ladrillo y cristal, que creemos selladas, vivimos expuestos a la polución veinticuatro horas al día, siete días a la semana. Cada noche, con el último bostezo, la fantasmal manta negra nos arropa en la cama.

Para algunos expertos, la polución nos afecta ya en el útero materno: se han encontrado contaminantes del aire en la placenta, lo que implica que la embarazada no puede proteger de la contaminación el cerebro del feto, que estará expuesto a los contaminantes ambientales y que, debido a ello, podría sufrir daños de los que ahora comenzamos a tener pruebas.

La niebla negra contiene polvo, hollín y aerosoles, y su causa son los combustibles fósiles. Concretamente:

- El parque de automóviles.
- El gas natural de las calefacciones.
- Los subproductos de la fabricación y generación de energía, y en particular las centrales térmicas de carbón.
- Los humos de las industrias químicas.

Aunque a ellos se añaden otros factores, que tampoco son despreciables, como el humo de los incendios forestales y de las erupciones volcánicas, las emisiones de los vehículos de motor son la forma artificial más notable de contaminación del aire. El gas que sale por el tubo de escape es una mezcla explosiva de venenos contaminantes y contiene diversas formas de carbono, óxidos de nitrógeno, óxidos de azufre, compuestos orgánicos volátiles, hidrocarburos aromáticos policíclicos y partículas pequeñas. Y también ozono. El ozono ocasiona lo que los londinenses denominaron *smog*, porque contamina el aire que respiran los ciudadanos cuando los contaminantes emitidos por automóviles, centrales eléctricas, refinerías y otras fuentes reaccionan en presencia de la luz solar.

Además de los gases, el aire se contamina por partículas sólidas que se clasifican según el tamaño de su diámetro. De ellas cabe destacar las más grandes y las más pequeñas. Las partículas más grandes causan problemas en la nariz, la faringe y la laringe porque se quedan atrapadas en lo que denominamos «vías respiratorias altas». Las partículas más pequeñas viajan con el aire hasta los bronquios y los pulmones. Las más importantes, por su valor epidemiológico, son las llamadas PM2,5, responsables, por ejemplo, de los ataques de asma. Las partículas que llegan a los alveolos, la parte más profunda de los pulmones y en contacto con la circulación sanguínea, acceden a la sangre y son responsables de las enfermedades más frecuentes relacionadas con la polución, como las enfermedades cardiopulmonares y el cáncer.

La cuantificación en el aire de las partículas pequeñas PM2,5 se usa para medir el nivel de polución de una ciudad o región geográfica. Las PM2,5 son la unidad de contaminación, como el metro es la de la longitud o el gramo es la unidad de peso. La OMS las utiliza para trazar la línea que separa la contaminación aceptable de la que produce enfermedades. En el año 2021, la Agencia Europea del Medio Ambiente descubrió que 127 de 323 ciudades europeas tenían condiciones de aire pasables, con concentraciones PM2,5 por debajo de 10 µg/m³, el límite aceptable para la salud. El resto de las ciudades examinadas tenían niveles de polución perniciosos.

La primera víctima mortal de la contaminación con nombre y apellidos fue la niñita de nueve años Ella Kissi-Debrah, que falleció en el año 2013 debido a numerosos episodios de paro cardiaco y respiratorio debidos a su asma en combinación con la contaminación.

Durante mi formación como neurólogo comprobé que la polución del aire podía ser causa de enfermedad y muerte. En Barcelona, entre los años 1981 y 1987, se detectaron una veintena de epidemias de asma debidas a la inhalación de cascarilla de soja proveniente de barcos que la descargaban en el puerto. Recuerdo recibir enfermos al borde del paro respiratorio mientras estaba de guardia. Otros médicos no tuvieron tanta suerte y recibieron pacientes en paro cardiorrespiratorio que fallecieron nada más llegar o durante las maniobras de reanimación. Esos brotes colapsaron las urgencias de varios hospitales de Barcelona. Al principio no se sabía cuál era la causa; se sospechaba que los brotes podían deberse a productos químicos vertidos a la atmósfera por las industrias emplazadas alrededor de Barcelona o por materiales volátiles producto de la descarga de soja en los silos del puerto. Recuerdo cómo se identificó que la distribución geográfica de los brotes variaba según la dirección del aire y que las pruebas de alergia a las proteínas de la soja dieron positivo —mientras que muchas otras proteínas dieron resultados negativos— en muchos de estos enfermos. La obligación de usar filtros para el polvo de la soja terminó con estas epidemias. Pero todavía ahora, de vez en cuando, se produce algún brote debido a la descarga de soja en el puerto. Es mi experiencia personal, no algo aprendido en las páginas de un tratado de medicina escrito en un país extranjero, y ocurrió en la ciudad donde vivía, no en una metrópolis exótica al otro lado del mar: la contaminación del aire enferma y mata. Lo he visto. No hay duda de ello.

Si bien la comunidad médica acepta que la polución puede empeorar el asma de forma grave, es menos conocido que la exposición prenatal a la contaminación puede llegar a ser causa de asma. Con el aumento de la polución en todo el mundo se está observando un ascenso de la prevalencia del asma infantil. Los estudios epidemiológicos demuestran que la exposición a partículas sólidas finas durante el embarazo es un factor de riesgo importante para el desarrollo del asma infantil (al igual que el consumo de tabaco). Los daños que producen estas exposiciones tóxicas llevan a la inflamación pulmonar, seguida de cambios en la estructura y reactividad de las vías respiratorias, características distintivas del asma infantil.

Podríamos pensar que la pólución del aire es cosa de los países avanzados de Occidente, como Estados Unidos, Reino Unido, Alemania o España. Para mí fue una sorpresa ver aquellas imágenes de Pekín publicadas antes de los Juegos Olímpicos del verano del 2008 que mostraban una ciudad cubierta de un aire amarillento y a los ciudadanos usando mascarillas para protegerse de la pólución extrema. Y, aún hoy, pocos piensan en la pólución cuando se habla de la India. Sin embargo, en el año 2020, Nueva Deli volvió a desempeñar un papel protagonista en la historia de la infamia al sufrir los niveles más altos de contaminación de todas las capitales de nación del mundo y por tercer año consecutivo (según IQAir).

En la India la pólución no solo afecta a la capital. Es un problema endémico. En ese país se encuentran treinta y cinco de las cincuenta ciudades con mayor contaminación atmosférica del mundo. Y a pesar de que los confinamientos por la pandemia de la COVID-19 redujeron un diez por ciento el promedio anual de los niveles de partículas tóxicas debido a la disminución del crecimiento de la economía, la India sobresalió como el tercer país más contaminado del mundo en el año 2020, seguido por, sorpresa, sorpresa, Bangladés y Pakistán. La pólución está atacando el mundo occidental, pero también Asia y África.

En algunas ciudades como Bangkok, Pekín y Singapur, los esfuerzos para rebajar la pólución tuvieron un cierto éxito, lo que sugiere que conseguir reducir la contaminación del aire en un treinta por ciento para el año 2025 es un objetivo ambicioso pero posible. Si se consiguiese este objetivo, se podría prolongar la vida de los ciudadanos de la India tres años.

Nueva Deli será la ciudad más poblada del mundo en el año 2030. Frente a un progresivo deterioro medioambiental y sanitario, el Gobierno debería aprovechar la voluntad política para invertir, coordinarse más allá de las fronteras y controlar a las empresas nacionales e internacionales —con las que son demasiado tolerantes— para que hagan su parte. Los Gobiernos y las grandes empresas son los que deben frenar la polución, en la que los individuos tienen un papel menor.

La polución en Europa es mucho más antigua que la contaminación de los países con economías emergentes. En muchos casos, la polución se ha unido a la niebla para formar una cúpula sobre las ciudades que convierte el aire en irrespirable. Una de las ciudades en la que la niebla es célebre es Londres. En uno de mis cuentos favoritos, *El corazón de las tinieblas* —obra maestra de Joseph Conrad— el color negro impregna el mundo, tanto en sentido físico como metafórico.[25] El rela-

25. En *El corazón de las tinieblas*, el escritor narra la historia de la ambición del hombre blanco europeo, que sacrifica sus principios éticos para expoliar los recursos de las colonias africanas. El estilo de Conrad seduce al lector desde el primer párrafo y a partir de ahí las páginas fluyen imparables: increíblemente, cada frase es sublime y a la vez supera la anterior. La mentira piadosa con la que termina la obra es, para mí, uno de los finales románticos más impactantes de la literatura. Francis Ford Coppola basó *Apocalypse Now,* su película sobre la guerra de Vietnam, en este libro.

Joseph Conrad empezó a escribir después de haber trabajado en la marina mercante durante casi veinte años y tras varios años en el Congo belga como comandante de un barco que navegaba los ríos. *Tifón* es otra de las novelas cortas de Conrad de las que hemos hablado en este libro porque constituye una de las mejores descripciones de una tormenta en el mar —aunque la descripción de una tormenta en su otra novela, *Lord Jim,* tampoco está nada mal—. Como ha dicho Antonio Muñoz Molina: «Cuanto más tiempo pasa, más contemporáneo nuestro es Joseph Conrad». Muñoz Molina defiende la valentía de un escritor que ha sido criticado, a mi modo de ver injustamente, por racista: «A ver quién, aparte de Conrad, se atrevía a escribir a finales del siglo XIX que la celebrada tarea civilizadora de las potencias europeas consistía en someter y en despojar a personas con la piel más oscura y la nariz más ancha» («Visiones de Joseph Conrad», *El País, Babelia,* noviembre de 2017).

to comienza con un pequeño grupo de hombres que charlan con su capitán a bordo de un barco atracado en el Támesis. Solo unas pocas frases más adelante, llega la niebla a Londres (traduzco del inglés):

> Una neblina descansaba sobre las tierras bajas, que se extendían hacia el mar hasta desaparecer. El aire sobre Gravesend era oscuro y un poco más allá parecía condensarse en una lúgubre penumbra que se cernía inmóvil sobre la ciudad más grande de la tierra.

Cuando se publicó *El corazón de las tinieblas*, en 1899, el Támesis acababa de superar una grave crisis. A principios del siglo XIX este río era con toda probabilidad el más contaminado del mundo. No hubo remedio para la polución de sus aguas hasta que ocurrió el milagro (uno semejante al que se describe en *La ciudadela*, la novela que mencionábamos en el capítulo 5 sobre pandemias): las enfermedades producidas por la contaminación comenzaron a afectar a los miembros del Parlamento, cuyo edificio se alzaba a orillas del río. Fue el miedo de los políticos a las enfermedades producidas por la polución del agua, más que las continuas quejas de los ciudadanos a los que representaban, el que consiguió que se iniciasen las obras de ingeniería para reconstruir el alcantarillado de la ciudad y así evitar los vertidos fecales al río, con lo que se puso fin a lo que en un momento determinado se había llamado, de modo exagerado, «la Gran Peste».

Como en un cuento de Sherlock Holmes o en una salida nocturna del Mr. Hyde de Stevenson, en el año 1952 la niebla de Londres se alió con la muerte. En diciembre de ese año, una ola de frío invernal golpeó la ciudad y las calefacciones funcionaron al máximo durante semanas. A medida que avanzaban los días, una atípica niebla oscura comenzaba a envolver los monumentos principales. La muerte flotante borraba la imagen del Big Ben. No era una niebla negra por completo, tenía un color marronáceo debido a la mezcla de la humedad con miles de toneladas de hollín bombeado al aire por las chimeneas de las casas, el tráfico, los autobuses diésel y las fábricas. Una masa de aire caliente atrapó el aire sucio debajo de ella y se extendió a lo largo de cincuenta kilómetros poniendo cerco a la ciudad. Poco a poco, el aire inmóvil se contaminó con partículas de azufre y Londres comenzó a apestar como si sufriese un bombardeo masivo y continuo de millones de huevos podridos.

Según cuenta el historiador y escritor Christopher Klein, el *smog* era tan denso que no podían verse los pies mientras trataban de no resbalar sobre el cieno negro y resbaladizo que cubría las aceras. Debido a la escasa visibilidad, el tráfico de barcos en el río Támesis se detuvo. Durante cinco días, la Gran Niebla paralizó el transporte público, a excepción del metro. Conducir por la ciudad obligaba a encender los faros y a llevar la cabeza fuera de la ventanilla para detectar posibles obstáculos delante del coche. Incluso los teatros tuvieron que cerrar porque la neblina marrón impedía a los espectadores ver el escenario. Al regresar a sus casas, terminada la jornada, la cara de los oficinistas estaba tiznada, como si fuesen mineros recién salidos de la mina.

Después de cinco días de vivir en un infierno sulfuroso, un fuerte viento barrió la Gran Niebla y la empujó hacia el norte. Sin embargo, las tasas de mortalidad subieron muy por encima de lo normal. Se estima que la niebla venenosa causó la muerte a doce mil personas solo en Londres.

Según Klein, para evitar sucesos como este, el Parlamento se vio obligado a aprobar la Ley de Aire Limpio de 1956, que restringió el uso del carbón en áreas urbanas, estableció zonas libres de humo y los ciudadanos recibieron subvenciones para instalar medios de calefacción que usasen energías alternativas al carbón.

Desde entonces, Londres ha sufrido otros episodios de nieblas mortales —en una de esas ocasiones, durante el año 1962, se atribuyó a la niebla el fallecimiento de quinientas personas—, pero ninguno de esos desastres ambientales se acercó a la escala de la Gran Niebla.

Siglos antes, hubo un año sin verano en Europa. Aquel año, durante los meses del verano, hizo frío, mucho frío. Cayeron lluvias heladas y nevó en muchas regiones de América y Europa. Y por eso el año 1816 se conoce como «el año sin verano». Todo empezó el día 5 de abril de 1815, cuando el monte Tambora, en el centro de la península de Sanggar en Indonesia, estalló causando la mayor explosión volcánica recogida en la historia. El volcán lanzó a la atmósfera una increíble cantidad de cenizas que formaron una nube capaz de oscurecer el cielo durante meses. La enorme nube negra flotó sobre el planeta viajando de región en región y cambiando radicalmente el tiempo a su paso. El efecto de escudo frente al sol fue tan colosal que la temperatura global promedio de la Tierra bajó tres grados centígrados —lo que ha inspirado a aquellos que quieren generar nubes artificiales para bloquear la luz solar como solución al calentamiento global—. Las cosechas quedaron destruidas en varias partes del mundo, lo que tuvo una gran repercusión económica.

Durante esos meses de estío sin rastro del verano, durante esos días oscuros y tormentosos, Mary Shelley; su esposo, el poeta y filósofo Percy Shelley; y lord Byron, líderes del movimiento de literatura romántica inglesa, escaparon de su país, huyendo de escándalos amorosos, al lago Ginebra, en Suiza. Atrapados en la mansión de Byron a la orilla del lago, se dedicaron a contar historias de terror. Fue entonces cuando Byron compuso el poema *Oscuridad*, que comienza:

Tuve un sueño, que no fue solo un sueño.
El sol brillante se apagó.

Fue también en ese verano cuando Mary Shelley, inspirada por el tiempo atmosférico, la oscuridad y por su visión social y ética de la humanidad, escribió *Frankenstein*.[26]

Si antes hablábamos de la India, deberíamos dedicar también unas líneas a China, uno de los mayores contaminadores del aire en la actualidad. Estados Unidos, durante la Administración de Donald Trump, que no se distinguió precisamente por tratar de frenar la contaminación, sino por todo lo contrario, tuvieron a la República Popular China en el punto de mira a causa de las emisiones contaminantes. Según un comunicado de la Embajada de Estados Unidos en Georgia:

26. A comienzos del siglo XIX, una nueva ola de creatividad barrió la orilla del lago Ginebra al reunir a uno de los grupos más brillantes de poetas, escritores, pintores y otros artistas que Suiza haya visto jamás. Este notabilísimo colectivo incluía a los escritores lord Byron, Claire Clairmont, John Keats, Percy Shelley, Mary Shelley, Elizabeth Kent, Charles y Mary Lamb, Thomas Love Peacock, William Hazlitt, al músico Vincent Novello y a los pintores Benjamin Haydon y Joseph Severn. Talento, juventud, exilio y confinamiento coincidieron en aquel verano sin verano. Los miembros del grupo, reunidos en una mansión cerca del lago, se vieron cercados por el mal tiempo, que les impedía salir y navegar o caminar por los Alpes. Buscando relaciones sin convenciones con la literatura, se entretuvieron contándose historias góticas. En una discusión colectiva, además de los versos inmortales de Shelley, Byron y Keats, nació la idea que Mary Shelley inmortalizaría en la novela *Frankenstein*. En ella, los castillos tenebrosos que encerraban monstruos, noches tormentosas y lunas llenas se unieron a las reflexiones de una humanidad que no entendía el mundo y que vivía acosada por la naturaleza y sus misterios: el significado, el origen y la longitud de la vida se discuten mediante monstruos que viven mundos de desolación y aislamiento. La ciencia choca con la filosofía y los deseos profundos del hombre, con la moral y la religión. La progresión de este estilo artístico no conseguiría llegar más lejos.

La República Popular China es el principal emisor anual de gases de efecto invernadero y mercurio del mundo. Esta contaminación nociva del aire amenaza al pueblo de China, así como a la salud y a la economía mundiales.

Se estima que 1,24 millones de personas murieron por exposición a la contaminación del aire en la República Popular China en 2017, según un estudio reciente publicado en la revista médica *The Lancet*. Desde el año 2000, el número de personas que han muerto por contaminación del aire en la República Popular China supera los 30 millones, según la revista *New Scientist*.

«Gran parte de la economía del Partido Comunista de China se basa en el desprecio deliberado por la calidad del aire, la tierra y el agua —dijo el secretario de Estado, Michael R. Pompeo—. El pueblo chino, y el mundo, merecen algo mejor».

La República Popular China ha sido el mayor emisor anual de gases de efecto invernadero del mundo desde 2006, y sus emisiones siguen aumentando. Las emisiones de dióxido de carbono relacionadas con la energía en la República Popular China han aumentado más del 80 por ciento entre 2005 y 2019, mientras que las emisiones relacionadas con la energía en Estados Unidos se redujeron en más del 15 por ciento durante el mismo periodo, según la Agencia Internacional de Energía.

Si bien el presidente de la República Popular China, Xi Jinping, se comprometió recientemente a que China lograra la neutralidad de carbono[27] para 2060, ha ofrecido pocos detalles sobre cómo alcanzará ese objetivo. El país está aumentando la construcción de centrales eléctricas de carbón, el responsable principal del vertido de CO_2 en el aire.

---

27. La «neutralidad de carbono» o «huella de carbono cero» se refiere a la condición o estado en el que la emisión de dióxido de carbono liberado a la atmósfera está equilibrada por la cantidad que el planeta es capaz de absorber.

La misma tónica sigue la Administración de Joe Biden. Según la política de Estados Unidos, China es responsable de todos los males del planeta. Son declaraciones que muestran una confrontación y que, por tanto, más que basadas en hechos, son parte de la propaganda para desacreditar al país rival. Si bien es verdad que China está contaminando, ¡y de qué manera!, y que parece que no piensa dejar de hacerlo a pesar de sus promesas de que conseguirá emisiones neutras de carbono para el 2060 y de que no apoyará a las factorías que utilicen carbón en otros países, no debemos olvidar que los países que han vertido más CO_2 a la atmósfera desde la Revolución industrial han sido el Reino Unido —inventor del motor de vapor— y luego, y con mucha diferencia, Estados Unidos. ¿Cómo se tomaría usted las críticas si fuese el presidente de China?

Como ocurrió en Inglaterra y América, las empresas responsables de la polución en China son también las que están haciendo crecer la economía del país, lo que no quita que su crecimiento sea un desastre para el planeta. Y también es cierto que China no es muy transparente a la hora de ofrecer datos creíbles sobre polución o de apoyar soluciones prácticas. Para comenzar, China es una dictadura donde los medios de comunicación están sometidos al control del Gobierno y donde cualquier disidencia, incluyendo la referida a la política del cambio climático y la regulación de la energía en el país, puede estar penalizada con la cárcel.

La polución en China tiene y ha tenido efectos negativos en el cambio climático y en la salud de los ciudadanos del país. Un proyecto de investigación independiente liderado por Greenpeace sobre el impacto en la salud de las centrales eléctricas que utilizan carbón como combustible en China ha demostrado que la contaminación por partículas pequeñas PM2,5 de unas doscientas centrales eléctricas de carbón emplazadas en la región de Pekín causó diez mil muertes prematuras y unas setenta mil visitas ambulatorias u hospitalizaciones durante el año 2011. En otro estudio se ha demostrado que los niveles de concentración en el aire de pequeñas partículas medidas por consulados y embajadas americanas en China están tan por encima de los niveles recomendados por la OMS que constituyen un grave riesgo para enfermedades cardiovasculares, cerebrovasculares y un aumento en la probabilidad de cáncer y muerte prematura, no solo para los vecinos de Pekín, sino para los de otras muchas ciudades, incluyendo Shanghái, Cantón y Xi'an.

Los números no engañan. La polución enferma y mata, y los ciudadanos de algunas regiones de China están pagando un alto precio por lo que llamamos, cada vez quizá con menos argumentos, «progreso», ese fenómeno que postula el crecimiento infinito de la economía basado en la utilización a destajo de los combustibles fósiles.

El aspecto positivo de esta polución es que se conoce la causa y, por lo tanto, se puede poner en marcha una solución que ataje de forma directa el problema. Tanto desde dentro como desde fuera del país, muchas organizaciones proponen planes para reducir la dependencia de China del carbón e incrementar su compromiso con las energías limpias y renovables. Sin embargo, la solución requiere que los Gobiernos, el de China y los de los demás países, reconozcan el impacto de la contaminación del aire en la salud pública y tomen medidas de inmediato.

La contaminación empeora nuestra salud debido a una cadena de efectos. La entrada de aire contaminado en las vías respiratorias, como es fácil imaginar, puede favorecer el desarrollo de enfermedades respiratorias crónicas y también la aparición de neumonías y cáncer de pulmón. Estas son las enfermedades que sufren los mineros del carbón o quienes trabajaban con asbesto, entre otros muchos profesionales.

Una vez que la polución llega a los bronquios y los pulmones, las partículas nocivas pueden pasar a la sangre, donde favorecen el desarrollo de enfermedades cardiovasculares, como los infartos de miocardio o las embolias cerebrales. Pero eso no es todo porque, una vez en la corriente sanguínea, el veneno puede alcanzar y dañar cualquier otro órgano. Como neurólogo quiero destacar que la polución podría desempeñar un papel en el desarrollo de enfermedades degenerativas del cerebro, incluyendo las demencias.

La salud de la humanidad se apoya en tres pilares básicos: la vivienda, la alimentación y el agua potable. En la actualidad, la mitad de la población mundial no tiene acceso garantizado al agua potable y la contaminación del agua es un problema tan grave como el de la polución del aire, que no ha mejorado de forma sustancial desde que lo denunció Rachel Carson en *Primavera silenciosa*.

Los animales y las plantas son fuentes de alimento para otros animales. Las redes tróficas tienen muchas ramificaciones y se extienden en largas cadenas alimentarias con relaciones muy complejas, y a menudo sorprendentes, entre sus miembros. Podríamos decir que estas redes son un gran ejemplo de que existe esa unidad en el planeta, de que cada parte de la naturaleza es, de un modo u otro, necesaria para mantener al resto; de que la vida, o la muerte, dependen del buen funcionamiento de esas interacciones.

Recuerdo haber leído durante mi infancia un tebeo en el que se explicaba que un granjero que usaba veneno para matar ratas podía envenenar al halcón que se comía a la rata y que el cadáver del halcón podía ser picoteado por gallinas que, una vez intoxicadas, acabarían en la mesa del granjero. Un proceso circular en el que el hombre se sitúa muchas veces al principio —siendo el instigador de la toxicidad— y al final, al convertirse en una víctima de su propio veneno. Algunos tóxicos se mantienen en los cuerpos, vivos o muertos, durante semanas, meses o años. Y esto no ocurre solo con el DDT, como denunció Carson, sino también para muchas otras sustancias, como el mercurio del pescado (se dice que en Sudáfrica una persona tiene más probabilidades de morir comiendo tiburón, debido al mercurio que contiene el pescado, que siendo devorado por uno de ellos), y los plásticos.

Vivimos rodeados de plástico. Cada año se producen más de trescientos millones de toneladas de este material tan versátil. La contaminación del plástico no solo amenaza con destruir los ecosistemas del mar, los lagos, los ríos y la tierra firme cuando se utilizan como vertederos, sino que supone un peligro directo para la salud de los animales y los seres humanos.

Una cuarta parte de los diez mil productos químicos que componen el plástico son sustancias peligrosas para la salud y pueden acumularse en organismos vivos. Dichos productos incluyen aditivos, como antioxidantes, disolventes y otras sustancias, que se utilizan en su producción. Las nuevas investigaciones sugieren que los envases de plástico son una de las fuentes de contaminación orgánica en los alimentos y que otros productos de los plásticos, más volátiles, se encuentran en el aire que respiramos. También sabemos que la manera de detectar dopaje por transfusiones de sangre en los ciclistas es encontrarles microplásticos en la sangre, ya que las bolsas de transfusión contaminan la sangre que contienen y la de quien la recibe. Por otro lado, recientemente se han encontrado microplásticos en los alimentos servidos en restaurantes/cadenas de comida rápida como McDonald's y Burger King. Si la carne de ganado vacuno está contaminada por plásticos, es probable que todas las demás carnes y pescados lo estén también. Una contaminación que todavía no se ha relacionado con ninguna enfermedad, pero que se debe a productos dañinos en potencia.

Un informe de la Universidad de California en San Francisco, publicado en *The Lancet Oncology*, predice que la crisis climática irá acompañada de un aumento de la incidencia (nuevos pacientes por cada cien mil habitantes) de los tumores de pulmón, de piel y del sistema gastrointestinal.

El cáncer es una enfermedad de los genes y del sistema inmune. Comienza con una célula enferma que acaba multiplicándose sin control en un ambiente favorable; estas condiciones ideales para el cáncer incluyen inflamación. Es interesante que a nivel celular y molecular la contaminación del aire está asociada con lo que se denomina «estrés de las células» e «inflamación de los tejidos». Y, debido a ello, la polución produce cáncer y enfermedades crónicas. En el año 2013, la Agencia Internacional para la Investigación del Cáncer de la OMS clasificó la contaminación ambiental como causa de cáncer.

Que la contaminación produce cáncer se conoce desde que se diagnosticaron los primeros tipos de tumores. La asociación, por ejemplo, entre el cáncer de escroto y el humo al que se exponían los deshollinadores de Londres constituye una marca histórica en nuestro entendimiento de cómo ciertos químicos producen tumores.

Así que hay que hablar de cáncer cuando hablamos de cambio climático, porque esta crisis contribuirá a que el cáncer se convierta en la causa número uno de muerte en este siglo. Sus efectos se notarán, sobre todo, en tres tipos principales de tumores:

- El cáncer de pulmón, relacionado de forma directa con la contaminación del aire.
- El cáncer de piel, debido a la exposición a la radiación ultravioleta.
- El cáncer del sistema digestivo, cada vez más relacionado con las toxinas industriales y la contaminación de la comida y el agua.

El cáncer de pulmón, causa principal de muerte por cáncer, aumentará como resultado de la exposición creciente a partículas del aire contaminado. Uno de los mayores contaminantes del aire son los coches de gasolina y de diésel. En ese sentido, los automóviles son parecidos al tabaco y quizá deberían llevar en la matrícula la misma etiqueta que los paquetes de cigarrillos: los tubos de escape matan. Los coches contribuyen a que fallezcan entre siete y nueve millones de personas cada año. Da igual que sea un Audi, un Jeep, un Peugeot o un Lamborghini, como da igual que sea Marlboro o Camel.

Otros contaminantes del aire, que no están causados por el tubo de escape de un vehículo, también guardan relación con el cáncer de pulmón. Un estudio a largo plazo llevado a cabo entre los años 2000 y 2016 encontró relación entre la incidencia de cáncer de pulmón y la utilización del carbón para producir energía eléctrica. Las centrales térmicas producen cáncer. Aquí y en China. En la India y en Estados Unidos. En Oviedo y en Houston.

El de piel es el cáncer que se diagnostica con más frecuencia. Y el número de personas que sufren este tipo de cáncer sigue aumentando desde comienzos del siglo XX. Hay tres tipos principales de cáncer de piel: melanoma, carcinoma de células basales y carcinoma de células escamosas. Los dos últimos se han multiplicado varias veces desde los años sesenta, según estadísticas de países tan alejados entre sí como Escandinavia y Australia. Y aún es más grave el aumento de la incidencia del otro asesino universal, el melanoma.

Las tasas de cáncer de piel en Australia y Nueva Zelanda son las más altas del mundo. Este aumento espectacular en las últimas décadas se debe a la peligrosa combinación de las características étnicas de muchos de los ciudadanos de estos países, que son rubios y de piel clara; a la situación geográfica, y la cultura de recreación al aire libre. A medida que vayan aumentando las temperaturas, pasaremos más tiempo en el exterior y menos cubiertos durante más meses al año, lo que incrementará el periodo de exposición a la radiación ultravioleta. Desde la década de los setenta, la exposición a esta radiación se ha duplicado durante los meses de invierno, y con el calentamiento global los veranos serán cada vez más largos. Estos cambios constituyen una preocupación particular en los niños, que están sufriendo una exposición bastante mayor a los rayos ultravioleta.

La actividad al aire libre causa cáncer de piel debido a la exposición a la radiación ultravioleta del Sol, que ocasiona mutaciones en el ADN de la dermis. La capa de ozono de la atmósfera es un filtro de los rayos ultravioleta solares, así que ejerce una función esencial para la supervivencia de la vida vegetal y animal en la Tierra. Sin embargo, la actividad humana ha deteriorado la capa de ozono y ha provocado un agujero en esta manta protectora.

Los que en su día fueron llamados «gases maravilla», productos que actuaban como refrigerantes mágicos y que no eran tóxicos ni inflamables, se descubrieron en los años veinte. Entre ellos destacaban por su benignidad y eficacia los clorofluorocarbonos. Uno de ellos, utilizado para la refrigeración, incluyendo aparatos de aire acondicionado, se produjo en masa con el nombre comercial de «freón» y se hizo popular en la mayoría de los países del primer mundo en la década de los treinta. En los sesenta se demostró que aquellos gases maravillosos no lo eran tanto y que destruían el ozono y, por lo tanto, aumentaban la incidencia de cáncer de piel en el mundo. La correlación de ozono y cáncer de piel es casi matemática: por cada tanto por ciento de disminución del ozono atmosférico aumentan de manera proporcional los casos de melanoma.

Las partículas pequeñas PM2,5 también penetran en la epidermis y activan la proliferación de la piel y la melanogénesis oscureciendo la piel. La exposición a las PM2,5 contenidas en las emisiones del tráfico están ocasionando un aumento de las lesiones de piel pigmentadas en la zona facial de los ciudadanos de las metrópolis grandes.

Los hidrocarburos aromáticos policíclicos que forman parte de los contaminantes del aire pueden, además de inhalarse, absorberse por vía cutánea, y también se han relacionado con el cáncer de piel. Su aplicación tópica a animales de laboratorio ha demostrado que produce cáncer, y varios estudios llevados a cabo con trabajadores en contacto con estos compuestos han evidenciado que los policíclicos suponen un riesgo ocupacional para el cáncer de piel.

Otros compuestos volátiles de la contaminación del aire derivados del consumo del petróleo, incluido el benceno, un carcinógeno muy conocido, se asocian a la aparición de cáncer en modelos animales y en seres humanos.

Si las radiaciones ultravioletas y los carcinógenos que flotan en el aire están directamente relacionados con el cáncer, los efectos del cambio climático en los tumores relacionados con la nutrición son más difíciles de determinar. Pero ya se prevé que medio millón de muertes relacionadas con el cambio acelerado del clima, incluidas las muertes por cáncer, serán resultado de los cambios en el suministro de alimentos, así como de la forzada reducción del consumo de frutas y verduras debida a las sequías.

También se espera que se produzcan importantes interrupciones en la infraestructura de los sistemas sanitarios para el control del cáncer. En este sentido, hemos observado recientemente cómo la pandemia de COVID-19 ha interferido en el tratamiento de otras enfermedades. El tratamiento de los enfermos de covid requería tanta infraestructura y personal sanitario que saturaba urgencias, salas y UCI, desviando los recursos médicos del cáncer y provocando que muchos pacientes oncológicos sufriesen retrasos en las pruebas de detección y de tratamiento de su enfermedad.

El cambio climático puede aumentar la incidencia de otros tipos de cáncer. Un estudio con más de cincuenta mil mujeres informó de que vivir cerca de carreteras con mucho tráfico puede aumentar el riesgo de cáncer de mama. Otros estudios han sugerido que las sustancias tóxicas que hay en el aire, como el cloruro de metileno, también generan un mayor riesgo de padecer este cáncer. La exposición al benceno, una sustancia química industrial y un componente de la gasolina, intoxica la formación de la sangre y puede causar leucemias y linfomas.

Los fenómenos extremos del cambio climático que no parecen relacionarse de manera directa con enfermedades oncológicas también aumentarán la producción y exposición a carcinógenos. Así pudimos comprobarlo en Houston durante el huracán Harvey. La inundación de la ciudad afectó a plantas químicas y refinerías de petróleo que contenían grandes cantidades de carcinógenos, y estos se liberaron a través del agua y del aire contaminando el medio ambiente y aumentando la exposición de los vecinos a sustancias nocivas. En la diversa, compleja y surtida influencia sobre el cáncer del cambio climático todo suma. O multiplica.

En Houston, debido a la industria del petróleo, la incidencia de cáncer es superior a la media de Estados Unidos y del estado de Texas en general. Aunque la exposición a los carcinógenos es mayor para los vecinos que viven en los pueblos y las ciudades pequeñas construidas alrededor de las refinerías o de fábricas relacionadas con la manufactura de productos derivados del petróleo, los cuatro millones de habitantes de Houston también están expuestos a esta contaminación ambiental.

Las refinerías son megacomplejos, auténticos polígonos industriales concentrados en la manipulación del crudo. Sus edificios son un espectáculo impresionante de día y lo son más aún durante la noche, cuando el fuego y el humo de las refinerías, así como el alumbrado de las torres, crean la imagen de palacios de un escenario distópico que emergen de pantanos donde reptan serpientes y cocodrilos.

Para muchos de los vecinos, las fábricas son el mejor modo de pagar las casas, las escuelas, los médicos y las vacaciones. Un lugar de trabajo como cualquier otro, y con salarios mucho mejores que los de los ranchos, McDonald's o Amazon. Si estas buenas gentes viven con miedo no lo manifiestan de manera abierta, y si les preguntan si quieren cambiar de trabajo, la mayoría niega con la cabeza y afirma que está bien allí. En las casas que rodean las factorías viven varias generaciones de trabajadores. Algunos de los obreros que entran hoy a trabajar han ido a una escuela del mismo vecindario a la sombra de las torres metálicas. Han enterrado a sus familiares cerca de las factorías. Vidas enteras junto a las torres gigantes, bajo el fuego y el humo de los dragones de la civilización.

Algunas de las refinerías que se construyeron en la década de los cuarenta forman el llamado «Triángulo Dorado», un área del sudeste de Texas comprendida entre las ciudades de Beaumont, Port Arthur y Orange. El nombre se debe a que las numerosas antorchas de gas ubicadas en las refinerías de petróleo de la zona conforman un perímetro triangular cuando se divisan desde un avión durante la noche. Estas refinerías llevan más de medio siglo produciendo carcinógenos al mismo tiempo que refinan el petróleo, y son en parte responsables de la incidencia por encima de la media de leucemias, cáncer de vejiga, mama, colon o pulmón en esa área.

Hasta hace bien poco, no se había llevado a cabo ningún estudio que examinara la asociación entre la proximidad a las refinerías de petróleo y la tasa de cáncer. O, si queremos pensar mal, no se habían hecho públicos: hay sospechas de que algunos de los estudios que los dueños de las refinerías hicieron a los trabajadores nunca llegaron a ver la luz.

En octubre del año 2020, Stephen Williams y diversos colaboradores de la Universidad de Texas publicaron los resultados de un elegante estudio en el que intentaban comparar la tasa de cáncer (vejiga, mama, colon, pulmón, linfoma y próstata) según la proximidad del paciente a una refinería de petróleo. Este estudio de grandes proporciones recogió los datos de más de seis millones de personas que tenían más de veinte años y que habían vivido cerca —a 45 km de distancia o menos— de una refinería entre los años 2010 y 2014. Los investigadores comprobaron que la proximidad a una refinería de petróleo se asociaba a un aumento estadísticamente significativo del riesgo de diagnóstico de cualquier tipo de cáncer.

La distancia entre la vivienda y la refinería era clave para el riesgo. Las personas que residían a entre 0 y 17 km, por ejemplo, tenían más probabilidades de sufrir un linfoma que las personas que vivían a distancias mayores de 34 km. Los investigadores también observaron que había diferencias en el estadio del cáncer —si era más o menos avanzado— en el momento del diagnóstico dependiendo de la proximidad de la vivienda a una refinería de petróleo.

En una entrevista en el *Houston Chronicle*, el periódico más leído en Houston, Williams, jefe de Urología y profesor de Urología y Radiología en la Universidad de Texas Medical Branch, indicó que esperaba que los hallazgos publicados sirvieran para aunar esfuerzos con las refinerías de petróleo del Estado y determinar las causas. Pero los dueños de las refinerías no parecían muy interesados en llevar esa idea adelante.

Si bien a los investigadores no se les permitió usar datos para conectar el código postal con refinerías específicas, su estudio incluye mapas de Texas que muestran dónde son más frecuentes los diagnósticos de cáncer, así como su proximidad geográfica a la industria del petróleo: los casos anuales de linfoma y cáncer de vejiga, mama, pulmón, próstata y colon se agrupaban cerca de muchas refinerías en el sudeste de Texas, incluidas varias en el área de Houston.

Así que, como algún mago diría en una novela de fantasía: en la geografía puede estar escrito tu destino. Y en España también hay otro triángulo, en este caso conocido como el «Triángulo de la Muerte». Esta zona geográfica, que abarca las provincias de Huelva, Cádiz y Sevilla, se ha ganado el título por la alta incidencia de casos de cáncer. Según un artículo científico publicado por Gonzalo López-Abente y colaboradores en la revista *BMC Cancer*, del año 1989 al 2008 hubo 342.555 muertes relacionadas con cáncer de pulmón en ambos sexos (304.350 en hombres y 38.205 en mujeres). Las zonas con mayor mortalidad fueron la comunidad de Extremadura, extensas zonas de Andalucía occidental (Huelva, Sevilla y Cádiz) y localidades de los tramos de la costa cantábrica pertenecientes a Asturias y Cantabria.

En cuanto al cáncer de vejiga en España, los hombres sufren el 82 % de las muertes por cáncer de vejiga y la mayor tasa de mortalidad aparece otra vez en el Triángulo de la Muerte y en la comarca del Bages, otra zona con industrias textiles y químicas situada en el centro de Cataluña.

En un mapa exhaustivo de la distribución del cáncer en España —según publicó Manuel Ansede en *El País* en octubre del 2014—, destacaban de nuevo las tres provincias españolas que constituían los ángulos del ominoso triángulo: Cádiz (ángulo inferior del Triángulo de la Muerte), Huelva (ángulo superior izquierdo) y la parte occidental de Sevilla (ángulo superior derecho). En ellas se detectaba una mayor incidencia de cáncer, es decir, mayor número de ciudadanos enfermos de cáncer por cada cien mil habitantes y año.

Cabe preguntarse qué ocurre en esas regiones para que la incidencia sea más alta que en otras zonas del resto de España. Las causas de cáncer son tan numerosas que podríamos decir con una chispa de ironía y humor negro que no hay que preguntar qué produce cáncer, sino qué no lo produce. Por lo tanto, cualquier dato ha de tomarse con cautela, porque, en ocasiones, el efecto oncogénico se debe a la acción combinada de varios factores. El tabaquismo y el sedentarismo, por ejemplo, siguen siendo factores que coexisten con frecuencia con la polución y la exposición a tóxicos ambientales.

De todos modos, no se puede ignorar que en la zona determinada por el área del triángulo y las regiones colindantes se encuentran agrupadas empresas que producen o utilizan carcinógenos. Ya en el año 2007, el atlas municipal de mortalidad por cáncer recogía que en Huelva se tenía más riesgo de sufrir un cáncer de pulmón o laringe que en otras zonas de España. Algunas de las industrias que se agrupan en el llamado «Polo Químico de Huelva» son Campsa, Tioxide y Ercros.

Como en todas las contradicciones patentes en la crisis climática, las factorías de Huelva tienen aspectos positivos y negativos que se reflejan en las opiniones de la ciudadanía. Por un lado, el Polo Químico supuso un bien económico importante para la región durante la década de los ochenta y aún lo supone, y, por otro, está el problema de la salud. Los vecinos, como ocurre en el triángulo de Texas, están divididos entre los que piensan que la contaminación de las industrias huele a dinero y los que piensan que huele a muerte. Y es probable que los dos grupos tengan razón. La polución en esa área es tan llamativa que Bruselas llegó a afirmar en una ocasión que Huelva había sido en un periodo determinado la zona con mayor contaminación de Europa. Y en el año 2020, un portavoz municipal de Adelante Huelva, Jesús Amador, hizo público que los datos recogidos por el último informe de calidad del aire de 2019, emitido por la Junta de Andalucía, aseguraban que en Huelva se respira un aire que sobrepasa los límites máximos de contaminación que fija la OMS. Es decir, que los ciudadanos de Huelva respiraban niveles de polución «ilegales».

Se ha dicho en ocasiones, pero no está mal repetirlo otra vez, que en la cuestión de las causas de cáncer el código postal puede ser tan relevante como el código genético. No se trata de un ingenioso juego de palabras. En las zonas donde el cáncer alcanza frecuencias más elevadas que la media, los recién nacidos heredan de sus padres tanto los genes como la atmósfera en la que respiran. Es decir, son hijos de una genética y de un medio ambiente. En España, algunos epidemiólogos se atreven a pronosticar cuál será el tipo de cáncer predominante en los ciudadanos basándose en el código postal.

Teniendo todas estas consideraciones en cuenta, debemos decir que en estos lugares donde las industrias contaminan el ambiente con tóxicos, humos y radiación, la aceleración del cambio climático se suma a la producción de enfermedades. Y los dos efectos se deben a la polución del medio ambiente. Dos buenos motivos para seguir insistiendo en que estas industrias se reemplacen por otras igual de beneficiosas, económica y socialmente, para la vida de los trabajadores y vecinos de la zona, pero que no contaminen el medio ambiente ni favorezcan la aparición de enfermedades. Triángulos donde el aire puro traiga solo el olor del bienestar y del auténtico progreso.

El Gobierno tiene toda la responsabilidad. Mientras Repsol, el Polo Químico y empresas similares sigan liderando el sector energético, será muy difícil detener la progresión del calentamiento global. No debemos permitir que la industria y los políticos transfieran la responsabilidad de las corporaciones a los individuos, que los acusen con el dedo porque no reciclan o porque usan un coche para ir a trabajar o toman el avión para irse de vacaciones. Las acciones personales —por más que insistan los auténticos responsables de la crisis, quienes favorecen a industrias como Repsol o promocionan y defienden el Polo Químico— no son ni serán la solución al calentamiento global. Nos piden que no usemos pajitas de plástico para beber líquidos mientras empresas de combustibles fósiles como ExxonMobil, Shell y BP continúan obteniendo ganancias récord todos los días envenenando el aire, el agua y la tierra. Y en Huelva y en Houston enferman cada día personas como consecuencia de ello.

Como dijo Bob Marley justo antes de morir: «No puedes comprar vida con dinero».

8

UNA BREVE HISTORIA DEL TIEMPO

Ni una sola golondrina ni un solo día de buen
tiempo crean un verano.

Aristóteles

Sale el sol.

George Harrison

El dios egipcio Ra representa al Sol y de él nacieron los primeros dioses: Shu, que personifica la sequía y el aire, y Tefnut, que
encarna la humedad. Ra también creó el Cosmos, y estaba tan
orgulloso de su creación que, al observarla, se le llenaron los
ojos de lágrimas. Algunas de ellas cayeron a la Tierra y se convirtieron en seres humanos. Este mito presupone que la vida
en la Tierra se originó probablemente en el agua y que los elementos del clima representados por los otros dioses son esenciales para que esta se mantenga.

La energía solar del dios Ra la produce la furiosa fusión de
núcleos de hidrógeno, que da como resultado la formación

de helio. Por ello se la denomina «fusión nuclear» —no confundir con la fisión nuclear, como la producida por los reactores atómicos, que es, a pesar de su capacidad destructora, mucho menos poderosa—. En el Sol se fusionan cientos de millones de toneladas métricas de hidrógeno por segundo, lo que genera una temperatura de cuatro millones de grados Celsius. Esta energía en forma de luz y calor agrede a la Tierra de manera constante.

Uno de los efectos más coloridos y asombrosos producidos por la energía solar, cuando llega a borbotones, es la aurora boreal, también llamada «Luz del Norte». La aurora boreal la produce la liberación de fotones —partículas subatómicas que componen la luz— debido al choque de electrones procedentes del Sol con átomos de la atmósfera. Es decir, la llegada de energía procedente del Sol hace que los gases de la atmósfera se iluminen como un tubo de neón, que puede brillar con diferentes colores. Si los átomos que se excitan son de oxígeno, la aurora es de color verde, y si son de nitrógeno, puede ser roja o azul.[28] Para el espectador se trata de un despliegue fantasmal, un «protoplasma» verde que llena los cielos del norte. Un espectáculo que estremece. Un fenómeno maravilloso.

Pero los rayos del Sol no llegan a la superficie de la Tierra en su totalidad. La atmósfera terrestre refleja el treinta por ciento de la energía solar. El setenta por ciento restante calienta la superficie de la Tierra, que irradia parte de la energía hacia la atmósfera, donde queda atrapada por los gases de efecto invernadero, como el vapor de agua y el CO_2. Sin los gases at-

---

28. Naturalmente, para Borges, enamorado de las sagas nórdicas, existen otras dos posibles explicaciones: la aurora boreal es el reflejo verde de los escudos de las Valquirias o simplemente muestra abierto el puente Bifröst, que baja desde Asgard, el cielo de Odín y Tor, a la Tierra. Y yo, si hablamos de mitología, me inclino a coincidir con el argentino universal.

mosféricos la temperatura de la Tierra sería más baja. Este efecto invernadero mantiene la Tierra lo bastante caliente como para sustentar la vida y hacerla habitable. Además, el contenido gaseoso de la atmósfera genera el clima característico de nuestro paraíso azul.

El agua es la única sustancia del planeta que puede encontrarse en forma líquida, sólida o gaseosa. Sin agua y sin atmósfera, y la segunda depende de la primera, la Tierra tendría, como tiene la Luna, temperaturas de más de cien grados durante el día, que descenderían a cien grados bajo cero durante la noche. Agua y atmósfera son cruciales para entender cómo la Tierra maneja el calor y el frío extremos: el agua enfría el aire cuando se evapora (equivalente a nuestro sudor) o calienta el aire cuando se condensa o cuando se deposita sobre el hielo cediendo la energía al aire. El tráfico de energía del agua al aire es muy poderoso y es responsable de la producción de tormentas, ciclones y huracanes.

El agua es esencial para la vida[29] porque actúa como el solvente necesario para que se produzcan las reacciones químicas imprescindibles y porque forma parte de la estructura de los seres vivos; el sesenta por ciento de nuestro cuerpo es agua. Fue en el agua donde apareció el primer animal, el ancestro común a todos los demás. Ese animal, compuesto de agua y poca cosa más, sería parecido a una esponja de mar. Una esponja que habría visto la luz hace alrededor de ochocientos millones de años.

En aquel periodo, crucial para la vida, los niveles atmosféricos de CO_2 eran altos y los de oxígeno bajos. Fue entonces, cuatrocientos millones de años después de la aparición de la

---

29. La habitabilidad de un planeta se mide, entre otros factores, por la distancia que lo separa de su estrella. Si el planeta está demasiado cerca, el agua se habrá evaporado, y si la distancia es demasiado grande, el agua estará congelada.

esponja de mar, cuando se produjo ese espectacular milagro verde y bello al que llamamos «vegetación». Como si la aurora boreal hubiese caído sobre el suelo, las plantas no tardaron mucho en hacerse dueñas de la Tierra. La vida, ese lujo universal, comenzaba a abrirse camino de un modo imparable. Fueron esas primeras plantas las que bombearon sin cesar oxígeno a la atmósfera. Y cuando los niveles de oxígeno alcanzaron la mitad de los actuales, la presencia de este gas precioso disparó la vida. Vida que recreaba más vida. Y ese pulmón verde cambió la superficie y la atmósfera de la Tierra.

En un planeta joven y en ebullición, la vida brotaba y se extendía de forma apresurada, para desfallecer después sin defensas contra el influjo infernal de erupciones volcánicas dantescas cuya lava destruía la vida en islas y mares y cuyas cenizas viajaban por el mundo sumiendo la Tierra en un invierno global. Pero las erupciones aumentaron también las concentraciones de gases de efecto invernadero en la atmósfera y, como resultado, se acidificaron los mares y subió la temperatura del planeta.

El clima propiciaba la vida. Y, al mismo tiempo, sus cambios extremos la ponían en peligro provocando en ocasiones extinciones masivas. De las cinco grandes extinciones, la más cruel fue la llamada «extinción masiva del Pérmico». Durante este periodo, los gases de efecto invernadero de la atmósfera alcanzaron niveles tan altos que aumentaron la temperatura en diez grados centígrados. Si una subida de cuatro grados ya pondría en peligro la vida, el aumento de diez grados fue un desafío drástico para el setenta y cinco por ciento de las especies terrestres. La acumulación de CO_2 que provocó el calentamiento global también llevó a la acidificación de los mares y aniquiló al noventa por ciento de las especies marinas. Después de la extinción, la sustitución y recuperación del número de especies supuso decenas de miles de años. La extinción masiva del Pérmico es, por desgracia, un gráfico paradigma del destino que nos espera si no revertimos el curso de la contaminación atmosférica. Si seguimos así, es posible que afrontemos otro Pérmico infernal en pocas decenas de años.

Amonita gigante. Fósil de un animal que se extinguió hace 60 millones de años en Madagascar. © Juan Fueyo.

Otra época geológica en la que la temperatura del planeta ascendió propiciada por los gases de efecto invernadero fue el Eoceno. Durante el Eoceno, las palmeras y los cocoteros crecían cerca del Polo Norte como si se tratase de una playa templada del Caribe. Aquella ola de calor duró millones de años.

Los niveles de CO_2, más altos que los de ahora, se alcanzaron de manera progresiva, no con la precipitada aceleración de la acumulación de gases de efecto invernadero que se ha producido durante el último siglo. Con el tiempo, los niveles de CO_2 descendieron por debajo de seiscientas partes por millón (600 ppm) y la Tierra comenzó de nuevo a enfriarse.

Fue durante ese tiempo cuando la India chocó con China y se creó el Himalaya, y cuando América del Sur se separó de la Antártida y provocó un flujo del agua de los océanos nuevo y diferente. Esos cambios geográficos enormes abrieron el camino para que el agua de los mares del sur, en su flujo hacia el norte, se enfriara, lo que favoreció el descenso de la temperatura y otra expansión de la vida.

La atmósfera continuó evolucionando hasta entrar en el Pleistoceno, cuando las concentraciones de CO_2 en la atmósfera cayeron por debajo de las 300 ppm. El clima seguiría cambiando y un centenar de ciclos de frío y calor se sucederían desde entonces, la mayoría de ellos debidos a cambios mínimos en la orientación del eje terráqueo y en la órbita de la Tierra alrededor del Sol.[30] Y durante uno de los últimos ciclos los primates abandonaron los bosques, adquirieron la postura bípeda y acabaron convirtiéndose en el hombre moderno.

El ser humano moderno, al que el zoólogo Desmond Morris llamó «mono desnudo», se expandió desde África en varias olas que comenzaron alrededor de hace sesenta mil años. Eran

30. Las estaciones se deben, como todos sabemos, a la inclinación del eje de la Tierra. Debido a esa inclinación sobre el eje, las zonas que se encuentran en ese momento más cerca del Sol que el resto del planeta tienen temperaturas cálidas, ya sea en el hemisferio norte o en el sur. Y el mismo fenómeno explica las estaciones frías. El ecuador, ese vergel delimitado por los trópicos de Cáncer y de Capricornio, recibe siempre más energía solar y se mantiene más templado que el resto de las zonas de la Tierra. Y allí, protegido de variaciones de clima extremas, es donde la biodiversidad alcanzó su cénit.

tiempos áridos, definidos por una gran sequía en África. Y fueron probablemente las condiciones climáticas hostiles, combinadas con otros factores, las que favorecieron la migración del ser humano del continente africano hacia el norte en busca de mejores climas y regiones más aptas para vivir.

El fin de la Edad de Hielo, hace doce mil años, dio origen a una nueva época geológica a la que llamamos «Holoceno». Es entonces cuando el ser humano deja de ser nómada: al conquistar la agricultura y la ganadería, ya no se ve obligado a buscar nuevos terrenos de caza o desplazarse para encontrar agua u otros alimentos. Este asentamiento crea también la civilización moderna.[31]

Por primera vez, la humanidad se planteará modificar la naturaleza para su propio beneficio. La manipulación prehistórica del medio ambiente marca el comienzo de la influencia del ser humano en el cambio climático. Para asegurar pastos para el ganado y crear campos de cultivo para las cosechas, los agricultores comienzan a quemar bosques. Nace así la deforestación antropogénica. Este proceso maligno se mantendrá, e irá a más, durante la historia de la civilización. La humanidad tardaría miles de años en comprender que la naturaleza tiene

31. La agricultura y la ganadería crean la propiedad privada, los estamentos sociales, las desigualdades, y dan lugar a la aparición de los líderes religiosos y el sistema social en el que vivimos hoy en día y al que llamamos «civilización». Esta es la teoría mejor aceptada de esta etapa de la humanidad, pero en los últimos tiempos ha comenzado a ser cuestionada. En *El amanecer de todo: Una nueva historia de la humanidad,*, un libro valiente y polémico que está convirtiéndose rápidamente en un superventas, los autores proponen que los seres humanos fueron más o menos civilizados antes del descubrimiento de la agricultura y que no fue esta el comienzo de la civilización, como postulan Jared Diamon and Yuval Noah Harari. En realidad, la agricultura habría sustituido modelos de sociedad anteriores y quizá mejores con el modelo de sociedad perniciosa para el medio ambiente y generadora de grandes desigualdades. Uno de los autores de *El amanecer de todo*, David Graeber, fue un famoso antropólogo anarquista que fundó el movimiento «Ocupar Wall Street» y que, por desgracia, falleció poco antes de que su libro tuviese éxito y causase el revuelo que él tanto buscaba.

el poder, lento pero inexorable, de contraatacar, de devolver golpe por golpe, de eliminar lo que atenta contra la biosfera. El progreso del ser humano moderno ha sido casi siempre contra el planeta y muy pocas veces a favor de él.

Los incendios forestales y el progreso de la agricultura llevan a la subida de los niveles de CO_2 atmosférico, lo que inicia el calentamiento global antropogénico. La deforestación sistemática sigue a la civilización allá donde el ser humano se instala, tanto en Europa como en los otros continentes. En China, por ejemplo, los cultivos de arroz comienzan a impactar en los niveles de metano en la atmósfera. Pero el aumento de los gases de efecto invernadero debido a las emisiones de estas primeras civilizaciones agrícolas también ayuda a compensar las pequeñas oscilaciones en la órbita de la Tierra, mantienen un clima sin variaciones extremas y previenen que durante el Holoceno se instaure otra Edad de Hielo. Quizá el desarrollo de la agricultura y la ganadería haya evitado la aparición de grandes edades de hielo, con alguna excepción.

Cuando el hombre comienza a reflexionar sobre lo que lo rodea, se fija en el tiempo atmosférico. El clima y el tiempo, que ya tienen importancia en la vida de los ciudadanos, preocupan a los primeros filósofos de la Edad Antigua que se alejan de las explicaciones metafísicas y mitológicas sobre la lluvia o las sequías, y dejan paso al razonamiento —basado o no en la observación de la naturaleza—, lo que en ocasiones les permitirá hacer pronósticos acertados y útiles del tiempo.

El éxito en las predicciones que ofrecen las primeras teorías del tiempo impulsa el progreso de la meteorología. Algunos pensadores comienzan a plantearse si las nubes y la lluvia no son más que diferentes formas o fenómenos del agua, aunque estos razonamientos iniciales se quedan en el entorno de los sabios y no terminan de calar en la población. Después, Aristóteles, en su *Meteorologica*, propondrá que el arcoíris se produce por el reflejo de la luz del Sol a través de la lluvia (Newton terminaría su trabajo) y dividirá el mundo en cinco climas, en lugar de los siete de Ptolomeo: zona ártica, clima del norte, zona del ecuador, clima del sur o de las antípodas, y zona de la Antártida.

Años después, un científico chino observa fósiles de bambús y plantea, quizá por primera vez en la historia, que el clima de la Tierra ha ido cambiando a lo largo de los años, que los bambús no han sido siempre los mismos y no han crecido de forma invariable en las mismas regiones y que, debido a los cambios en el clima, algunos bosques, valles y ríos desaparecieron. Y así es. Esos cambios, en muchas ocasiones caóticos, multifactoriales o difíciles de explicar, indican que el clima no se ha mantenido estable durante largos periodos de tiempo.

En la Edad Media, una superstición evoluciona hasta extenderse por toda Europa: la Astrología. Una pseudociencia que pretendía estudiar la influencia de la posición y movimiento de los astros en las personas, en una época en que los eclipses se empleaban tanto para predecir los ataques del enemigo como la dureza de los inviernos. Kepler, uno de los mejores astrónomos de todos los tiempos, obtuvo, sin embargo, beneficios económicos y favores de la corte al predecir los dos eventos: guerras y cosechas; mientras que su colaborador y genial astrónomo, Tycho Brahe, pagó caras sus «equivocaciones» astrológicas.

Entre los cambios extraordinarios, por lo general transitorios, del clima, los especialistas citan la Pequeña Edad de Hielo, que duró desde el siglo XIV al XIX y a la que siguió un periodo de clima cálido. Aún no se conoce con exactitud qué causó la Pequeña Edad de Hielo, pero lo que sí se sabe es que estos periodos solían ir acompañados de épocas de hambre y pandemias.

Dos de los avances científicos que facilitaron el estudio del tiempo atmosférico fueron el invento del termómetro por Galileo y el del barómetro por su discípulo Torricelli, que demostró que el aire pesa. Y mucho.[32]

El aire no se está quieto. Y llamamos «viento» al aire en movimiento. Sin embargo, la humanidad tardó siglos en saber por qué se movía el aire. No era una cuestión fácil. Requería tener muy claros ciertos conceptos de física de fluidos y de geografía planetaria. Pero, al final, un científico cuyo apellido comienza por la letra H, como la palabra «huracán», descifró por qué y cómo se mueve el viento, y, así, cuál es el motor principal del aire. Se llamaba Halley y, como cuenta Bryson en su *Una breve historia de casi todo*, descubrió muchas cosas, pero no el cometa que lleva su nombre.

Halley vivía en un mundo agitado por las teorías de Copérnico y que no había olvidado aún las de Ptolomeo. Él fue el primero en señalar que el calor de los trópicos era el motor del viento en la Tierra. Formulando una hipótesis correcta, propuso que el aire caliente se eleva y se mueve hacia el norte, pero que al llegar al polo se enfría y se hunde creando un movimiento circular (algo parecido a lo que ocurre con las corrientes marinas). Y esta sigue siendo la teoría actual para explicar las grandes circulaciones de aire del planeta. A gran altura, caliente y húmedo, viaja hacia los polos, y a baja altura, frío y seco, se dirige hacia los trópicos.

Si el siglo XVII es el siglo de los vientos, el siguiente es el de las nubes, la lluvia y las tormentas. Las lluvias y las tormentas

---

32. La explicación más aceptada para el movimiento del agua en los océanos es similar a la del movimiento del aire. El agua del sur se evapora mientras viaja hacia el norte, lo que hace que aumente su salinidad. Así que, al llegar al polo con una concentración de sal mayor, se hunde y viaja de nuevo hacia el sur, donde vuelve a comenzar el ciclo.

ocupan un lugar predominante en la literatura de terror. Aquí quiero hacer mención de dos anécdotas que, por exceso o por defecto, no dejan de ser curiosas. La primera se refiere a la abundancia de las tormentas en la literatura inglesa porque ya hay tormentas en la primera epopeya anglosajona *Beowulf*, escrita en el siglo VIII y «Era una noche oscura y tormentosa», es la archifamosa frase inicial de *Paul Clifford*, la novela de Edward Bulwer-Lytton, que se ha convertido en un cliché. Las tormentas no solo abundan en las novelas de terror, sino también en las marineras, y son el inicio de la última obra de teatro de Shakespeare titulada *La tempestad*. La segunda anécdota, aún más impresionante, es que en el *Quijote* no existe ni un solo día de lluvia. La importancia de las tormentas en la combativa historia naval que comparten Inglaterra y España, recordemos los tiempos de Felipe II, es minúscula o enorme dependiendo del país de origen del historiador.

Fue en el siglo XVIII cuando los científicos se plantearon saber qué son las nubes, cuál era su composición y su función y, sobre todo al principio de la investigación, cuáles eran las que transportaban el agua que después caería en forma de lluvia. Muchos intentaron clasificarlas, pero no consiguieron crear un sistema que aclarase la aparente confusión. Un solo científico se lleva el honor de haber sido capaz de dar a cada tipo de nube un nombre y una función.

Luke Howard fue quien propuso un método sencillo para clasificar las nubes, un sistema y una nomenclatura que hoy sigue siendo válida. Uno de los secretos de la perdurabilidad de su sistema es que se basaba en la observación de la naturaleza y que utilizaba solo cuatro vocablos. Además, las definiciones iban acompañadas de bocetos explicativos, dibujados también por el autor, que ayudaban a comprender el texto.

Luke era un farmacéutico y meteorólogo aficionado al que

siempre le habían fascinado las nubes, y ya durante su niñez se entretenía dibujándolas. En el siglo XIX los científicos se dedicaban a catalogar la naturaleza, y Luke era un hombre de su tiempo. A finales del año 1802 publicó un artículo titulado «Sobre la clasificación de las nubes» para proponer tres tipos fundamentales de nubes, a los que llamó *cirrus* (del latín, «rizo», compuestas por cristales de hielo), *cumulus* («amontonadas» o «montón», es decir, que parecen crecer verticalmente); y *estratus* (del latín «extendida» o «capas», que, según él, eran «una sábana horizontal continua y amplia»). Más tarde añadió a esos tres tipos un cuarto, *nimbus* (del latín «nube de lluvia»). Este último grupo era importante porque, como sabemos bien, aunque toda la lluvia procede de las nubes, no es una característica imprescindible.

Los cúmulos se forman en el recorrido de una columna de aire caliente cuando a través de ella se eleva aire húmedo que se condensa con la altura, por eso tienen forma de torre que crece sobre una base plana. Los estratos son nubes suaves y alargadas, capaces de cubrir todo el cielo visible en un área determinada. No forman columnas porque la temperatura de la zona se mantiene estable y les impide crecer para acumularse. Al reflejar la luz solar, los estratos mantienen baja la temperatura de la Tierra. Los cirros se forman cuando una tormenta empuja con fuerza el aire hacia las partes altas de la atmósfera. Viven en la buhardilla del cielo y están tan arriba que están congeladas. Estas nubes son tan delgadas que no bloquean la luz del Sol y, sin embargo, no son transparentes para la radiación infrarroja del calor, por lo que contribuyen al efecto invernadero. Están presentes de forma permanente en la cuarta parte de la atmósfera como mínimo. Los nimbos son las nubes negras que transportan el agua que caerá en forma de lluvia y, por lo tanto, las nubes que predominan durante las tormentas. Siempre están presentes en el cielo, pero son más frecuentes en épocas frías, como el invierno europeo.

La NASA considera que la conferencia de 1802 en la que Luke propuso esta clasificación de las nubes fue un hito histórico para el entendimiento del tiempo. El primer *Atlas de las nubes* publicado en 1896 sustituyó los dibujos de Luke con fotografías de las nubes. Luke es el ejemplo perfecto de que se puede hacer mucha y buena ciencia con tan solo un lápiz, un papel y la paciencia necesaria para observar la naturaleza.[33]

Las nubes son blancas, sobre todo en la parte superior —como podemos apreciar y disfrutar desde la ventanilla de los aviones—, porque son capaces de reflejar todas las franjas de la luz visible. Los atardeceres son rojos porque el aire refleja todas las franjas de la luz menos la de color rojo, y ese mismo fenómeno explica que las nubes también cambien de color. No admito quejas de poetas puristas o cursis: hay poesía en la física y romance en la química.

Por supuesto, las nubes son responsables de las tormentas eléctricas, caracterizadas por la existencia de rayos y truenos en la atmósfera. Los rayos y el llamado «fuego de san Telmo» (descarga eléctrica con forma de corona electroluminiscente) tienen su origen en el plasma, un gas que conduce electricidad y que la propia tormenta genera cuando el exceso de electricidad rompe los átomos del aire, que es un gas sin carga.

Durante una tormenta, la fricción entre las nubes acumula electrones adicionales creando poderosos campos eléctricos

---

33. El chorro de los aviones es la «nube» que Luke nunca llegó a ver. Son esas dos líneas delgadas y paralelas que se forman cuando se condensa el vapor de agua al enfriarse cuando sale de los aviones a alturas de varios kilómetros, cuando la temperatura llega a los menos cuarenta grados centígrados. Si el aire es húmedo, los chorros son largos y duraderos; si el aire es seco, son cortos y efímeros. Es un mecanismo similar al que nos hace ver el vaho que sale de la boca en días fríos.

que descienden a la tierra. Un campo eléctrico que fuese lo bastante fuerte podría descomponer el aire en plasma en cualquier lugar, pero, en la práctica, suelen observarse en puntas afiladas, el ejemplo clásico es en los mástiles de los barcos, que les permiten concentrar su efecto en un área más pequeña. Así que la electricidad transforma el aire alrededor de un mástil en plasma y, una vez que los átomos excitados terminan relajándose y liberan fotones, producen una luz fantasmal. El color de los fuegos de san Telmo varía con el tipo de átomos que se excitan y puede ir desde el azul al violeta.

Los fuegos de san Telmo no son relámpagos aunque se vean durante las tormentas. Y a pesar de tener un mecanismo de producción parecido al de la aurora boreal, los electrones que producen los fuegos no vienen del exterior del planeta, sino que se forman en la atmósfera de la Tierra durante una tormenta. El nombre de este fenómeno visual se debe a que san Telmo era el patrón de los marineros y, según una superstición popular, creían que los fuegos indicaban buena pesca y vaticinaban que se regresaría a salvo a casa.

El primer informe de predicción meteorológica lo ideó Robert FitzRoy, el capitán del Beagle, el barco que llevó a Darwin durante su periodo de recolección de las especies que inspiraron la teoría de la evolución. FitzRoy era un marinero hábil, una persona interesante y un tipo curioso que pensaba, al parecer, que la fisonomía de las personas describía su personalidad e inteligencia, algo que pudo impedir que aceptase a Darwin en su barco. Así lo explicó el biólogo:

> Cuando conocí mejor a FitzRoy, me enteré de que había estado a punto de ser rechazado debido a la forma de mi nariz. FitzRoy era un discípulo ardiente de Lavater y estaba convencido de que podía juzgar el carácter de un hombre por

el contorno de sus rasgos. Dudaba de que alguien con mi nariz pudiera poseer suficiente energía y determinación para el viaje. Se puso muy contento cuando decidió que mi nariz mentía.

FitzRoy dedicó mucho tiempo a conseguir que los puertos y la navegación en el Reino Unido fueran más seguros. Promovió la construcción de redes telegráficas por todo el país, que servían para recopilar datos que ayudaban a predecir cuándo una tormenta llegaría a un puerto determinado y así permitían avisar a los ciudadanos con horas de antelación. En el Reino Unido (nación que incluye numerosas islas) el tema del tiempo era una preocupación nacional y por ello no es de extrañar que el primer informe meteorológico del mundo dirigido al público se publicara en el periódico *The Times* en 1861.

Por aquel tiempo, Matthew Fontain Maury, oficial de la marina americana, dio el siguiente paso. Este marinero inteligente y sabio definió como nadie lo había hecho antes la corriente del Golfo:[34]

> Hay un río en el océano. En las sequías más graves nunca falla, y en las inundaciones más poderosas nunca se desborda. Sus orillas y su fondo son de agua fría mientras que su corriente es de agua cálida. El golfo de México es su fuente y su desembocadura está en el mar Ártico. Es la corriente del Golfo.

34. El mayor desafío para los helicópteros en momentos de calor extremo es el efecto de la temperatura en la densidad del aire. El aire se expande cuando se calienta y su densidad, en consecuencia, disminuye. El aire menos denso puede causar problemas para todos los aviones, pero los helicópteros en particular deben tener mucho cuidado. Un aire más fino significa menos oxígeno para el proceso de combustión en el motor y una reducción de la potencia. Eso puede causar problemas potencialmente catastróficos, porque la elevación producida por las palas de un helicóptero es complicada cuando la temperatura exterior es extremadamente alta.

Pero más que por su entendimiento de los océanos, Maury ganó fama al conseguir que una decena de países aceptaran cooperar para estandarizar un sistema de recolección de datos náuticos sobre las condiciones del mar en cada una de sus regiones. Después de su éxito, en ambos países, los informes sobre el tiempo se convirtieron en una ayuda frecuente para los granjeros. Para ello se diseñó una red nacional de observadores en cada país que mandaban los datos mediante el telégrafo a las autoridades competentes, que confeccionaban los llamados «boletines de los granjeros».

Mucho ha llovido desde entonces y los modelos matemáticos actuales producen informes más precisos sobre las condiciones meteorológicas; así se evitan grandes desgracias. La meteorología moderna, basada en las observaciones cualitativas y cuantitativas del clima local, y en la predicción, proyección y especulación sobre la evolución del tiempo durante varios días, tiene su origen en los trabajos científicos de Jule Charney, llevados a cabo durante la década de 1940.

Jule nació en San Francisco. Era hijo de emigrantes judíos rusos, que llegaron a Estados Unidos huyendo de la violencia antisemita. Desde 1948 a 1956, Jule estuvo a cargo del Grupo de Investigación Meteorológica del Instituto de Estudios Avanzados de Princeton, donde trabajaba Einstein. Sabía que la única manera de hacer predicciones sobre el tiempo era ejecutando un número enorme de cálculos y pensó en combinar la meteorología con otra ciencia incipiente: la informática. Y así nació la colaboración entre Jule y el matemático John von Neumann[35] para desarrollar técnicas numéricas que

35. Von Neumann fue uno de los cinco magníficos de Hungría, también llamados «Los Marcianos», un grupo extraordinario de científicos que emigraron a Estados Unidos y diseñaron el programa de bombas nucleares. El grupo lo componían Théodore von Kármán, John von Neumann, Leó Szilárd, Edward

ayudaran a pronosticar el tiempo con gran exactitud. Jule y Von Neumann lograron reducir las ecuaciones dinámicas completas establecidas por Vilhelm Bjerknes en 1904 y darles una aplicación práctica y útil. En la esquela de Jule publicada en *The New York Times*, una frase resume sus aportaciones a la nueva ciencia que hasta entonces estaba basada en información observacional compartida por vía telegráfica o pura adivinación. El texto que explica sus contribuciones es este (traduzco del inglés):

> [Jule] condujo a una mayor y fundamental comprensión de la circulación general de la atmósfera, la inestabilidad hidrodinámica, la estructura de los huracanes, la dinámica de las corrientes oceánicas, la propagación de la energía de las olas y de muchos otros aspectos de la mecánica de fluidos geofísicos. La profundidad y amplitud científicas del trabajo del profesor Charney han contribuido de manera significativa al estudio de la meteorología como ciencia exacta.

Teller and Eugene Wigner. Todos ellos eran de Budapest, de familias judías cultas, y en esa ciudad asistieron a la misma universidad. Después completaron sus estudios en Alemania y por último emigraron a Estados Unidos. Del más joven al más mayor se llevaban veintisiete años de diferencia. Von Neumann diseñó los primeros ordenadores digitales y colaboró en el desarrollo de las matemáticas necesarias para la construcción de armas nucleares y la teoría de juegos. Produjo avances notables tanto en economía como en física cuántica. Kármán mejoró el diseño de misiles. Leó Szilárd, uno de mis científicos favoritos de todos los tiempos, imaginó la teoría de una reacción nuclear en cadena y la construcción, junto a Fermi, de bombas atómicas y reactores nucleares. Szilárd convenció a Einstein para que este informara al presidente Franklin D. Roosevelt de la posibilidad de construir una bomba atómica liberando, mediante la fisión de los átomos, la energía acumulada en la materia. Wigner estudió la simetría de los átomos, por lo que recibiría el Premio Nobel de Física. Teller estudió física cuántica con Heisenberg y más tarde se unió al grupo de Los Álamos para construir las primeras bombas de fisión nuclear; después se encargaría de dirigir la investigación que llevó al desarrollo de la bomba de hidrógeno, mucho más potente que las de uranio y plutonio.

La predicción del tiempo y las bases para estudiar el clima dejaron de ser un arte de adivinación para convertirse en una ciencia aceptada. Y los ordenadores encontraron su aplicación más importante: el estudio de sistemas tan complejos como el clima del futuro, que hasta ese momento no habían podido ser estudiados. El trabajo de Jule se vio también favorecido por el desarrollo de otras dos tecnologías de observación a gran escala y que complementaron los cálculos informáticos: el radar y los satélites.

El radar fue la tecnología clave para el estudio de las tormentas en la década de los cincuenta y sesenta, y los satélites constituyeron la siguiente revolución en la meteorología. El primer satélite para estudiar el tiempo fue el TIROS-1, lanzado por la NASA en 1960. Estas técnicas de teledetección permitieron examinar los movimientos del aire y estudiar las formaciones y evoluciones de las nubes en grandes áreas geográficas. Las matemáticas progresaron de tal modo que ahora pueden aplicarse a la atmósfera del globo terráqueo. Nada escapa a su ojo en ningún rincón del mundo. Los satélites y el radar, podríamos decir con un chascarrillo orwelliano, abrieron la era del Gran Hermano en la meteorología.

Los radares y los satélites generan un incalculable número de imágenes y datos por segundo que los superordenadores registran, ordenan y analizan. Esta combinación permitió en la década de los setenta predecir con unos días de antelación dónde se producirían las heladas mortales o dónde aterrizaría un huracán que se encontrase en alta mar a muchos kilómetros de la costa.

En Houston los huracanes son una constante en los meses de verano. En el hospital se anuncia de forma pública la llegada de la temporada de huracanes para que los trabajadores lo tengan en cuenta y tomen las precauciones adecuadas. Además, existe un centenar de apps para poder estar informado de su intensidad y trayectorias al instante. Y cada vez que un avión de los cazatormentas mide la presión de un ciclón, los datos llegan a tu teléfono personal de forma precisa e inmediata. Esta información es de gran ayuda para proteger la casa antes de que lleguen tornados y huracanes, y cuando esto no es posible, para preparar evacuaciones con tiempo. Sigue pareciéndome increíble que cada verano pueda seguir desde Houston la trayectoria de los huracanes originados en la costa africana o en el Caribe hasta el golfo de México. Aún no podemos prevenirlos —decía Mark Twain (o dicen que lo decía) que todo el mundo sigue hablando del tiempo sin que nadie haga nada para arreglarlo—, pero saber su trayectoria contribuye a salvar muchas vidas.

La predicción del tiempo sigue teniendo muchas limitaciones. Hay innumerables factores en juego. La famosa frase de Edward Norton Lorenz que advertía de que el batido de las alas de una mariposa en Brasil podía ocasionar un tornado en Texas es también emblemática de la teoría del caos —caos y meteorología tienen puntos en común— e indica que para que las matemáticas puedan predecir el futuro de una situación climatológica los científicos han de poder conocer con exactitud y detalle sus condiciones iniciales, algo que por ahora es imposible.

Los pronósticos del tiempo son solo válidos para tres o cuatro días. Cuando llega un huracán al golfo de México, los modelos pueden predecir dónde aterrizará en los siguientes tres días, pero no antes, y aun así con un margen de error de doscientos a trescientos kilómetros. Esos doscientos kilómetros constituyen, en el gráfico de representación del huracán, el cono de proyección. Un cono que se agranda desde la situación real del huracán hasta la que se prevé que será en unos días: cuantos más días pidamos al modelo de predicción, mayor será el cono. Así que en muchos casos no sabemos hasta pocas horas antes si el huracán terminará aterrizando en Houston o en Nueva Orleans, lo cual implica que regiones cercanas a esas dos ciudades deban estar durante tres días pendientes de una posible evacuación. Si el huracán se dirigiese a Asturias, el Gobierno debería preparar evacuaciones para toda la cornisa cantábrica, desde La Coruña hasta la frontera con Francia.

Tal vez sea bueno que ahora nos planteemos cuáles son las diferencias entre el tiempo y el clima. Hablamos de tiempo atmosférico al referirnos a periodos cortos, mientras que nos referimos al clima cuando tratamos de explicar el promedio de las condiciones del tiempo en un periodo largo. Así que, de algún modo, por decirlo de manera sencilla, el clima es lo que esperamos que suceda y el tiempo lo que está sucediendo en este momento.

El análisis del clima contiene los registros de las condiciones atmosféricas durante periodos largos y permite hacer comparaciones del presente con el pasado y proyectar hacia el futuro. Los archivos del clima incluyen las temperaturas extremas de uno y otro signo, que se han medido desde que tenemos datos. La temperatura más fría se dio el 21 de julio de 1983 en la Antártida, donde se alcanzaron −89 grados centígrados, y la temperatura más alta se registró en el llamado «Valle de la Muerte», donde se alcanzaron 56 grados en 1913. Desde que en 1880 empezaron a registrarse las temperaturas, los años más cálidos han sido el 2016 y el 2020, y los más fríos, 1904, 1907 y 1908. Todos los años más fríos se remontan noventa años atrás. El calentamiento global está disminuyendo las posibilidades de que haya años con grandes descensos de la temperatura media (aunque no impide que existan días con récords de temperaturas bajas).

El primer estudio que demostró la influencia de los gases

de efecto invernadero en la temperatura global a partir de modelos matemáticos fue el que llevaron a cabo Manabe —premio Nobel de Física del año 2021— y Wetherald. Utilizando un modelo computarizado del clima, estos científicos predijeron que una duplicación del contenido de CO_2 de la atmósfera tendría el efecto de elevar la temperatura de esta en aproximadamente dos grados centígrados. Y en la tabla 5 de su artículo —lo menciono por si algún lector siente la curiosidad de leerlo o releerlo— los autores muestran que duplicar el CO_2 de 300 a 600 ppm elevaría la temperatura en 2,36 grados (recordemos que el Acuerdo de París intenta evitar que la temperatura global aumente por encima de 1,5 grados centígrados). Estos datos los confirmaron numerosos estudios posteriores, incluyendo uno publicado por Jule Charney y su equipo del MIT en 1979.

El Panel Intergubernamental de Expertos sobre el Clima (IPPC) ha nombrado el artículo de Manabe y Wetherald, publicado en 1967 y titulado «Equilibrio térmico de la atmósfera con una distribución dada de humedad relativa», como el trabajo más influyente de todos los tiempos sobre el clima. En 1975, los mismos autores publicaron el primer modelo que demostró que la temperatura en el Ártico estaba subiendo más rápido que la de los trópicos, observaciones y predicciones que confirmarían más adelante modelos posteriores.

Es curioso que los modelos informáticos permitan predecir con bastante exactitud las subidas de temperatura, pero no acierten por completo al vaticinar la dureza de los cambios que esto supondrá para el medio ambiente, incluyendo lo que ocurrirá con los glaciares y el hielo de los polos. En este aspecto, los modelos siempre se quedan cortos. Podríamos decir que las tragedias del hielo son incalculables. De todos modos, los modelos del clima comenzaron a esbozar los horrores que le esperan al ser humano si no se detiene el cambio climático.

Debido a que el planeta se calienta dos veces más rápido en los polos que en el ecuador —como explicaron Manabe y Wetherald—, los análisis del clima demuestran que la capa de hielo sólido en esas regiones extremas acabará desapareciendo, primero solo durante el verano y, si siguen aumentando los niveles de CO_2, durante todo el año. Al derretirse grandes masas de hielo subirá el nivel del mar, lo que pondrá en riesgo a los cientos de millones de ciudadanos de todo el mundo que viven en las regiones costeras.

La conexión entre el CO_2, el deshielo de la Antártida y los desastres que vendrían debido a ello la publicó por primera vez John Mercer en 1978 en la revista *Nature*. Este científico predecía que el CO_2 se duplicaría en cincuenta años —es decir, en el 2028— y que el modelo proyectaba que, si eso ocurría, el deshielo sería tan intenso que produciría un aumento del nivel del mar de cinco metros. En el artículo se avisaba a la humanidad:

> Un pensamiento inquietante es que, si los modelos climáticos actuales altamente simplificados son correctos solo de forma aproximada, esta desglaciación puede ser parte del precio que debe pagarse para ganar el tiempo suficiente para que la civilización industrial haga el cambio de combustibles fósiles a otras fuentes de energía.

En otras palabras, Mercer nos avisa de que, si el calentamiento global termina con todo el hielo de los polos, no habrá punto de retorno para el cambio climático.

Como mencionamos en otro capítulo, el drama del presente y la tragedia del futuro también los captó de una manera genial e inequívoca James Hansen en un artículo que publicó la revista *Science* en 1981. Cuando un político usó sus estudios sobre el clima en 1988 —uno de los veranos más calientes de Estados Unidos— para pedirle que diese una conferencia informativa en el Congreso, tuvo una gran repercusión social. De hecho, no fue casualidad que el Panel Intergubernamental de Expertos en Cambio Climático (IPPC) se fundara aquel mismo año.

Un efecto de los gases de efecto invernadero a largo plazo podría ser la eliminación durante miles de años, con la humanidad en el planeta o sin ella, de las edades de hielo. El calentamiento global por causa antropogénica podría compensar los cambios extremos del clima que derivan de las mínimas modificaciones en la órbita de la Tierra o en la inclinación de su eje. El ser humano habría acabado con el frío. Tal y como una vez lo pensó Arrhenius, uno de los efectos más positivos del CO_2 atmosférico sería producir inviernos mucho más templados en los países nórdicos, algo, según él, para celebrar. Con el cambio climático, Noruega y Suecia serían la «nueva Riviera» de Europa donde el turista podría relajarse a la orilla del mar para disfrutar del buen tiempo.

Los modelos que predicen el tiempo, incluyendo la llegada de huracanes o la formación de ciclones bomba, no permiten que tomemos medidas para frenarlos. Al menos no todavía. Pero hay quien opina que sí que podríamos intentar intervenir para modificar los efectos del cambio climático. Y en la década del 2000 se comienza a hablar, por primera vez en la historia de la humanidad, de intervenir en el clima; Mark Twain sonreiría en su tumba. Los científicos han propuesto varios métodos para modificar el cambio climático. Estas medidas serían necesarias si no fuese posible bajar a cero o disminuir drásticamente las emisiones de CO_2. Es decir, deberían emprenderse cuando todo lo demás fracasase y las emisiones resultasen ser imparables; cuando solo las medidas radicales pudieran proteger ya la vida en la Tierra. Algunas de estas medidas parecen estrafalarias y otras rozan la ciencia ficción, por lo que son muchos los detractores que dudan de que puedan llevarse a cabo. Otros piensan que algunas de estas estrategias podrían agravar aún más el problema o causar más daño que el cambio climático.

Las ideas principales giran en torno a dos temas: bloquear la llegada del calor del Sol y eliminar el exceso de CO_2 que existe en la atmósfera. Por un lado, crear un paraguas para protegernos del Sol y, por otro, ya que no podemos evitar el vertido de CO_2 a la atmósfera, tratar de extraerlo del aire. Por el momento las dos estrategias parecen bastante utópicas.

¿Se acerca el fin de la existencia de la humanidad? Un ciclo que comenzó hace cientos de miles de años y que terminará en un siglo. Hemos sobrevivido a edades de hielo, erupciones volcánicas, tsunamis, terremotos, huracanes, cambios en la inclinación del eje de la Tierra... Y, por el momento, ni el Sol ni nuestro planeta han podido librarse de nosotros. A partir de ahora parece que no servirá solo con seguir igual y cruzar los dedos. Nos esperan días en los que el tiempo se volverá loco y pondrá en peligro la civilización. Otras especies de plantas o animales podrán sobrevivirnos, en realidad algunas bacterias y virus lo harán. La vida volverá a abrirse camino. Sin la humanidad. O tal vez los seres humanos que consigan superar el apocalipsis climático deban acostumbrarse a vivir en una sociedad reducida a ruinas.

¿Nuestra excusa? El problema era demasiado complejo. Cambiar el rumbo del cambio climático significaría poco menos que renunciar a la felicidad; a viajar; a vivir con el confort que nos proporciona la electricidad; a la comodidad de comer cuanto deseamos y cuando lo deseamos; a tener trabajos más o menos dignos, más o menos bien pagados; a coleccionar un increíble número de posesiones, incluyendo casas y automóviles; así como a llenar nuestra vida de plásticos imprescindibles, como el del bolígrafo, el del ordenador, el de la botella de leche y el de las tarjetas de crédito. Nunca renunciaremos a todo ello para conseguir que nuestro planeta siga siendo habitable. Seguiremos ensuciándolo todo hasta el último momento.

Y cuando esté al llegar el día de la extinción completa, diremos adiós con lágrimas contaminadas por insecticidas y lluvia ácida a un planeta cuyo clima irá reestructurándose a lo largo de los siglos, cuando la jungla recupere lo que es suyo e invada primero Manhattan y luego Berlín, y el planeta consiga volver a lo que ahora llamamos «normalidad». El tiempo atmosférico comenzará otra vez. Víctimas advertidas de un genocidio global, tendremos la tremenda satisfacción de que, después de todo, ninguna de nuestras perversidades, incluyendo la ambición irresponsable y la codicia criminal, pudieron acabar con el planeta. Eso sí, no estaremos allí para verlo y la Tierra quizá haya dejado de ser azul.

9

LA SEXTA EXTINCIÓN

*Cambiaría todos mis mañanas por un solo
ayer.*

JANIS JOPLIN

A menos que la humanidad aprenda mucho
más sobre la biodiversidad y actúe rápidamente para protegerla, pronto perderemos
la mayoría de las especies que componen la
vida en la Tierra.

EDWARD O. WILSON

Venimos de la luz, productos de un fogonazo seminal, de un
disparo de salida que llenó de luz la nada. Y ahora el proceso está
produciéndose en orden inverso: el fulgor desaparece, vuelve la
«despiadada oscuridad». El cosmos ha emprendido su último
viaje. Venimos de la noche del tiempo y regresamos a ella. El
telescopio espacial Hubble está haciéndonos llegar información

del ocaso de estrellas. La vastedad de los astros está decayendo y terminará convirtiéndose en otra cosa. La vida, tal y como la conocemos, es solo el otro extremo de la muerte. Nacemos de una gran oscuridad y al cabo de los años, como hijos pródigos, regresamos a ella. La existencia es un ciclo. El ser humano aún no ha conseguido manipular el destino del Cosmos. Y en nuestro hogar, la Tierra, la Naturaleza promueve la aparición y desaparición de las especies en su amor instintivo por la diversidad. Pero aquí el único ser consciente de la existencia del universo, y de su más que probable debacle, y del resto de las especies con las que comparte el planeta, ese ser que ha acaparado para él el don de la inteligencia abstracta y superior, ha comenzado la destrucción de la biosfera, algo que podría conllevar el fin de nuestra civilización y quizá de la humanidad.

Una buena novela sobre un mundo terrible y posapocalíptico es *La carretera*, de Cormac McCarthy. Este escritor americano es uno de los favoritos de la crítica literaria, incluidos personajes tan influyentes como el fallecido Harold Bloom. Sus novelas han viajado a la gran pantalla casi siempre con éxito de audiencia y suena para el Premio Nobel de Literatura desde hace muchos años.[36]

La carretera comienza solo con dos personajes, un hombre

36. Varios de los libros de Cormac McCarthy se han llevado a la gran pantalla, como por ejemplo *Todos los hermosos caballos*, interpretada por Penélope Cruz, *No es país para viejos*, con Javier Bardem —que luce en ella un horrible corte de pelo— y *La carretera*. Quizá su obra maestra sea *Meridiano de sangre*, una novela que ha sido muy difícil de leer en inglés porque el vocabulario del escritor es uno de los más amplios y sofisticados de los escritores modernos de habla inglesa. La temática es muy dura y describe la vida en la frontera de nativos americanos y pioneros enfrentados en una guerra salvaje de la que McCarthy no ahorra al lector ni un detalle por muy truculento o despiadado que sea. A quien no le impacte esta novela no será porque no tiene corazón, sino porque carece de estómago. ¿Cuándo le darán el Nobel? Tendrán que darse prisa, el Premio Nobel solo se da a autores vivos y Cormac McCarthy acaba de cumplir ochenta y nueve años.

y un niño, padre e hijo, que cruzan un bosque durante un viaje. La historia está ambientada en un mundo futuro impreciso que ha sobrevivido a un acontecimiento que no se explica, pero que ha terminado con gran parte de la vida en la Tierra, y sucede en lugares sin nombre. Después de la extinción masiva, quedan muy pocos seres humanos vivos y gran parte de ellos son una amenaza para los demás supervivientes. El niño es la única preocupación del hombre. El padre lleva consigo una pistola y dos balas. Pocos escritores de hoy son capaces de expresar un mundo trágico como McCarthy. Este extracto recoge en pocas palabras el tono de la novela y su estilo (mi traducción del inglés):

> Salió a la luz gris, se puso de pie y comprendió en un breve instante la absoluta verdad del mundo. El frío e implacable círculo que define la indiferente tierra. La despiadada oscuridad. Los perros ciegos por el sol en su camino. El aplastante vacío negro del universo. [...] Tiempo prestado, mundo prestado. Y ojos prestados para llorarlo.

Y hasta aquí el anticipo. *La carretera* es una novela de culto tanto para los lectores de ciencia ficción como para los que gustan de la buena literatura. Y se trata de una obra corta, de las que se acaban en un fin de semana (lo digo por si esto pudiese dar ánimos a quien quisiera leerla).

A lo largo de los cuatro mil millones de años de existencia de la Tierra, las especies de animales y plantas han sufrido cinco grandes extinciones. Hablamos de extinción masiva cuando se produce la desaparición de la mayoría de las especies en un periodo de tiempo geológico relativamente corto, como consecuencia de un acontecimiento global catastrófico o de un cambio ambiental generalizado, que ocurre tan rápido que no da tiempo a que la mayoría de las especies se adapten a las nuevas condiciones de vida y, como resultado, perezcan.

Antes del siglo XVIII, para los sabios no cabía la posibilidad de que algunas especies que poblaron el planeta en el pasado hubieran desaparecido. La teoría parecía simplemente absurda. Los científicos no podían imaginar una fuerza planetaria lo bastante poderosa como para acabar por completo con una forma de vida. Lo que existía ahora, según pensaban, es lo que había existido siempre y lo que seguiría existiendo en el futuro. Los hallazgos de huesos de mastodonte no pertenecían a un animal del pasado, sino a un elefante. Las especies ni se creaban ni se destruían, y tampoco se transformaban.

El cambio del paradigma se produjo cuando el biólogo francés Georges Cuvier propuso por primera vez que aquellos huesos no pertenecían a un elefante, sino a una especie que había existido en un mundo anterior al de ahora y que había desaparecido hacía años. La idea despertó cierta curiosidad, pero no triunfó enseguida. Con el tiempo y las contribuciones esenciales de Lyell y Darwin, que demostraron la evolución de las especies a lo largo del tiempo, la hipótesis de la extinción ganó credibilidad y, al fin, con la acumulación de innumerables pruebas, se convirtió en una teoría científica.

Y no es solo que haya habido extinciones, es que estas no han sido una excepción: se cree que el noventa y nueve por ciento de los organismos que pisaron la Tierra en el pasado están hoy extintos. Pero, a pesar del efecto masivo de estas grandes extinciones, nuevas especies o especies que sobrevivieron a la extinción ocuparon el lugar dejado por las que se fueron. La extinción masiva más estudiada, que marcó el límite entre los periodos Cretácico y Paleógeno hace unos sesenta y cinco millones de años, acabó con los dinosaurios y dejó espacio para que otras especies se diversificaran y evolucionaran con rapidez. Muertos los dinosaurios, los mamíferos, que vivían acosados por los saurios, subieron al poder.

Como apuntamos antes, para que una extinción se considere masiva deben darse tres factores:

- Primero: La extinción ha de tener nivel planetario (la desaparición no ha de ser regional, sino global).
- Segundo: Debe ocurrir en un breve periodo geológico.
- Tercero: Aproximadamente un tercio de las especies debe desaparecer.

Según el registro de fósiles, este fenómeno tan apabullante ha ocurrido al menos cinco veces en los últimos quinientos millones de años. Más concretamente, las extinciones masivas se produjeron hacia el final de los periodos Ordovícico, Devónico, Pérmico, Triásico y Cretácico. Estas son las llamadas Big Five, las «Cinco Grandes».

Se cree que la extinción del Cretácico (*Parque Jurásico* es un título tan efectivo y brillante como equivocado) se debió al choque de un meteoro con la Tierra, una colisión que pudo haber dado origen al inmenso cráter que conocemos como el golfo de México. Las otras cuatro, sin embargo, se debieron casi con toda probabilidad a cambios del clima. Así que, de las cinco grandes extinciones, cuatro tuvieron su origen en el cambio climático.

La extinción más intensa fue la del Pérmico, hace doscientos cuarenta y cinco millones de años, que borró de la faz de la Tierra el noventa por ciento de las especies marinas. Esta extinción se ha vinculado a una actividad volcánica excesiva que causó un efecto invernadero y a la rápida instauración de un nuevo clima que incluyó la acidificación de los mares para la que la mayoría de las especies existentes no estaban adaptadas.

Otra extinción masiva que se produjo hace doscientos millones de años también fue consecuencia del cambio climático. Los hallazgos indican que cambios relativamente pequeños en los niveles del CO_2 atmosférico pueden ser suficientes para desencadenar un evento de extinción. La extinción del Triásico-Jurásico llevó a la extinción de la gran mayoría de las especies marinas y a la aparición de los primeros dinosaurios. Un periodo de gran actividad volcánica vuelve a considerarse como la causa probable del enriquecimiento de gases con efecto invernadero en la atmósfera de aquel tiempo.

Además de las extinciones masivas, la vida en la Tierra ha sido desafiada, como decíamos en otros capítulos, por glaciaciones con temperaturas que descendieron por debajo de cero grados centígrados en muchas regiones del planeta y durante largos periodos de tiempo. Durante los últimos seiscientos cincuenta mil años ha habido siete edades de hielo, caracterizadas por la expansión y contracción de los glaciares. La última gran Edad de Hielo terminó hace aproximadamente once mil años y marcó el comienzo de la época climática moderna, el Holoceno. Desde entonces, el clima se ha mantenido estable, con pocas excepciones, como la de la Pequeña Edad de Hielo que tuvo lugar en la Edad Media, como explicamos en el capítulo 8.

Hacia el final de la última gran Edad de Hielo desapareció buena parte de la llamada «megafauna», que incorporaba animales que pesaban toneladas. Entre ellos son famosos los mastodontes[37] y los mamuts, que desaparecieron junto con los no

37. El nombre «mastodonte», que ha llegado a ser sinónimo de «colosal» e «inmenso», no tiene nada que ver con su tamaño. Proviene de la curiosa morfología de sus molares, que presentaban protuberancias similares a los pezones mamarios (del griego, *mastos*, «pezón», y *odont*, «diente») y que son diferentes de los del mamut y el elefante.

menos famosos tigres de dientes de sable y los lobos gigantes. La mayoría de estos animales de la Edad de Hielo habían soportado al menos doce pequeños ciclos de inmenso frío y no se extinguieron. ¿Por qué fue diferente esa vez?

Cuando el clima cambió al final de la última Edad de Hielo, las temperaturas más cálidas elevaron el nivel del mar; esto afectó sobre todo a las costas de América. Y también incidió en los pastos disminuyendo su poder nutritivo. Esto provocó que la megafauna herbívora, que requería grandes cantidades de comida a diario, no pudiera mantener su dieta y pereciera.[38] La caída de las presas llevó a la extinción de los depredadores.

Otro efecto ambiental observado fue el retroceso de la capa de hielo. A medida que el hielo que cubría América del Norte y Europa desaparecía, comenzaron a definirse periodos de clima separados formando las estaciones, que conllevaban cambios de temperatura, vegetación y terreno durante el transcurso del año, lo que requirió una nueva adaptación de las especies.

38. Los terrenos de pastos abundan en todo el mundo y, en conjunto, forman uno de los hábitats más grandes del planeta, pues cubren cincuenta millones de kilómetros cuadrados, alrededor del cuarenta por ciento de la superficie terrestre. Los prados o pastizales cambian de nombre según la zona geográfica o el país: «praderas» en América del Norte, «estepas» en Asia, «sabanas» en África, «prados» en Australia, y «pampas» y «llanos» en América del Sur. Estos pastos pueden soportar altas densidades de animales, desde los que viven del pastoreo, como los colosales herbívoros (incluyendo a elefantes y rinocerontes) hasta los que se alimentan de la sangre de estos, como las abundantes colonias de insectos. Por las praderas migran los ñus y otros animales herbívoros que cruzan la sabana africana, viajan los bisontes esparcidos por las praderas estadounidenses y son el hogar de antílopes saiga que se abren camino a través de la estepa de Asia central. Los pastos abundan cerca del nivel del mar, también en las colinas y cerca del cielo, en las más altas mesetas de la región del Himalaya o de los Andes, donde habitan los exóticos yaks y las resistentes llamas. Este extenso ecosistema es extraordinariamente frágil debido a su absoluta dependencia del agua. Un cambio climático con sequías mantenidas destruirá la hierba y se llevará con ella una increíble cantidad y diversidad de especies.

Hace veinte mil años, la agricultura y la ganadería favorecieron el sedentarismo y acabaron propiciando el desarrollo de las primeras ciudades, pero también dieron lugar a sus debilidades esenciales, ya que las antiguas civilizaciones dependían por completo del clima. Si vives de las cosechas, el clima o te ayuda a sobrevivir o te hunde en la mayor de las miserias. Por eso los cambios climáticos han tenido efectos profundos en las sociedades primitivas y existen pruebas de que algunas de ellas no fueron capaces de adaptarse a periodos de sequía extrema y sufrieron un colapso completo. En otros casos, la falta de lluvias y la escasez del agua originó conflictos bélicos entre pueblos vecinos por el control de los suministros de agua y alimentos.

Una de las civilizaciones de cuyo declive a causa de los efectos climáticos nos ha llegado prueba escrita es el Imperio acadio. Hace cuatro mil años, este gran reino de Mesopotamia ocupaba lo que ahora es Irak, el nordeste de Siria y el sudeste de Turquía. El Imperio acadio gobernaba sin oposición y disfrutaba de un tremendo progreso, hasta que una larga e intensa sequía de tres siglos convirtió aquel vergel en un desierto. Los efectos del cambio climático en esta civilización se recogieron en una leyenda, conocida como *La maldición de Acad*. Esta maldición la menciona en inglés Elizabeth Kolbert en su artículo «El clima del hombre», escrito para *The New Yorker*, y dice así:

> Por primera vez desde que las ciudades fueron fundadas y construidas los grandes surcos de la agricultura no produjeron grano, no hubo peces en los canales inundados, los parques de regadío con árboles frutales y viñedos no produjeron ni almíbar ni vino, las nubes no trajeron agua.

Aquel clima árido llevó a una intensa y prolongada sequía que disminuyó el caudal del Éufrates y del Tigris, lo que impactó de forma negativa en la agricultura y la ganadería. Los habitantes de la región murieron de hambre. El Imperio se colapsó. Las excavaciones llevadas a cabo recientemente en la zona han descubierto una capa de sedimentos de un metro de altura formada de polvo y arena y sin resto arqueológico alguno de actividad humana, lo que reflejaría la situación de aquellas tierras —tan productivas en el pasado— entre los años 2200 y 1900 a. C. Ese fue el momento en que el Imperio acadio se extinguió.

El ocaso del Imperio acadio es un ejemplo emblemático de los potentes efectos que el cambio climático puede tener sobre civilizaciones bien establecidas. Pero no es el único. Ese mismo patrón de condiciones climáticas cambiantes en el Medio Oriente alteró el curso de varios pueblos y ocasionó migraciones humanas hacia zonas menos inhóspitas, donde los recursos fueran más abundantes y los pueblos no estuviesen en guerra. El Antiguo Imperio egipcio se hundió coincidiendo con la debacle del acadio debido, según los historiadores del momento, a que el desierto reclamó la tierra.[39] Y existieron otras civilizaciones poderosas que los efectos de las condiciones cam-

39. En la obra maestra de ciencia ficción *Dune*, escrita por Frank Herbert en 1965, un planeta llamado Arrakis se ha convertido en un desierto por la falta casi absoluta de agua. El agua es el recurso más valioso en Arrakis, junto con una sustancia que te hace sobrevivir en el desierto y que llaman «especia». Para obtener el agua que necesitan para sobrevivir, los fremen, nativos del planeta, han diseñado trajes que consiguen que el cuerpo solo pierda una mínima cantidad de humedad al día. «Solo un dedal de agua», se nos informa. En la novela la palabra «agua» aparece cada dos líneas y hay una neurosis compulsiva con respecto a ella. El agua transporta la novela hacia delante.
La falta de agua es en realidad una obsesión para los habitantes de los desiertos. Y la falta de agua será una obsesión para una Tierra donde las zonas desérticas siguen creciendo. Si no se detienen los vertidos de gases de efecto invernadero a la atmósfera, nuestro planeta azul se convertirá en el superárido Arrakis. Será entonces cuando algunos verán la novela *Dune* como una obra profética.

biantes a nivel local devastaron. Entre estos imperios caídos, quizá los mejor estudiados sean las civilizaciones precolombinas. Aquí el clima se adelantó a la tragedia de los conquistadores y religiosos españoles, y destruyó uno de los más grandes imperios de las Américas: la civilización maya.

El Imperio maya, con sus portentosos palacios, templos y pirámides, se prolongó durante tres mil años y se extendió por la península de Yucatán, Guatemala, Belice, el oeste de Honduras y El Salvador. Los mayas dependían de la agricultura para alimentar a una población en crecimiento exponencial. En su momento de apogeo, la densidad de la población en el Imperio era de doscientas personas por kilómetro cuadrado (en la España de hoy la densidad de población es aproximadamente la mitad). Pero durante el siglo VIII las cosas comenzaron a torcerse. La superpoblación ejercía una presión que la agricultura no podía resistir, lo que acabó originando conflictos con imperios fronterizos para mantener y aumentar sus recursos. Pero varios episodios de megasequías, que duraban años, y que se debieron a un cambio del patrón de las omnipresentes lluvias, que se volvieron muy escasas, arruinó las cosechas y disminuyó el suministro de agua potable. Ese cambio climático terminó por derrotarlos.

En otro continente, una civilización diferente también se desplomaría desde lo más alto debido a los cambios climáticos. El Imperio jemer del sudeste asiático llegó a su cenit entre los siglos VIII y XV. Fue una de las civilizaciones más importantes de la era preindustrial, hasta que un periodo de sequías extremas por la falta de lluvias monzónicas, necesarias para abastecer la compleja red de almacenamiento y distribución del agua, propició su declive inexorable. El majestuoso templo de Angkor Wat, en Camboya, ha quedado en pie como una maravillosa herencia de su esplendor.

A menor escala, el cambio climático también forzó a los vikingos a abandonar Groenlandia, donde se habían asentado a principios del siglo x provenientes del norte de Europa. Después de quinientos años viviendo en la isla agrupados en diversas colonias, las temperaturas de Groenlandia bajaron tanto que imposibilitaron la supervivencia de las granjas y el mantenimiento de la ganadería. Tratando de adaptarse y sobrevivir, los vikingos dirigieron su atención al mar y a la pesca como recursos para su alimentación, pero a la larga la vida en Groenlandia se hizo imposible y se vieron obligados a marcharse de la isla, uno de los pocos lugares del mundo que llegaron a considerar su hogar.

La civilización harappa, en la Edad del Bronce, que tuvo una población de cinco millones y destacó por su planificación urbana y sus sofisticados sistemas de colección y distribución del agua, y los pueblos de América del Norte, también conocidos como los «anasazi» por los navajos, son otros dos ejemplos de civilizaciones que se colapsaron debido al cambio climático.

En *Colapso*, Jared Diamond intenta catalogar las causas principales de la desaparición de algunas de estas civilizaciones. El cambio climático local sería el factor principal y el común denominador en muchos de los casos. Así lo cuenta Diamond:

> Durante mucho tiempo se sospechó que buena parte de los misteriosos abandonos (de las ciudades de estos imperios; de las regiones donde estaban asentados) fueron provocados, al menos en parte, por problemas ecológicos: la civilización destruyó los recursos ambientales de los que dependía su existencia. La sospecha de un suicidio ecológico —ecocidio— involuntario ha sido confirmada por descubrimientos hechos en las últimas

décadas por arqueólogos, climatólogos, historiadores, paleontólogos y palinólogos (científicos del polen). Los procesos a través de los cuales las sociedades se han minado a sí mismas al dañar en el pasado su medio ambiente se dividen en ocho categorías, cuya importancia relativa difiere de un caso a otro: deforestación y destrucción del hábitat, problemas del suelo (erosión, salinización y pérdida de fertilidad del suelo), problemas de gestión del agua, caza y pesca excesivas, efectos de especies introducidas en especies nativas, crecimiento de la población humana y mayor impacto de consumo per cápita de las personas.

Diamond no cree que la desaparición de civilizaciones sea cosa del pasado. De hecho, en *Colapso* alerta de nuevos factores que podrían poner en peligro de desaparición diversas sociedades del llamado, arrogantemente, Primer Mundo. Así lo explica el profesor (mi traducción):

El riesgo de que se produzcan colapsos de este tipo en la actualidad es motivo creciente de preocupación; de hecho, ya se han materializado colapsos en Somalia, Ruanda y algunos otros países del Tercer Mundo. Mucha gente teme que el ecocidio haya llegado a eclipsar la guerra nuclear y las enfermedades emergentes como amenaza para la civilización global. Los problemas ambientales a los que nos enfrentamos hoy en día incluyen los mismos ocho que socavaron sociedades pasadas, más cuatro nuevos: cambio climático causado por el hombre, acumulación de productos químicos tóxicos en el medio ambiente, escasez de energía y agotamiento de la capacidad fotosintética de la Tierra por el ser humano.

En fin, podría ser que la escena final de *El planeta de los simios* (1968) —¿recordáis?, cuando el protagonista descubre sorprendido la Estatua de la Libertad semidestruida en la arena de la playa y comprende que aquel mundo apocalíptico es en realidad la Tierra—, se hiciese realidad en unos años. Y quizá no tardaría muchos. Y entonces podríamos quejarnos no de las guerras, como el protagonista de *El planeta de los simios*, sino del cambio climático. Aunque sería un poco tarde para eso.

El oso polar se ha convertido en el animal símbolo del cambio climático. En esa escena melodramática, un oso blanco se queda sin terreno firme bajo los pies debido a la desaparición del hielo. Pero el calentamiento global será más terrible en los trópicos, porque allí es donde subsiste la mayor biodiversidad y donde desde hace años las especies desaparecen a diario.

Llamamos «trópicos» a la región comprendida entre el trópico de Cáncer, al norte, y el trópico de Capricornio, al sur. Abarcan gran parte del globo terráqueo y entre ambos se encuentra la línea del ecuador. En esa franja de Tierra viven el noventa y nueve por ciento de las especies. Su temperatura ha sido ideal para la estratificación de las especies y allí el reloj biológico que amplía el espectro de seres vivos, cuyas manecillas son las mutaciones de los genomas que llevan a la diversidad, avanza más rápido que en el resto del planeta. Podría decirse que la evolución corre en los trópicos y gatea en las zonas polares y subpolares.

Desde hace más de tres siglos, se sabe que la biodiversidad de las especies —un término propuesto por el biólogo y escritor americano Edward O. Wilson en la década de los ochenta— aumenta a medida que nos alejamos de los polos. Esto se sabe desde el siglo XVI, cuando se iniciaron los primeros viajes alrededor del mundo. Los exploradores y comerciantes europeos de los siglos pasados regresaban de África, Asia y las Américas con millares de especímenes de animales y plantas previamente desconocidos. El término «exótico» referido a los trópicos no es sinónimo de escaso, sino de pródigo y exuberante.

A mediados del siglo XX, la mayoría de los grandes estudiosos que sentaron las bases de la evolución moderna, la sistemática, la biogeografía y la ecología destacaron la increíble biodiversidad en el ecuador. Y en las últimas décadas, los biogeógrafos han utilizado los avances informáticos para concluir que los trópicos albergan no solo la mayoría de las especies de plantas y animales, sino también los genomas más diversos.

Elizabeth Kolbert, que en los últimos años se ha convertido en una de las divulgadoras científicas más leídas, nos propone un viaje imaginario interesante y revelador desde el Polo Norte hasta Perú. Primero encontraríamos una casi completamente despoblada Groenlandia y, si seguimos bajando, llegaríamos a Quebec, en Canadá, donde la vegetación y la fauna comienzan a proliferar. Nuestro camino hacia el sur nos haría atravesar praderas salpicadas de bosques, y tres mil kilómetros más hacia el sur encontraríamos bosques enormes que se extienden a lo largo de mil millones de acres. Después llegaríamos a los bosques de Estados Unidos, que tienen una diversidad arbórea significativamente mayor que la de los bosques que dejamos al norte. Y esta diversidad seguiría aumentando conforme nos acercáramos al ecuador. Una vez que llegásemos a Perú la diversidad de los árboles se haría inabarcable, con más de mil especies diferentes.

El perfil biográfico de Elizabeth Kolbert en *The New Yorker* nos informa de que ha sido redactora del prestigioso semanario desde 1999 —el año en que me hice suscriptor de la revista—, y que con anterioridad había trabajado en *The New York Times*. Una serie de tres artículos sobre el calentamiento global, titulada *El clima del hombre*, le confirió gran popularidad y, basándose en esos artículos, en el 2008 publicó *La catástrofe que viene*. En este libro nos lleva de viaje por el mundo para darnos a conocer de primera mano los efectos del cambio climático: la reducción de los glaciares, la gravedad de los incendios forestales, el deshielo del permafrost, el incremento de la temperatura y de la acidez de los océanos, las variaciones en las áreas de distribución de animales y la progresiva desaparición del hielo en el mar del Ártico. Todos estos signos, como decíamos en otros capítulos, se han observado desde hace varias décadas, pero Kolbert hace énfasis en que son cada vez más prominentes y en que los últimos estudios predicen que el hielo en el Ártico desaparecerá para 2080 (*ártico*, quizá sea bueno recordarlo aquí, significa «oso» en griego. Tiene sentido etimológico, y escribo con sarcasmo, que el oso blanco desaparezca cuando lo haga el hielo del Ártico).

En el segundo capítulo de su libro, la autora repasa los descubrimientos de tres científicos que marcan la historia del cambio climático: John Tydall, Svante Arrhenius y Charles David Keeling. Como recogimos en el capítulo 4, los descubrimientos de estos tres científicos constituyen parte de las columnas principales sobre las que se sustenta la ciencia del cambio climático. En una nota positiva, Kolbert menciona un problema que se ha resuelto: la mitigación del agujero de ozono sobre la Antártida con la eliminación del uso de los clorofluorocarbonos.

A *La catástrofe que viene* le siguió *La sexta extinción*, ensayo por el que Kolbert ganó el Premio Pulitzer en el año 2015. En *La sexta extinción* la escritora expone con claridad meridiana una teoría formulada por muchos autores con anterioridad: estamos viviendo la sexta extinción. Una extinción masiva que no se diferencia de las cinco anteriores, excepto en que está desarrollándose con mucha más velocidad. Según E. O. Wilson, la tasa actual de extinción en los trópicos es diez mil veces mayor que la tasa natural de extinción, lo que implica que la diversidad biológica pronto estará a su nivel más bajo desde la última gran extinción.

Uno de los agentes causantes de la sexta extinción podría ser la humanidad. Durante los últimos diez mil años, el ser humano se ha convertido en la especie más invasiva del planeta. Hemos llegado a todos los rincones y hemos interferido en la vida de las demás especies allá donde nos las hemos encontrado. A muchos observadores no les cabe duda de que nosotros somos la causa de la sexta extinción. Y probablemente seremos también sus víctimas.

En una reseña que Al Gore escribió sobre *La sexta extinción* en *The New York Times*, el político, activista medioambiental y premio Nobel de la Paz explicó que (traduzco del inglés):

> En la era moderna, tres factores se han combinado para alterar radicalmente la relación entre la civilización y el ecosistema de la Tierra: el aumento sin precedentes de la población humana, que se ha cuadruplicado en menos de cien años; el desarrollo de nuevas y poderosas tecnologías que magnifican el impacto per cápita de los siete mil millones de habitantes, que pronto pasarán a ser nueve mil millones o más; y el surgimiento de una ideología hegemónica que exalta el pensamiento a corto plazo e ignora el verdadero coste y las consecuencias a largo plazo de las decisiones que estamos tomando en la industria, la política energética, la agricultura, la actividad forestal y la política.

Las consecuencias de los desmanes de la humanidad comienzan a observarse a corto plazo: las proyecciones de los estudios actuales predicen la extinción del quince al treinta por ciento de las especies existentes para mediados de siglo. Kolbert combina los trágicos datos que muestran la pérdida de especies con algunas anécdotas divertidas, como la que se refiere a una especie de cuervo hawaiano en extinción. Para proteger esta especie, se trasladó a uno de los pocos machos supervivientes, llamado Kinohi, a un laboratorio de fertilidad en Estados Unidos, donde los biólogos obtienen su semen para inseminar a las pocas hembras que quedan. Todos los intentos para repoblar pequeños grupos de la especie en su lugar natural fueron infructuosos. Esta intervención extrema —casi cómica, tal y como lo cuenta Kolbert— y altamente sofisticada del ser humano con la extraordinaria idea de salvar las especies una a una (ejemplar a ejemplar), por más admirable que pueda parecernos, no parece ser la manera más eficaz de evitar la sexta extinción.

Según Kolbert, hay tres factores que llevarán a la desaparición de la mayoría de las especies que viven en los trópicos y la erosión irreversible de la biodiversidad:

- El efecto invernadero debido a la acumulación de gases en la atmósfera.
- La acidificación de los océanos producida por la captura del exceso de CO_2 atmosférico.
- La relocalización de especies.

El punto número uno lo hemos tratado en varios capítulos de este libro y por ello aquí nos centraremos en los otros dos.

El término «acidificación» aplicado a los océanos lo acuñaron Wickett y Caldeira en el año 2003, y se ha hecho muy popular, aunque su uso puede llevar a confusión. El agua del mar es alcalina (es decir, su pH es superior a 7) y la llamada «acidificación» implica un cambio hacia condiciones de pH neutro, lejos aún de una verdadera acidificación (pH menor de 7). A pesar de ello, el vocablo «acidificación» ha dejado de cuestionarse.

Los océanos absorben CO_2 de modo natural, pero Wickett y Caldeira han predicho que la acidificación de los mares en los siglos venideros será mucho mayor que la que se ha dado en los trescientos millones de años precedentes. Esta mayor acidificación se debería al exceso de CO_2 atmosférico y produciría cambios a gran escala y efectos deletéreos duraderos. Este fenómeno, que no está relacionado de manera directa con el calentamiento global, pero que forma parte del espectro de los fenómenos producidos por el cambio climático, puede ocasionar la extinción de muchísimas especies marinas y la destrucción completa de los arrecifes de coral, con la consiguiente desaparición de su numerosa y variada fauna. La acidificación de los océanos, no debemos olvidarlo, desempeñó un papel importante en dos de las cinco extinciones masivas y podría ser un factor esencial en la sexta.

Según vaticina Kolbert, para el año 2050 los océanos serán un 150 % más ácidos que a principios del siglo XIX. Esta acidificación del océano es peligrosa por varias razones:

- Primero, porque privará de nutrición a los animales. Por ejemplo, con el aumento de la acidez, los microbios y el plancton prosperarán en los océanos y consumirán mayor cantidad de nutrientes privando de alimentos a otros organismos más grandes.
- Segundo, porque interferirá con la fotosíntesis marina, lo que será letal para las plantas.
- Tercero, porque destruirá los ecosistemas existentes y los animales cubiertos de calcio, como los moluscos y los corales. La destrucción del calcio impide el creci-

miento de tejidos en estos animales. Kolbert utiliza una analogía para invitarnos a imaginar a los corales y moluscos tratando de construir su casa mientras el CO_2 les quita los ladrillos.

Como hemos mencionado, un ecosistema extraordinariamente vulnerable a la acidificación y a otros factores del cambio climático son los arrecifes de coral. Estas construcciones se erosionan de forma grave cuando el CO_2 aumenta en el agua circundante. Los expertos predicen que los corales comenzarán a desaparecer a mitad de este siglo. En un viaje al fantástico acuario de Galveston en el año 2021, visité un laboratorio en el que se intentaban descubrir estrategias para proteger a los corales de una muerte anunciada. Como con el cuervo hawaiano, este programa es admirable, pero, por desgracia, poco eficaz: o se revierte la acidificación o los corales desaparecerán. No hay otra. Kolbert explica que los corales sufrieron extinciones en el pasado y que volvieron a resurgir cuando las condiciones ambientales cambiaron. El Antropoceno no tiene un origen natural. Si seguimos abusando de los combustibles fósiles, los corales podrían desaparecer para siempre o volver a aparecer una vez que la civilización haya cometido su propio ecocidio.

Sobre el tercer factor que según Kolbert nos llevará a la sexta extinción, la relocalización de especies, la periodista se lamenta de que la humanidad haya convertido la Tierra en una nueva Pangea, el supercontinente que a finales de la era Paleozoica agrupaba la mayor parte de las tierras emergidas. Ya no hay barreras naturales para el ser humano. Podemos llegar a cualquier rincón del mundo. Y las especies han acabado viajando involuntariamente a lugares situados muy lejos de sus hábitats naturales y de sus zonas geográficas originales.

Darwin argumentó que, a todos los efectos, la mayoría de

los animales no pueden viajar largas distancias. La idea de selección natural de Darwin asumía la existencia de ambientes aislados con barreras naturales como montañas, ríos y mares. Pocos animales pueden viajar de América a África, y eso preserva las especies y su diversidad. En este momento, sin embargo, muchas especies de animales han sido «sembradas» en diversas regiones del mundo por el ser humano. Es notable, por ejemplo, el problema que tienen en Florida con las grandes serpientes como pitones y anacondas. En Miami, donde tener una serpiente gigante en casa no está prohibido, las tiendas de animales exóticos las importaban por decenas de millares, y los dueños, una vez que se cansaban de ellas o no podían mantenerlas o cambiaban de domicilio, las liberaban en los pantanos. En estos lugares las serpientes han alterado el ecosistema y se han convertido en un peligro para el ser humano, por lo que las autoridades tienen planes para la captura y extracción de estos enormes reptiles. Viajamos a todos los continentes y dentro de cada uno por tierra, mar y aire, y transportamos con nosotros animales y plantas. Esta dispersión de las especies es única en la historia. Y, por desgracia, no está exenta de consecuencias.

Kolbert cuenta en *La sexta extinción* que cerca de su casa, en Nueva York, un hongo está acabando con los murciélagos. Mientras observaban la hibernación de estos animales, un grupo de biólogos descubrió miles de murciélagos muertos. Los cadáveres tenían el hocico cubierto de una sustancia blanca. Al año siguiente, los científicos volvieron a encontrar murciélagos recién muertos cubiertos de la misma sustancia blanca. El análisis del polvo blanco demostró que se trataba de un hongo, *Pseudogymnoascus destructans*, un parásito mortal para los murciélagos.

Las esporas de este hongo pueden permanecer activas durante mucho tiempo en superficies como ropa, zapatos y equipo para actividades al aire libre, por lo que, aunque las personas no contraen el síndrome de la nariz blanca, sí pueden transportar el hongo de un lugar a otro, y esta es, con toda probabilidad, la forma en que el hongo, que podría provenir de Europa, encontró su camino hacia América del Norte y continúa ahora propagándose con rapidez por Estados Unidos y Canadá, sobre todo a través del contacto entre murciélagos.

La mayoría de las veces, una especie que se mueve fuera de su ecosistema desaparece al no tener tiempo para adaptarse a un nuevo entorno. Sin embargo, si se adapta y se extiende a otros ecosistemas vecinos —debido a que no tiene rivales para competir por los recursos o a la carencia de depredadores—, puede multiplicarse sin control y causar la destrucción de especies autóctonas. Esto ha ocurrido con el hongo blanco que mató a los murciélagos en Nueva York, un ejemplo de lo peligroso que puede ser un nuevo patógeno. Porque si los animales se extienden con facilidad, los microbios patógenos lo hacen con mucha más eficacia y rapidez.

Ahora mismo, en cualquier rincón de la Tierra pueden verse especies de plantas o animales introducidas por el ser humano. Las especies invasoras llenan las bases de datos de todo el mundo. En la nueva Pangea, gracias al ser humano, las serpientes vuelan, las ratas navegan y los virus viajan en tren.

La sexta extinción ya ha comenzado. Los expertos calculan que el 0,1 % de las especies se extingue cada año. Es decir, que si hay cien millones de especies diferentes que coexisten con nosotros en nuestro planeta, entre diez mil y cien mil especies desaparecen con cada vuelta que la Tierra da alrededor del Sol.

No cabe duda de que el hombre desempeña un papel importante en esta extinción. En *The Vanishing Face of Gaia: A Final Warning*, James Lovelock advierte que la humanidad es la infección de la Tierra y que se comporta como un hongo letal para la biodiversidad. Para Lovelock, el planeta no está en peligro, pero la humanidad sí. Y le preocupa el crecimiento desaforado de los humanos. Para él la Tierra es un organismo vivo y, como tal, su sistema inmune nos destruirá, igual que nuestro cuerpo elimina un virus. Así lo explica Lovelock (traduzco del inglés):

> Los seres humanos sufren en ocasiones una enfermedad llamada «policitemia», una superpoblación de glóbulos rojos. Por analogía, la enfermedad de Gaia podría llamarse «poliantroponemia», y con ella el supercrecimiento de los seres humanos en la Tierra acaba haciendo más daño que otra cosa.

Y lo peor es que el autor de *Gaia* no es muy optimista en cuanto a las soluciones posibles:

> No hay nada que los humanos puedan hacer para revertir el proceso; el planeta está simplemente demasiado superpoblado para detener su propia destrucción por los gases de efecto invernadero. Para sobrevivir, la humanidad debe comenzar ya a prepararse para la vida en un planeta cuyas condiciones cambiarán de manera radical.

Adaptarse a lo peor, suponiendo que sea posible, o extinguirse en el intento. No queda otra. Esa es su predicción y la de muchos otros expertos. Una visión demasiado negativa, catastrófica, que no ayuda a que nos enfrentemos al problema, que no nos insta a intentar frenar el cambio climático.

La historia de la Tierra se divide en intervalos de tiempo geológico. Aunque estos periodos se establecen de manera artificial basándose en los fósiles y en los estratos geológicos, con el progreso de la civilización y el control que esta tiene ahora de la biosfera estamos introduciendo nuevos criterios para tener en cuenta en esta clasificación. Así que, aunque de acuerdo con la escala geológica estaríamos viviendo en el Holoceno, una era tranquila desde el punto de vista del clima y que comenzó al final de la última Edad de Hielo, algunos científicos y muchos ecologistas argumentan que ya hemos entrado en otro periodo distinto y que comenzó no hace muchas décadas. Y a esta nueva época geológica la llaman «Antropoceno».

«Antropoceno» no es un término aceptado por todos. Lo propuso Paul Crutzen en un artículo titulado «La geología de la humanidad» (*Geology of mankind*), publicado en la revista británica de ciencia *Nature* en el año 2002. Este vocablo quiere definir este momento de la historia de la Tierra en el que el ser humano (*antropo*) ha comenzado a desempeñar un papel en el cambio de clima. Nosotros causamos el cambio; nosotros causamos el clima. Crutzen lo presenta así:

> Parece apropiado asignar el término «Antropoceno» a la época geológica presente, en muchos sentidos dominada por los humanos, que complementa al Holoceno, el periodo templado de los últimos 10-12 milenios.

¿Y cuándo el Holoceno dio paso al Antropoceno? Para Crutzen, el Antropoceno comienza con la Revolución industrial:

> El Antropoceno comenzó a finales del siglo XVIII, cuando los análisis del aire atrapado en el hielo polar mostraron el comienzo de concentraciones globales crecientes de dióxido de carbono y metano. Esta fecha también coincide con el diseño de James Watt de la máquina de vapor, en 1784.

El Holoceno no explicaría las modificaciones drásticas que la Tierra está sufriendo en estos momentos a manos de la humanidad. Dice Crutzen:

> Aproximadamente el 30-50 % de la superficie terrestre del planeta está siendo explotada por el ser humano. Las selvas tropicales desaparecen a un ritmo rápido liberando dióxido de carbono y aumentando considerablemente la extinción de especies. La construcción de presas y la desviación de ríos se han convertido en algo común. Más de la mitad de toda el agua dulce accesible la utiliza la humanidad.

¿Hay alguna solución para este problema, para esta caída al abismo de la humanidad? El autor, como ocurría con Lovelock, es pesimista al respecto, dada la complejidad del problema y lo sofisticado de ciertas posibles soluciones:

> Requerirá un comportamiento humano apropiado a todos los niveles, y bien puede involucrar proyectos de geoingeniería a gran escala aceptados internacionalmente para, por ejemplo, «optimizar» el clima.

Parece lógico pensar que el Antropoceno pudo haber comenzado con la Revolución industrial, pero otros autores proponen un inicio mucho más reciente. Para ellos, la humanidad se hace cargo del clima en el momento en que genera la energía nuclear y las bombas atómicas, y por ello indican el año 1945 como el comienzo del Antropoceno. De alguna manera, este Antropoceno estaría caracterizado por el potencial del ser humano para autodestruirse, ya sea a través de guerras con armas nucleares, de la aceleración del calentamiento global o de una combinación de ambas. Otros grupos han propuesto el año

1950, cuando se cree que se disparó el uso universal de combustibles fósiles, la actividad humana que más ha influido en el cambio climático. Sea cuando sea, parece que estaríamos viviendo una época de cambios medioambientales que nos separaría del Holoceno. Podemos debatir cuándo comenzó el Antropoceno, pero si aceptamos su existencia, entonces no hay duda: el Antropoceno podría ser muy posiblemente la última época geológica del planeta para muchos organismos vivos, incluyendo quizá al ser humano.

En trabajos muy anteriores, otros pensadores y científicos se preocuparon por el papel que la humanidad podría jugar en la destrucción del planeta. Uno de los tratados más influyentes sobre este tema lo escribió George Perkins Marsh, coetáneo de Charles Darwin, y se titula *Man and Nature*, publicado por primera vez en 1864.

En este ensayo, Marsh criticó un pensamiento predominante en la sociedad americana y británica: el hombre es bueno para la naturaleza. Argumentó que algunas civilizaciones mediterráneas de la Antigüedad podrían haber provocado su propia destrucción debido a sus abusos sobre el medio ambiente local. Entre las actividades que llevaron al ecocidio, el autor destacaba la deforestación y la saturación de las tierras al cultivarlas de manera agresiva y mediante monocultivos. Marsh advirtió que lo mismo podía ocurrir en los países de su tiempo si no cuidaban sus recursos naturales. Este pensador inspiró el nacimiento del conservacionismo, que estaría vinculado de forma directa con las teorías ecologistas modernas, el indigenismo y la filosofía del desarrollo sostenible.

Así pues, por una razón o por otra, como muchas civilizaciones del pasado, la nuestra también estaría abocada al colapso inevitable si seguimos abusando de la naturaleza e intoxicando el medio ambiente. No nos salvará el progreso, nuestro gran logro, como tampoco evitó el colapso de civilizaciones pasadas. Hemos creado un proceso mal llamado «progreso» que acabará eliminándonos.

El progreso de la civilización facilitó la ascensión del *Homo sapiens* al pico de la pirámide de las especies y nos convirtió en la especie dominante. Sin embargo, nuestra proliferación exponencial y nuestro comportamiento de especie invasiva conllevará la futura destrucción de las demás. El uso de los combustibles fósiles nos ha proporcionado la energía suficiente para llevar una vida artificial sin precedentes en nuestro sistema solar, pero las consecuencias han sido nefastas: hemos envenenado el aire, acidificado los océanos y sobrecalentado el planeta. Todo parece haberse desbocado, nos queda menos tiempo que hielo. La sexta extinción ya está en marcha. La humanidad tiene fecha de caducidad.

Desde mi punto de vista personal y particular, y con más de sesenta años vividos y un futuro quizá de cuarenta años de vida por delante (permítanme los lectores ser optimista), quizá pueda llegar a ver el comienzo del fin de la civilización y muera con todos los demás en un planeta convertido en un paraje inhóspito. Espero no vivir, como los personajes de *La carretera*, en conflicto constante con los secuaces de un mundo distópico, triste, oscuro y cruel.

Jugando a un juego nada inocente, dejo de escribir para mirar a mi alrededor y comienzo a contar los objetos que están hechos de plástico o que funcionan con energía producida por los combustibles fósiles: mi teléfono y mi ordenador funcionan solo porque el carbón o el petróleo les proporciona energía, y mi bolígrafo, mi monedero, mis tarjetas de crédito, mi carnet de identidad, mi pasaporte, sillas, mesas, zapatos, lámparas, todos los cables que entran y salen de mi casa, las tuberías, el frigorífico, la cocina, mis discos de vinilo y el tocadiscos *vintage*, todo está hecho en parte o por completo de plástico.

Vivo en una vida de plástico iluminada por el consumo del petróleo. Tengo dos coches en el garaje, que contienen cantidades enormes de plástico y consumen más gasolina de la necesaria para vivir, y mi casa se enfría en verano y se calienta en invierno gracias a los combustibles fósiles. ¿Cómo se podría reemplazar todo esto? Es imposible encontrar sustitutos para todo cuanto nos rodea.

Anochece en Houston. Miro fijamente las teclas del ordenador, un poco iluminadas, y su plástico negro me devuelve la mirada mientras tecleo. Este libro que ahora lees ha sido posible gracias al petróleo. Ese oro negro que contribuirá a que llegue el fin de la civilización como la entendemos. Genio y figura, preferiremos morir que adaptarnos a otro tipo de vida. No es que fuera a ser fácil si quisiéramos intentarlo. Porque nadie en su sano juicio quiere dejar de usar internet, regresar a la era preindustrial, renunciar a hacer viajes intercontinentales y tener como actividad primordial el cultivo de la tierra con las manos. Es imposible adaptarse a ese retroceso. Atrás quedó un mundo inhumano y delante de nosotros tenemos un futuro también inhumano. Moriremos borrachos de carbón y petróleo, construiremos nuestro mausoleo con plástico, cemento y acero.

A un puñado de astrofísicos quizá les consolará pensar que el universo también se muere, que el cosmos tal y como lo entendemos, lleno de luz y color incluso durante la noche terrestre, está acercándose a su desaparición en la tumba más negra que haya existido jamás. ¿Nos aproximamos peligrosamente al final de un ciclo, de «nuestro» ciclo? ¿Qué le pasa a esta civilización? ¿Acaso hará como aquel poeta inglés que profetizó el día de su muerte y la esperó durmiendo?

10

LA POLÍTICA DEL CAMBIO CLIMÁTICO

Bienvenidos a un nuevo tipo de tensión.

GREEN DAY,
American Idiot

Nunca ha existido una amenaza mayor para los
derechos humanos que la crisis climática.

MICHELLE BACHELET,
alta comisionada para los Derechos
Humanos de Naciones Unidas

Aquí, las ideas. En este libro solo ideas. La mayoría, de otros, como tiene que ser, y alguna mía. Pero no ideologías. Muchas ideas y poca ideología. No pertenezco a ningún partido político. No cobro de ninguna empresa vinculada al cambio climático. No tengo pleitos con ninguna compañía implicada en verter basura a la tierra, el mar o el aire. Mi ambición en este tema, como la de cualquier persona responsable, es mover pieza. Hay que evitar la aceleración del calentamiento global. Es tarea de todos y este libro es mi granito de arena. Un libro con muchos datos y más ideas, pero sin ideología. O mejor dicho, sin anclajes con el poder ni con la oposición. No soy verde ni azul ni rojo ni amarillo. Soy libre. Y desde mi independencia ideológica e intelectual, que defiendo con toda mi energía, escribo este libro. Y esta es la declaración de mi credo político: toda persona, viva donde viva en nuestro paraíso azul, tiene derecho a una tierra limpia, a un agua limpia y a un aire limpio; y los Gobiernos del mundo tienen la obligación de proteger este derecho con todos los medios a su alcance. La crisis climática es el problema, y una sociedad más justa ha de ser el resultado final de todas las operaciones que se acometan para solucionarla. Con esto por delante, hablemos de política sin ambages.

Como decía, atajar la crisis climática debería servirnos para atajar los grandes problemas sociales y políticos del mundo. Lo explica bien Paul Hawken, activista del medio ambiente, empresario y escritor, en *Regeneration* (traduzco el inglés):

> Las necesidades de las personas y los sistemas vivos se presentan a menudo como prioridades contradictorias —biodiversidad *versus* pobreza o bosques *versus* hambre— cuando en realidad los destinos de la sociedad humana y el mundo natural están inseparablemente entrelazados, si no son idénticos. La justicia social no es un espectáculo secundario a la emergencia. La injusticia es la causa. [...] Revertir la crisis climática es un resultado. Regenerar la seguridad y el bienestar humanos, la vida en la naturaleza y la justicia es el propósito.

Como la bióloga Camille Parmesan,[40] profesora de la Universidad de Austin, en Texas, dijo una vez: «A los políticos les pediría que antes de tomar cualquier decisión tuvieran en cuenta el cambio climático». Esta es la misión que deberían tener los Gobiernos. Pero no es así. Desengañémonos. En esto del cambio climático el mejor Gobierno es un gánster, un delincuente, un ente hipócrita que niega la existencia de las chimeneas que humean por doquier, en nuestro barrio, en los polígonos industriales, en medio del campo. Los Gobiernos del llamado primer mundo son responsables políticos del cambio climático y los principales apoyos de las industrias de combustibles fósiles. Más que lobos con piel de cordero, son la mano negra que ensucia un cielo que no les pertenece. Su defensa hasta hace bien poco: negar el cambio climático. Su defensa actual: existe el cambio climático, pero no existe una crisis climática. No hay peligro inmediato. Y si lo hubiese, no tendríamos ninguna alternativa. Sigan ustedes con su vida, no se preocupen de esto; si ocurriese algo, ya avisaríamos. Y el caso es que el cambio climático debería estar en el centro de su agenda como una de las grandes prioridades de su misión.

Las pruebas que señalaban la existencia del cambio climático y los peligros que este conllevaba para la humanidad justificaron que en 1988 se formase uno de los mayores equipos de científicos, distribuidos por todo el planeta, para estudiarlo. Se trataba del IPCC o Grupo Intergubernamental de Expertos sobre el Cambio Climático. El IPCC lo fundaron dos organizaciones de la ONU, la PNUMA, centrada en el medio ambiente y

40. Camille Parmesan nació en Houston en 1961 y es una de las primeras científicas que conectaron el cambio climático con cambios en la distribución geográfica de los animales tomando como ejemplo un tipo de mariposas. Su artículo más influyente se publicó en la revista *Nature* en el 2003 y lleva por título: «Una huella coherente a nivel global de los impactos del cambio climático» (*A globally coherent fingerprint of climate change impacts*).

la World Meteorological Organization (Organización Meteorológica Mundial). El IPCC no hace investigación *per se*, sino que examina los datos publicados por miles de científicos, estudia sus trabajos, hace un inventario de las pruebas, las analiza y prepara un informe para la ONU, los Gobiernos y las organizaciones interesadas en el medio ambiente y el cambio climático.

El IPCC tiene tres grupos principales que responden a su tríada de objetivos principales:

- El grupo I evalúa la ciencia física sobre el cambio climático.
- El grupo II evalúa la vulnerabilidad de los sistemas socioeconómicos frente al cambio climático, las posibles consecuencias y las opciones de adaptación.
- El grupo III se centra en la mitigación del cambio climático, la evaluación de métodos para reducir las emisiones de gases de efecto invernadero y también la eliminación de estos de la atmósfera.

Así que, de alguna manera, los Gobiernos llevan recibiendo información sobre la ciencia del cambio climático desde los años noventa, y por ello resulta increíble que algunos mandatarios, que conocen todos los detalles, todavía nieguen que saben del problema. Mientras escribo este párrafo, el nuevo primer ministro de Japón va a tomar posesión del cargo y ha hecho público que creerá en el cambio climático cuando la ciencia demuestre que existe. ¿No ha oído hablar del IPCC? Es imposible que no tenga la información, pero es una información que no le gusta, porque lo obligaría a actuar y no quiere hacerlo. Esta es la hipocresía a la que me refiero. El político japonés juega a que no existen datos porque no le interesa tomar medidas contra su industria contaminante, y habrá recibido de inmediato el aplauso de sus empresarios, sobre todo los del sector energético. El político niega los datos; pero no los niega por ignorancia, sino sabiendo a la perfección cuál es la situación de la atmósfera en este momento y cuál es la responsabilidad de su país en el mantenimiento de la aceleración del cambio climático. En esto del cambio climático, muchos Gobiernos piensan: ¡que descarbonicen ellos!

Al mismo tiempo que Japón cambiaba de jefe de Gobierno, en España se debatía la ampliación del aeropuerto de Barcelona. Esa ampliación daría a Barcelona más prestaciones para el turista y conseguiría que fuese una ciudad más cara y menos habitable, pero estos aspectos ni siquiera parecían tenerse en cuenta. No aparecían en las noticias. De pronto, un grupo político que formaba parte del Gobierno arrojó luz sobre dos problemas: uno, la ampliación sería contraria a la política de lucha contra el cambio climático, y dos, destruiría una reserva natural cercana al aeropuerto que estaba protegida por ley. Estos dos motivos han frenado la ampliación del aeropuerto de Barcelona, pero ¿por cuánto tiempo? Porque no hay duda de que los poderes fácticos económicos conseguirán salvar los dos obstáculos. La ampliación del aeropuerto se llevará a cabo, caiga quien caiga, porque es bueno para el negocio. Y el espectáculo del dinero —plástico envenenado— ha de continuar.

Es también un buen negocio destruir las selvas, incluyendo las amazónicas. Lo hacen los particulares. Empresarios, pioneros, gentes de bien. Y tienen el apoyo de los Gobiernos, porque hay que ayudar al progreso. En Ecuador, Nemonte Nenquimo, una activista indígena de la nación Huaorani, denunció al Gobierno ecuatoriano para evitar que se destruyeran medio millón de acres de selva amazónica. Ganó el pleito. Y ahora el Gobierno deberá proteger esa selva, que es tan necesaria para los pueblos indígenas a los que pertenece Nemonte como para absorber el CO_2 de la atmósfera. Pero es solo una excepción. No, no hay apoyo de los Gobiernos para frenar el cambio climático. Ya se oyen las voces reaccionarias y mal intencionadas: «El indigenismo es el nuevo comunismo». Pero no lo es. Y no podrán desacreditarlo tan fácilmente.

Los informes del IPCC, uno tras otro, han concluido que el cambio climático existe, que se debe al efecto invernadero y que está causado por el ser humano. De hecho, las emisiones de CO_2, como recogimos en otros capítulos, comenzaron a aumentar de manera notable después de la Segunda Guerra Mundial. En los años cincuenta, la Tierra ya mandaba al aire dos mil millones de toneladas de CO_2 al año. Parece mucho, pero ahora mismo los miles de millones de toneladas se han multiplicado por cuatro. Y una de las peores noticias para nosotros como especie es que en la década de los setenta superamos el punto crítico en el que la atmósfera podía autopurificarse y eliminar por sí sola todo el de CO_2 que le echábamos encima. Los gases de efecto invernadero, incluyendo este exceso de CO_2 no regulable por las fuerzas de la naturaleza, son los causantes del problema.

Escribo estas palabras la mañana del domingo 31 de octubre del año 2021, día en el que se inaugura la COP26. La COP26 se llama así porque es la vigesimosexta cumbre sobre el cambio climático. Esta vez se celebra en Glasgow, Escocia, y durará quince días. Dos semanas que aportarán reflexiones y datos que resultarán muy oportunos a este científico empeñado en escribir un libro sobre el cambio climático. Un planeta en llamas reemplazará el aluvión de noticias (la llamada «infodemia») sobre la COVID-19 con la que hemos sido bombardeados a diario durante los últimos tres años.

La COP26 es importante, cómo podría no serlo, pero muchas de las propuestas se han quedado en agua de borrajas.

Como dijimos en otros capítulos, ni el Protocolo de Kioto —salvado *in extremis* por Al Gore— ni el Acuerdo de París han sido vinculantes para los países con las economías más fuertes, para aquellos Gobiernos que contaminan más la tierra y el aire, que llenan de plástico los mares y acidifican los océanos. Para ellos estos congresos son simplemente signos de buena voluntad en los que todo es pose y en los que nadie se dignará mover un dedo. Una cosa buena: decidieron marcar la fecha de caducidad de los coches de gasolina y diésel. Ese es uno de los problemas más fáciles de resolver, porque la tecnología de los coches eléctricos ya está al alcance de muchos países y porque hace ya tiempo que se ha aceptado que el mercado se movería en esa dirección.

El planeta está calentándose por la inacción de los Gobiernos frente al vertido de basura gaseosa a la atmósfera. El planeta sufre una enfermedad respiratoria crónica. Los derrotistas, y algunos sembradores de dudas, insinúan que quizá hemos pasado el punto de inflexión y que ahora el calentamiento global progresivo y los desastres que este produce son inevitables. Dicen que no hay marcha atrás. Pero la ciencia nos permite ir más allá de las intuiciones. Ahora mismo es posible interrogar a los superordenadores y a los satélites sobre el presente y el futuro del planeta. En ambos casos, los modelos proyectados predicen que más CO_2 equivale a un aumento progresivo de la temperatura del planeta. Pero también deducen que una disminución de los vertidos de los gases de efecto invernadero a la atmósfera puede enlentecer o frenar por completo la aceleración del cambio climático. La humanidad, para bien o para mal, es el clima. Nosotros lo hemos estropeado y nosotros podemos y debemos arreglarlo.

Pero ¿cómo? Solo el dos por ciento de los presupuestos de los Gobiernos se usan en este momento para generar energía limpia. Los países siguen ignorando, a sabiendas, la urgencia del problema y no tratan la aceleración del cambio climático como lo que es: una crisis. La crisis del clima. Y una crisis ha de resolverse con medidas firmes, urgentes y al más alto nivel. Justo como se ha hecho con la pandemia en muchos países del primer mundo. Durante la COVID-19, el Gobierno español, consciente del problema, tomó medidas en colaboración con la oposición para detener/controlar la pandemia mediante la administración rápida y generalizada de una vacuna eficaz. Por desgracia, ese patrón de comportamiento no existe frente a la crisis climática. El Gobierno español, como los demás, sigue durmiendo la siesta en una hamaca tendida sobre el abismo.

Uno de los argumentos que esgrimen algunos Gobiernos es que abandonar los combustibles fósiles sale demasiado caro; explican que sus ciudadanos no podrían permitírselo; lamentan que hacerlo pondría a su nación en desventaja económica frente al resto de los países. Y hay que reconocer que algo de razón tienen. Pero no nos dicen que saldrá mucho más caro intentar arreglar los desperfectos causados a la larga por el cambio climático que tratar de atajarlo ahora, antes de que el planeta se nos ponga en contra del todo y los ciudadanos sufran tragedias a muchos niveles, desde el económico y el social al de la salud.

Otros Gobiernos afirman que no es posible generar la energía que necesita un país solo con energías limpias. Pero no explican que eso es así porque mientras hay subsidios para el carbón y el petróleo, no los hay, o son muy inferiores, para las energías limpias. Por supuesto que hay que generar políticas que permitan que las energías renovables puedan competir de modo justo con los combustibles fósiles en la economía de mercado; si no, nunca podrán reemplazarlas. El Gobierno ha de equilibrar la pugna entre las diferentes fuentes de energía. Para eso está ahí, para mediar la transición y agilizarla.

También está el problema de la falta de popularidad de las medidas verdes. Algunos Gobiernos saben, y hay políticos que han perdido sus puestos precisamente por eso, que hablar del cambio climático es impopular, que una opinión pública manejada por las grandes corporaciones se pondría en su contra de forma radical, que a los grupos que intenten apoyar medidas para resolver la crisis climática se los silenciará e incluso se los separará de la vida pública. En ese sentido, los ataques de los medios de comunicación contra los portavoces de la crisis del clima en ciertos países son evidentes, diarios, potentes, violentos y desmoralizadores. Donald Trump llegó incluso a atacar directamente a Greta Thunberg, una niña en aquel momento, usando su cuenta de Twitter, que tenía millones de seguidores. Un presidente ridiculizando a una adolescente, paciente con asperger y que nunca ha usado la violencia para defender sus posiciones solo porque hablaba de la crisis climática. Como hemos mencionado en varios capítulos de este libro, las acusaciones y los ataques contra periodistas y científicos (y sus familias) defensores de medidas contra el cambio climático pueden ser muy duros y van desde la censura de sus comunicaciones a las amenazas de muerte.

Los enemigos de la protección del medio ambiente no tienen por qué ser políticos. Pueden pertenecer a grupos de intereses económicos variados, así que no siempre forman parte de grupos de presión relacionados con los combustibles fósiles. En algunos casos, por ejemplo, tienen intereses en la tala de bosques, y en otros, en proteger los pastos para el ganado. Uno de los mejores ejemplos de cómo estos grupos de presión silencian a los activistas estaría representado por la biografía de Chico Mendes. Mendes nació en Brasil cuarenta y cuatro años antes de que lo asesinaran. Él fue de los primeros activistas que intentaron salvar la selva brasileña. Quería que los vecinos del lugar gestionaran los bosques y los explotaran de manera sostenible. Los ganaderos, que necesitaban extender los pastos para el ganado, veían en esa política una amenaza para su modo de vida. Y uno de ellos disparó a Mendes y lo mató. Ser un activista ecológico, o simplemente defender la existencia del cambio climático y denunciar sus causas, ha sido, y sigue siendo, un negocio peligroso. Y por ello algunos políticos evitan confrontar a los causantes de la crisis en público.

La censura o la amenaza ganan batallas, pero no pueden ganar la guerra. Porque es la verdad lo que nos hará libres. La mejor manera de promover un cambio es entender y aceptar cuál es la verdad. Después de ello es difícil no volverse activista, campeón de la causa por el clima, y de no tratar de influir en los Gobiernos locales y nacionales. Tenemos derecho al aire limpio, al agua limpia y a la tierra sin contaminantes. Un clima que favorezca la vida es uno de los derechos humanos más esenciales.

Y la verdad es que la humanidad ha llegado a una disyuntiva decisiva para su existencia, porque seguir consumiendo combustibles fósiles acabará con nuestra especie, pero tampoco se pueden abandonar los combustibles fósiles sin cambiar las fuentes de energía, el sistema económico y sin una aplicación global de la justicia del clima. Es lo que tiene la política del clima: es compleja y con múltiples facetas. De hecho, hay muchos que defienden la idea, en mi opinión radical y revolucionaria, de que nada podrá hacerse si no acabamos con la pobreza en el mundo. Justicia climática. Esta justicia implica que los países desarrollados deberían aumentar la partida presupuestaria que se dedica a mitigar o revertir el cambio climático para proteger a los países pobres, que son los que más sufren los efectos de este, de un futuro desastroso. Es la única manera de evitar problemas a la larga en sus propios países.

La revolución del cambio climático no ha hecho más que empezar y sus líderes son muy jóvenes: algunos no han alcanzado la mayoría de edad y sin embrago se han ganado ya una autoridad moral y social. Incluso han sido nominados para el Premio Nobel de la Paz. Esto se debe a que el problema del cambio climático no se limita a una sola generación. Estamos hablando de ética intergeneracional: las generaciones presentes tienen la responsabilidad de salvaguardar la vida para los que vendrán después. No podemos llegar a la situación extrema de que desaparezca todo lo que pertenecía a una generación, que tenía la responsabilidad de cuidarlo y el honor de gestionarlo.

La revolución es necesaria porque el cambio climático supone una amenaza existencial para la especie humana. Cuando los jóvenes de hoy lleguen a controlar la administración del mundo, esta revolución será imparable, pero debería estar ya en marcha o corremos el riesgo de agotar la ventana de tiempo durante la cual revertir o detener el proceso es aún posible. El tiempo es un gran antagonista y por eso la idea de crisis debería extenderse a todos los países del mundo, a todos los Gobiernos, hoy mismo. No podemos pasar de este tema y seguir adelante con nuestra vida como si no pasase nada, como si las siguientes generaciones tuviesen el futuro asegurado. No podemos esperar a que Greta envejezca.

El Estado nunca se ha quedado indiferente frente a los pensadores y las ideas que cuestionan sus actividades. Shih Huang Ti, famoso por construir la muralla china, ordenó la destrucción de todos los libros que se publicaron antes de que tomase el poder (y a los que trataron de esconder algún volumen los condenó a trabajar en la muralla). El Vaticano incluye libros en su lista negra, Hitler ordenó la quema de libros judíos y otros países, incluyendo la Unión Soviética, quemaron libros «decadentes», y en Estados Unidos el senador McCarthy apoyó la quema de libros comunistas.

Antes hablábamos de Donald Trump, el hombre más poderoso del mundo cuando ocupaba la Casa Blanca, y por tanto hemos de reconocer que hay fuerzas tremendas, con un poder brutal, que se oponen a la revolución. Los políticos y organizaciones internacionales que defienden el *statu quo* son los más influyentes del mundo. De sobra saben qué quieren los jóvenes, de sobra saben que los activistas medioambientales tienen razón, pero les importa más seguir llenándose los bolsillos con petrodólares que cambiar. La sociedad de consumo y el sistema capitalista radical también se oponen al cambio. Y esos poderes actúan, no se quedan con los brazos cruzados frente a aquellos que defienden la verdad, frente a aquellos que explican lo que está pasando en la Tierra ahora mismo. Muchos de ellos han recibido amenazas de muerte, otros han sido censurados o apartados de sus trabajos, algunos han sufrido falsas acusaciones dirigidas a conseguir el descrédito social. A Rachel Carson, la autora de *Primavera silenciosa*, la acusó de comunista (una acusación muy grave en aquellas décadas y todavía hoy) una secretaria de agricultura del Gobierno de Estados Unidos. El alucinante razonamiento fue el siguiente: tratándose de una mujer atractiva, el hecho de que no esté casada indica que es comunista.

Mercaderes de la duda, de Naomi Oreskes y Erik M. Conway, es una extraordinaria denuncia, un desenmascaramiento, mejor dicho, de un grupo de políticos, científicos y sectores de propaganda y presión que trabajan sin descanso para silenciar los argumentos que demuestran la existencia de la crisis climática. Estos autores diseñan campañas superinteligentes de desinformación para avivar el miedo a las consecuencias económicas de cualquier acción dirigida a frenar la aceleración del cambio climático. Al mismo tiempo, los mercaderes de la duda tratan de mantener vivo y universal un debate falso sobre la existencia o no del calentamiento global y sobre sus causas. Se trata, como es obvio, de un debate imaginario, porque existe consenso científico sobre la existencia del cambio climático y sobre que los humanos somos su causa.

¿Por qué se comportan así? Temen que al conocerse la verdad los ciudadanos presionen a los Gobiernos a actuar en consecuencia. Los autores de *Los mercaderes de la duda* explican con claridad que las mismas nocivas estrategias de desinformación se usaron en los años setenta para evitar que se prohibiese el consumo de tabaco. Por aquel entonces, la conexión entre fumar y cáncer era ya obvia entre los médicos y los científicos, pero la industria contraatacó fomentando dudas sobre la exactitud de la ciencia o sobre el consenso entre los científicos sobre los perjuicios para la salud ocasionados por el tabaco. Este mismo tipo de campañas se han lanzado en las últimas décadas para desmentir que las emisiones de gases de efecto invernadero, producidas por la civilización, producen la aceleración del cambio climático. Es aterrador descubrir que algunas de las empresas de comunicación y relaciones públicas que han diseñado estas estrategias de desinformación y propaganda contra el cambio climático y a favor de las multinacionales del petróleo tienen en sus filas a los mismos profesionales que sembraron dudas sobre los efectos nocivos de los cigarrillos. Entre sus portavoces se encuentran los científicos a nómina de las empresas de combustibles fósiles.

Las campañas generan falsos informes que recogen las posibles dudas de algunos científicos sobre la existencia del calentamiento global. Los mensajes los presentan grupos de opinión en teoría independientes que en realidad pertenecen a la industria, y supuestos expertos que oscurecen las teorías de los científicos.

Esto se complementa con la persecución directa del científico que habla del cambio climático, al que atacan a nivel profesional y personal. Hay una campaña de descrédito, de censura, de negar fondos a científicos que han estudiado el calentamiento global y que proponen que la solución es el abandono de los combustibles fósiles. Campañas que intentan destruir la imagen y el trabajo del mensajero de la verdad. Estos grupos, por ejemplo, persiguen a Greta Thunberg, a quien acusan de estar comprada por George Soros o de tener una industria detrás que la está usando para su propio beneficio.

Naomi Oreskes, uno de los autores de *Mercaderes de la duda*, en una entrevista concedida a la cadena de radio pública americana, NPR, explicó la estrategia de estos grupos de desinformación:

> Nada de esto tiene que ver con la ciencia. Es un debate político sobre el papel del Gobierno. En los medios de comunicación aparecen portavoces que explican que ven a los ambientalistas como comunistas progresistas. Los ven como rojos escondidos debajo de la cama. Los llaman «sandías»: «Verdes por fuera, rojos por dentro». Y les preocupa que la regulación ambiental sea una pendiente resbaladiza hacia el socialismo.

«Comunismo», «socialismo», son palabras extraordinariamente fuertes en Estados Unidos. Identificar a una persona como comunista aún en este momento consigue que al menos la mitad de la población se le ponga en contra sin meditar más sobre ello. Una de las frases favoritas de los mercaderes de la duda: quienes afirman que existe una crisis del clima no lo dicen por razones científicas, sino por motivos políticos. Comunistas encubiertos.

Estos científicos, que tienen pocas credenciales profesionales y grandes dotes de comunicación, se acercan de forma constante a los medios, muchas veces en horario de máxima audiencia —algunos medios pertenecen a multimillonarios que tienen grandes inversiones en la industria de la energía—, con verdades a medias o mentiras gigantes. Según ellos son muchas las causas del cambio climático y casi todas naturales, como los volcanes que producen CO_2 o los pantanos que emiten metano. En cualquier caso, su intención siempre es la misma: establecer la idea de que hay divisiones reales entre los principales científicos. «Mire usted —dicen—, en realidad no hay acuerdo entre los científicos».

Los mercaderes han triunfado, al menos por el momento, y el público sigue confundido sobre una serie de descubrimientos científicos clave. No es la primera vez en la historia en que nos encontramos frente a una situación paradójica en la que una ciencia precisa se enfrenta a unos ciudadanos dubitativos y escépticos. Ocurrió con la ciencia que mostraba la organización real del sistema solar y con Darwin, y más recientemente con las vacunas de la COVID-19. Ahora está ocurriendo también con la ciencia del clima.

Otra técnica de los grupos de desinformación consiste en utilizar el tiempo atmosférico como si fuera el clima. Un senador en Estados Unidos exhibió una bola de nieve en el Senado y sugirió que el clima invernal que afectaba a la Costa Este era una prueba irrevocable de que el calentamiento global era un engaño. Este es uno de los trucos más viejos de los mercaderes de la duda. Es un argumento falso. Es algo así como decir que si las acciones de la bolsa bajan hoy implica que el mercado de valores está bajando. Para analizar la trayectoria de la bolsa, y la del clima, hay que trazar un gráfico de lo que ha sucedido en los últimos seis meses o en los últimos cinco años o en décadas.

En fin, hay una serie de afirmaciones que los que buscan crear dudas utilizan con frecuencia:

- Tenemos que aceptar simplemente que no sabemos si el cambio climático está sucediendo o no.
- No hay consenso entre los científicos.
- Quizá algunos científicos lo piensen, pero ese sigue siendo un asunto complicado y la ciencia es todavía más compleja.
- En cualquier caso, antes de llegar a ninguna conclusión necesitamos llevar a cabo más estudios.

Los mercaderes de la duda tienen a su favor que la información falsa no necesita ser coherente para ser efectiva. Y, además, se puede recurrir a las conspiraciones populistas, que siguen siendo muy efectivas: el Gobierno o los científicos o los expertos pretenden privarnos de nuestras libertades; el Gobierno carece de derecho para legislar sobre ese tema.

Existe un documental homónimo basado en el libro, *Los mercaderes de la duda*, y el director, Robert Kenner, hizo pública una conversación que tuvo con uno de esos mercaderes (traduzco del inglés):

> También se trata del clima; ya sabes, tú podrías tomar a James Hansen, el científico climático líder en el mundo, y yo podría tomar a un basurero, y podría hacer que Estados Unidos creyera que el basurero sabe más sobre ciencia que el científico.

Y, como se dice en el documental, crear duda es rentable, porque cada día que se retrasa la acción sobre el cambio climático las multinacionales mantienen sus beneficios estratosféricos un día más.

En fin, *Los mercaderes de la duda*, tanto el libro como el documental, muestran que las grandes corporaciones emplean técnicas de propaganda muy efectivas para contrarrestar los argumentos de la ciencia y que el objetivo es seguir manteniendo el mayor tiempo posible una industria que está acabando con la vida en el planeta.

Una campaña publicitaria lanzada hace una década trató de desviar de forma progresiva la culpabilidad del Gobierno y de la industria en la crisis climática hacia los ciudadanos. Fue una campaña bien hecha y muy difícil de contrarrestar, en la que los objetivos finales quedaban ocultos bajo una propuesta que parecía tener sentido y que daba a cada individuo una herramienta para luchar en persona contra el cambio climático, es decir, para hacer algo por la vida en el planeta. Los jóvenes, más mentalizados y siempre más generosos que los demás, se apuntaron al reciclaje, Greta Thunberg dejó de tomar aviones, muchos se hicieron vegetarianos para evitar la contaminación producida por las granjas de ganado vacuno. Y todo ello para conseguir rebajar, disminuir, la huella de carbono. La famosa huella de carbono se convirtió en una especie de estigma, un termómetro del karma, que todo ciudadano debía llevar bajo la piel. Parecía tener sentido: así puedes saber cuánto colaboras con la humanidad. Sin embargo, ahora sabemos que estas actitudes responden a un truco de las compañías del petróleo. Y en particular a la inteligencia y creatividad de los grupos de comunicación de British Petroleum. En un artículo titulado *La farsa de la huella de carbono* (*The carbon footprint sham*) publicado por Mark Kaufman, el autor informa e indica:

Otra campaña publicitaria ambiental, lanzada tres décadas después, en el año 2000, también ganó un premio publicitario laudatorio, un Gold Effie. La campaña convenció al público estadounidense de que un tipo diferente de contaminación, la producida por el carbono que atrapa el calor, era problema suyo, no de las empresas que perforan profundamente la Tierra y luego venden combustibles fósiles refinados a partir de organismos primitivos descompuestos. British Petroleum, la segunda compañía petrolera no estatal más grande del mundo, con 18.700 gasolineras repartidas por muchos países, contrató a los profesionales de relaciones públicas Ogilvy & Mather para promover la idea de que el cambio climático no es culpa de un gigante petrolero, sino de los individuos.

El periodista nos explica cuál fue el paradójico y sorprendente origen del popular concepto de la terrible y personal huella de carbono:

Es aquí donde British Petroleum, o BP, promovió por primera vez, y rápidamente popularizó, el término «huella de carbono». La empresa presentó su «calculadora de huella de carbono» en 2004 para que cada uno pudiera evaluar cómo su vida diaria —ir a trabajar, comprar comida y viajar— es en gran parte responsable del calentamiento global. Una década y media después, la «huella de carbono» está en todas partes. La Agencia de Protección Ambiental de Estados Unidos tiene una calculadora de carbono. El *New York Times* tiene una guía para reducir la huella de carbono. Mashable publicó una historia en 2019 titulada «Cómo reducir su huella de carbono cuando viaja».

Y, más adelante, el autor del artículo contrapone la responsabilidad individual, todavía necesaria, con la de las compañías de petróleo, máxima y no ética:

> Por supuesto, nadie debería avergonzarse por declarar su intención de «reducir su huella de carbono». Por esto la campaña publicitaria de BP era brillante. El gigante petrolero introdujo el término en nuestro léxico cotidiano. (Y el sentimiento no está totalmente equivocado; algunos esfuerzos personales para luchar por un mundo más limpio sí que importan). Pero ahora existen pruebas de que el término «huella de carbono» siempre fue una farsa y que debe considerarse desde una nueva perspectiva y no de la forma en que una multinacional gigante del petróleo, que hace apenas una década derramó cientos de millones de galones de petróleo en el golfo de México, quiere dimensionar tu impacto climático.

En otras palabras, no es nuestro trabajo acabar con el cambio climático. Carecemos de las herramientas para hacerlo. La huella de carbono, por desgracia, es otro timo más. Y, con él, la industria ha conseguido vender a los ciudadanos, a quienes volvió a pillar desprevenidos, razones para sentirse culpables y para que no se revuelvan contra los auténticos causantes de la crisis. El caso es conseguir que parezca, como expresó John Steinbeck, autor de *Las uvas de la ira*, que «un crimen es algo que cometen otros».

Otro argumento, otra trampa, si se quiere, es afirmar que ya no puede hacerse nada. Que no existe la posibilidad de frenar el cambio climático. Esto ayuda a la inercia de seguir consumiendo combustibles fósiles como lo estamos haciendo en este momento. No hay que permitir que los ciudadanos se desmoralicen por el sentimiento de que ya han sido derrotados. Eso es justo lo que pretenden las propagandas fatalistas.

La Administración Obama intentó subir los impuestos a los combustibles fósiles en Estados Unidos, y ahora lo proponen de nuevo otros activistas del clima, entre ellos Bill Gates. Sin embargo, muchos activistas han tomado posiciones más radicales y afirman que el capitalismo *per se* es el problema (como piensa Naomi Klein). Michael Mann, otro científico del clima, profesor en la Universidad de Penn State, miembro de la Academia de Ciencia Americana y autor de varios libros sobre el cambio climático, escribe en *The new climate war* que los impuestos sobre los beneficios del petróleo y el carbón aportarían una solución práctica al problema haciendo que las energías renovables fueran más rentables. No hay por qué cambiarlo todo ahora. No es necesario llevar a cabo una revolución anticapitalista.

La crisis climática requiere que se tomen medidas en las próximas dos décadas. Subir impuestos a los combustibles fósiles y crear estímulos económicos para las energías renovables es una solución más cercana y posible que una revolución social que lleve a un cambio de la economía del mundo. Según Michael Mann, la economía de libre mercado tiene las herramientas necesarias para combatir la predominancia de los combustibles fósiles. Para él, otro de los problemas es la proposición de soluciones tecnológicas para el cambio climático, que es probable que sean imposibles o que no ataquen las auténticas raíces del problema. Entre ellas estaría la geoingeniería o la tecnología para capturar CO_2 de la atmósfera, que, según él, ni se pueden desarrollar ni serían eficaces. Son, sin más, parte de una falacia: sigamos con los combustibles fósiles; después de todo, la maravillosa tecnología del futuro nos salvará, así que no vamos a ponernos histéricos exigiendo la reducción urgente de las emisiones. Este argumento lo basa todo en unas tecnologías del futuro que no existen y, aún peor, que quizá nunca existan.

Además de quienes niegan la crisis climática porque su existencia atenta contra sus propios intereses, hay intelectuales que encuentran el asunto del cambio climático exagerado y que consideran que llegaremos a solucionarlo utilizando unas cuantas medidas concretas y el sentido común. Uno de estos escépticos es Steven Pinker, profesor de Lingüística del MIT, pensador, humanista y autor de numerosos superventas. Cuando contacté con él para informarlo de que estaba escribiendo este libro y me gustaría hablar sobre este tema con él, me contestó que su visión y opiniones sobre cambio climático estaban expuestas en el capítulo diez de su libro *En defensa de la Ilustración*. Así pues, analizaré aquí ese capítulo (para las citas directas usaré la versión inglesa del libro, *Enlightenment Now!*, y traduciré el texto escogido al español).

Como bien se sabe, el punto de vista de Pinker es que vivimos en el mejor momento de la historia del ser humano: nunca ha habido menos guerras y nunca ha habido mayor y mejor educación y menores cifras de pobreza. Esas afirmaciones están basadas en datos y estadísticas. Pinker, por lo tanto, no parece pensar que la crisis climática vaya a cambiar esta perspectiva ni que la humanidad se esté acercando a una situación límite que vaya a llevar al aumento de los conflictos bélicos y a los grandes desplazamientos de refugiados. Parece querer decirnos que no es la primera vez que se han promulgado profecías apocalípticas similares y que cabría recordar que nunca se cumplieron:

> Una fe ingenua ha llevado repetidamente a profecías de fechas catastróficas que nunca sucedieron. La primera fue la «bomba demográfica», que se desactivó a sí misma [...] El otro

temor de la década de 1970 fue que el mundo se quedaría sin recursos. Pero los recursos simplemente se niegan a agotarse.

Y un poco más adelante, en su libro, Pinker insiste en el tema de la energía:

> Cuando las repetidas predicciones apocalípticas de la escasez de recursos no se confirman, uno tiene que concluir que la humanidad ha escapado milagrosamente de una muerte segura una y otra vez, como un héroe de acción de Hollywood, o que hay un error en el pensamiento que predice una escasez de recursos apocalíptica.

Pinker, que niega que sea optimista y que afirma que sus opiniones están basadas en hechos y análisis profundos, decide ignorar que la población mundial está multiplicándose con rapidez y que si en la época preindustrial había mil millones de ciudadanos, ahora vamos camino de los nueve mil. Y que los combustibles fósiles, sobre todo el petróleo, según afirma la propia industria, están disminuyendo de manera alarmante.

En cuanto a las soluciones que le parecen posibles y eficaces, nos encontramos con dos: aumentar los impuestos sobre la producción de emisiones de CO_2 y apoyar la energía nuclear. Este razonamiento coincide con las estrategias propuestas por Bill Gates y con la línea conservadora de acercamiento al problema: primero se niega la crisis climática, luego se avisa de que hay que hacer algunos cambios y después se asegura que con el apoyo de las centrales nucleares saldremos adelante. Los demás argumentos son propuestas equivocadas de una izquierda cándida, que vuelve con su fatalismo y sus escenarios draconianos.

Es una pena que Pinker piense así. He leído muchos de sus

libros y me he sentido muy próximo a su modo de ver algunas cosas, pero su visión y actitud frente al cambio climático me parece, como mínimo, obsoleta. Lo que dice refleja la manera de pensar de muchos científicos en la década de los setenta. Pero ha llovido mucho desde entonces.

Si Pinker está en un extremo del espectro, en el otro se encuentra Greta Thunberg. En una conferencia TED, Greta ha declarado que padece asperger, un tipo de autismo, trastorno obsesivo-compulsivo y mutismo selectivo, lo que significa, bromeó, que solo habla cuando es necesario hacerlo. Como ocurre ahora con la crisis climática. Para ella, detener las emisiones producidas por los combustibles fósiles es una cuestión de blanco o negro. Como son peligrosas, tenemos que pararlas. Y punto. No hay áreas grises cuando la vida está en juego, concluye esta adolescente. Los países ricos deben bajar las emisiones un quince por ciento cada año. Con esto, según ella, conseguiríamos frenar el cambio climático antes de que la temperatura del planeta alcanzase la subida de dos grados centígrados con respecto a las temperaturas de la era preindustrial.

Para Greta la gran sorpresa es que, siendo el cambio climático el mayor problema de la humanidad de nuestros días, no se hable lo bastante sobre la tragedia que se avecina. Los líderes mundiales no parecen prestar atención al problema. Y también deciden ignorar que estamos en medio de la sexta extinción, con centenares o miles de especies desapareciendo cada semana. Nadie dedica suficiente tiempo a tratar de solucionar la injusticia climática.

Hablamos de justicia climática cuando queremos enfatizar que mientras que los ricos —Gobiernos y personas— son los responsables de la aceleración del cambio climático, son los países pobres de muchas regiones de América Central y del Sur, áreas del sudeste de Asia y zonas subsaharianas de África los que más sufrirán. Para evitar el sufrimiento de los países más pobres, los países ricos deberían reducir la polución a cero durante los próximos diez años. Eso daría tiempo a que los países con economías no desarrolladas mejoraran sus infraestructuras, incluyendo las imprescindibles de educación y sanidad.

«¿Por qué seguimos produciendo emisiones nocivas? —se pregunta Greta—. ¿Somos naturalmente malos? No —responde tras una pausa—. Claro que no —se reafirma». En realidad, lo que ocurre es que muchísima gente no sabe cuánto estamos pagando en términos de clima para mantener nuestra vida como es ahora. Y, sin embargo, no hay titulares en los periódicos ni reuniones de urgencia en los Gobiernos. Nadie parece actuar, piensa Greta, como si estuviésemos viviendo en una crisis. Y dice que si viviese cien años, estaría viva en el año 2103, pero que nadie puede imaginar cómo será la vida en el planeta después del 2050. Lo que hagamos, o no hagamos, ahora no podrá deshacerlo su generación cuando esté a cargo de la economía del planeta. En fin, se trata de una conferencia TED no muy larga y que vale la pena escuchar. Ahí quedan sus palabras y sus emociones; para el recuerdo.

En un corto que filmó junto a George Monbiot, columnista de *The Guardian* y autor de *Feral*, *Age of Consent* y *Out of the Wreckage: a New Politics for an Age of Crisis*, Greta mandó un mensaje al mundo: «Todavía podemos salvar la vida». Para hacerlo, según ella, tenemos que cambiar algunas acciones; no podemos seguir dando mil veces más apoyo económico a los combustibles fósiles que los destinados para proteger y desarrollar ambientes naturales, que podrían prevenir la aceleración del cambio climático.

«Ese es nuestro dinero —nos recuerda Greta en el cortometraje—, son nuestros ahorros y con lo que pagamos los impuestos». El mensaje central es proteger las selvas tropicales, ayudar a recuperar sistemas naturales que han quedado destruidos e intentar que crezcan como en los mejores momentos del pasado. «Es así de simple», advierte Greta. Y nos anima a votar por políticos que quieran salvar la vida en el planeta. Únete a los movimientos que quieren salvar la naturaleza. «Conviértete en activista», nos animan ella y Monbiot.

El cambio climático es tan global y está tan presente en todos los países que debería servir para aunar los programas políticos de todos los partidos. Al fin y al cabo, todos ellos abogan por mejorar el futuro de sus votantes. Si entre los científicos existe un amplio consenso en que hay que cumplir el objetivo del Acuerdo de París y limitar el calentamiento global a un grado y medio centígrado, no sucede lo mismo con los políticos. En Europa, la mayoría de los partidos políticos con aspiraciones reales al poder o que lo ostentan en este momento han aceptado ya que la causa del cambio climático es el consumo de combustibles fósiles. Solo unos pocos partidos populistas se muestran reticentes a aceptar que existe el consenso científico y se oponen a la toma de medidas internacionales para atajar el problema.

En América y Europa los partidos de la derecha radical fingen que existe una histeria, manejada por las élites y los poderosos —esos que quieren vacunarlos a la fuerza y que pretenden prohibirles sus armas— para aplicar medidas con la intención de frenar un cambio climático que no existe. Esas medidas, en cambio, van secretamente dirigidas a privar de libertad a los ciudadanos y a hundir más en la pobreza a los desfavorecidos. Para estos grupos populistas, las medidas contra el calentamiento global son ejemplos de la dictadura socialista que en teoría impone leyes por la fuerza o que, para legislar lo que quiere, atemoriza a la ciudadanía. Como mucho, estos partidos radicales proponen solucionar el cambio climático con medidas locales y se niegan a aceptar medidas propuestas por organizaciones internacionales y rechazan de plano los acuerdos de París. De alguna manera, estos grupos extremos ven el cambio climático como una oportunidad de los poderes extranjeros para mermar la soberanía nacional y rechazan la reducción nacional de emisiones de CO_2 propuestas por la «religión verde». Los partidos nacionalistas, de la derecha radical, insisten, como hacen con otros temas, en transmitir a los ciudadanos la idea de que los expertos, incluidos los científicos que estudian el cambio climático, o no saben lo que dicen o no tienen ningún derecho a decirnos qué tenemos y qué no tenemos que hacer. Este rechazo a los expertos del cambio climático es propio de movimientos ultras en todos los países del mundo y se extiende también a los expertos de la pandemia y en los temas de refugiados. En estos asuntos, a los neofascistas les sobra la inteligencia. Contra el cambio climático vuelve ese grito terrible: muera el conocimiento.

Por encima de movimientos políticos radicales, el problema sigue siendo la élite más rica de los países del mundo. Los Gobiernos de los países ricos, los representados por el grupo G20, constituyen el problema. Estas naciones nunca se han tomado en serio el Acuerdo de París, no quieren regular las emisiones de CO_2. Peor aún, China y Rusia, entre otras, siguen empujando sus industrias hacia el apocalipsis climático. Los países del G20, esa es la realidad, están pagando miles de millones cada año para mantener o incrementar la industria del carbón y el petróleo. Y, mientras tanto, si el cambio climático sigue un curso ininterrumpido, empujará a más de cien millones de personas a la pobreza extrema antes del 2030. Y después de ese año el impacto económico será aún mayor.

En el África subsahariana el aumento de los precios de los

alimentos debido a la merma de las cosechas será el motor principal de la pobreza. Las personas pobres gastan gran parte de su mínimo presupuesto en alimentos, y un pequeño aumento en el precio de estos los sumiría en una miseria profunda. Uno de los objetivos en la lucha contra el cambio climático es, por lo tanto, conseguir una producción agrícola mundial suficiente para evitar que esto suceda. Para conseguirlo no solo hay que producir alimentos, sino hacerlos llegar adonde se necesitan.

En el sur de Asia, donde existen países superpoblados como Bangladés y la India, hay factores intrínsecos que mantienen y aumentan la pobreza, como déficits sanitarios de envergadura, lo que ocasiona la proliferación de enfermedades infecciosas, incluidas las causadas por bacterias intestinales, y los fenómenos atmosféricos extremos, como ciclones e inundaciones. En esas naciones, los ciudadanos que pierden su casa en una inundación o en un ciclón no tienen los medios para recuperarse económicamente de esa pérdida, al menos a corto plazo. Las soluciones a estos problemas requieren frenar el cambio climático y generar y fortalecer una economía más inclusiva, así como garantizar el acceso universal al agua potable y a un sistema sanitario global y gratuito que asegure condiciones saludables de higiene y salud pública. La justicia climática evitaría que muchos países entrasen en bancarrota debido a las fuerzas negativas del Antropoceno y al cambio climático.

El cambio climático incidirá de manera negativa en el progreso de la sociedad y su impacto irá haciéndose cada vez más notable a medida que progrese el siglo. Varios estudios, por ejemplo, han predicho la caída del PIB con la subida de la temperatura del planeta. Uno de ellos, realizado por el Swiss Re Institute, establece el impacto esperado en el PIB mundial para 2050 bajo cuatro escenarios:

- Un descenso del 4 % si se cumplen los objetivos del Acuerdo de París (un aumento menor de 1,5 grados centígrados).
- Una caída del 11 % si solo se ponen en marcha acciones de mitigación (aumento de 2 grados centígrados).
- Un hundimiento del 14 % si solo se toman algunas medidas de mitigación (aumento de 2,6 grados centígrados).
- Un catastrófico descenso del 18 % si no hay medidas de mitigación (aumento de 3,2 grados centígrados).

Para algunos países con economías débiles se pronostican caídas del 25 % del PIB, y para los países más pobres, por ejemplo, en África, podría llegar a caer un 40 %.

El calentamiento global influirá sobre todo en el crecimiento económico a través de daños a las propiedades e infraestructuras, pérdida de productividad, migración masiva y amenazas a la seguridad global. En cuanto a la pérdida de propiedades debido, por ejemplo, a huracanes o incendios extremos, esto podría implicar un breve periodo de interrupción a medida que las personas y empresas reemprendan su actividad en otro lugar; pero, en el peor de los casos, la recuperación podría ser imposible. Y el problema es que el cambio climático tiene un efecto progresivo y que, a medida que avance el siglo y las temperaturas sigan subiendo, los daños que ocasionarían los cambios transitorios acabarían creando desastres económicos permanentes. California y Australia han podido, por ahora, aunque pagando un alto precio, resarcirse de sus fuegos forestales, y Texas, de los daños sufridos por los huracanes, pero un aumento en la frecuencia de estos fenómenos extremos acabará llevando a la bancarrota a muchas regiones de la Tierra. La crisis climática acabará reduciendo el capital social y la productividad de la economía mundial.

Con las olas de climas extremos requeriremos más energía para enfriar nuestro entorno y para calentarlo durante las olas extremas de frío, que irán haciéndose más frecuentes. Aumentará la demanda de energía y, sin embargo, el suministro de combustibles fósiles comenzará a reducirse. Esto llevará a un aumento de los precios de la energía con una repercusión muy negativa en la economía mundial.

El cambio climático también amenaza con la involución social. En estos momentos, el crecimiento de la población no tiene freno y es difícil que los recursos energéticos y la productividad económica puedan crecer al mismo ritmo. La humanidad tendrá que evolucionar de manera irremediable hacia un modelo económico mejor si quiere subsistir. Con el cambio climático la sociedad entrará en un estado de fricción interna, con mayor complejidad, pero sin posibilidad de expansión. La involución estará mediada por una serie de impactos económicos, sociales y ambientales negativos generalizados, y en ocasiones catastróficos, que podrían durar siglos y afectar a todos los países y a miles de millones de personas. Esto podría resultar en el colapso de la sociedad global organizada. Quizá la humanidad no se extinga, pero la civilización se podría colapsar.

Los ejércitos del mundo están preocupados por los efectos que pueda tener el cambio climático sobre sus instalaciones e infraestructuras. En el año 2018, el Congreso de Estados Unidos solicitó al Departamento de Defensa que enviara un informe sobre las «vulnerabilidades de las instalaciones militares resultantes del cambio climático durante los próximos veinte años». El informe reveló que dos tercios de las instalaciones militares que habían participado en la encuesta ya se enfrentaban a riesgos relacionados con el cambio climático, como inundaciones recurrentes, sequías duraderas y riesgo de incendios forestales. En otro informe del Pentágono, este del año 2021, se recoge específicamente que el cambio climático y los fenómenos climáticos extremos forman parte, junto con las pandemias, de las mayores amenazas no tradicionales para el país. El documento señala que es necesario examinar los planes que propone la Marina de Guerra para abordar las amenazas ambientales a sus astilleros. El estudio concluye: «Hay que garantizar que los fenómenos de clima extremos y el cambio climático se tengan en consideración durante el diseño de las instalaciones y las decisiones de inversión».

La inestabilidad social y económica ha provocado en el pasado conflictos bélicos, y estos podrían dispararse durante la crisis climática cuando la escasez de recursos y el desplazamiento masivo de refugiados del clima lleven a los países a competir por lo más básico. Así pues, el cambio climático es un problema de seguridad civil y militar, con impactos potenciales en las misiones, planes operativos e instalaciones de los ejércitos de la mayoría de los Gobiernos. No es una entelequia o historia ficción. No es una predicción sin base. Es un tema muy grave que las grandes potencias ya tienen en cuenta.

En el informe del Pentágono del 2021 se detalla cómo el cambio climático aumentará la inestabilidad geopolítica en el mundo de forma que podría perturbar los intereses nacionales de Estados Unidos, por lo que el Ministerio de Defensa «debe identificar y abordar los riesgos climáticos más graves que enfrenta el entorno de seguridad global» y apoyar la incorporación del análisis de riesgo climático en la simulación de juegos de guerra y en la estrategia de defensa nacional. Una de las zonas geográficas que se perfilan como posibles zonas de conflicto es el Ártico, donde el cambio climático tendrá un efecto enorme. El ingente deshielo hará accesibles reservas de combustibles fósiles que se encuentran en el fondo marino y al mismo tiempo modificará las vías de comunicación del comercio marítimo.

El informe aconseja prepararse para nuevas intervenciones en conflictos extranjeros que surgirán en diversas regiones del mundo debido a impactos relacionados con el clima, como las olas migratorias[41] derivadas de la escasez de agua o alimentos. En el informe se cita específicamente el caso de Bangladés, uno de los países más vulnerables frente a los cambios que producirá el cambio climático.

Las sequías llevarán a la escasez de agua, que comenzará a notarse primero en el ecuador y desde allí se extenderá hacia los polos. El ochenta por ciento de las exportaciones agrícolas de Estados Unidos y el setenta por ciento de las importaciones provienen de productos que han requerido agua para su producción o fabricación, así que, a medida que la sequía avance, se prevé que Estados Unidos y España queden muy debilitados económicamente y que países del norte, como Canadá y el Reino Unido, se hagan más fuertes, debido a que allí las sequías llegarán más tarde.

Según el IPCC, para el 2030 es probable que las enfermedades que producen diarrea y deshidratación, como el cólera, aumenten hasta en un cinco por ciento en las naciones más pobres. La población mundial superará los ocho mil millones

---

41. Los desplazamientos de personas constituyen un problema que se agrava cada día desde el comienzo de la década del 2000. Los países con mayor número de personas desplazadas por conflictos bélicos, pobreza u otras razones se reparten por los continentes. Desde Colombia y Venezuela al Congo y Sudán, y a Siria y Afganistán. Más de diez millones de personas fueron desplazadas solo en el 2016. La mitad de los refugiados tienen menos de dieciocho años. Su número es tan grande —más de 82 millones en este momento— que podrían formar un país, una nación de desposeídos. Las causas de refugiados y desplazados son variadas: desde persecuciones religiosas a guerras civiles, violencia de bandas y pandillas, y hambre. Y ahora se ha sumado el cambio climático, que cada vez irá tomando un mayor protagonismo.

de personas y el cincuenta por ciento de los ciudadanos vivirá en megaciudades situadas en países de economía emergente. En el reino animal, entre el veinte y el treinta por ciento de los arrecifes de coral del planeta desaparecerán.

Para el 2050, una cuarta parte de las especies de animales vertebrados y vegetales del mundo se enfrentarán a la extinción. Y las terribles sequías del sur de Europa, que soportará temperaturas de cincuenta grados, llevarán a la pérdida crónica de cosechas con la subsiguiente caída de la productividad. En Latinoamérica uno de los mayores cambios será la desaparición de bosques y junglas, que serán reemplazados por sabanas, y comenzarán a escasear el agua potable y la de uso industrial. En América del Norte se producirá un aumento de la frecuencia, intensidad y duración de las olas de calor, con incendios forestales que harán inhabitables grandes áreas de Estados Unidos. En África la escasez de agua afectará a más de doscientos millones de personas. En Australia la acidificación del océano ocasionará la completa desaparición de los arrecifes de coral. El fenómeno de El Niño se hará permanente.

En el 2070, el sur de Europa verá reducida la producción de electricidad en un cincuenta por ciento. El nivel del mar podría aumentar más de un metro en Nueva York e inundar partes de Brooklyn, Queens, Long Island y el bajo Manhattan. Más de tres mil millones de personas estarán expuestas al dengue.

En el 2100, una combinación de calentamiento global y otros factores llevará a muchos ecosistemas al límite. Habrá nuevas zonas climáticas en el cuarenta por ciento de la superficie de la Tierra. La extinción de especies será masiva. Los niveles de dióxido de carbono atmosférico serán mucho más altos que en cualquier otro momento durante los últimos seiscientos mil años. Y el nivel de pH del océano será el más ácido de los últimos veinte millones de años.

La competición por el agua y los alimentos, los desplazamientos de millones de personas y las pandemias desestabilizarán políticamente el mundo. En España las temperaturas superiores a los cincuenta grados comenzarán a darse al final del invierno. Al sur de Madrid la tierra no será habitable. La población se habrá desplazado hacia la cornisa cantábrica y Cataluña. Muchos intentarán llegar a Irlanda y el Reino Unido, donde los barcos de emigrantes sufrirán ataques del Ejército. Grecia e Italia, diezmadas por la malaria, estarán en guerra con la Europa del norte, que habrá cerrado las fronteras y habrá prohibido la exportación de agua y alimentos. La producción de energía en la Europa del sur y el norte de África es nula. Un ataque con drones habrá destruido los edificios de la OMS en Suiza.

Son escenarios tan dantescos como posibles. Y la inoperancia de nuestros políticos sigue favoreciendo la crisis. Frenar el calentamiento global es una meta a largo plazo que cae fuera de sus cortas agendas, limitadas por los procesos electorales cada pocos años. Al ritmo actual de reducción de las emisiones de gases de efecto invernadero, se tardaría más de ciento cincuenta años en reemplazar los combustibles fósiles con las energías verdes y renovables. La política de destinar subvenciones públicas a los combustibles fósiles es en parte responsable de la lenta tasa de descarbonización. En muchos países estas subvenciones para el carbón, el gas y el petróleo son equivalentes al presupuesto dedicado a la salud, cuando podrían haberse reorientado para doblar los fondos destinados a la salud y el bienestar.

La Administración Obama es un ejemplo de Gobierno que tira la piedra y esconde la mano, y así resume a la perfección la actitud de la mayoría de los Estados capitalistas, comunistas y de cualquier otra ideología. Un presidente considerado por muchos como un auténtico visionario —le dieron el Premio Nobel de la Paz por lo que se esperaba de él, no por lo que había hecho—, había dicho que el país que se pusiera al frente de las energías renovables lideraría el futuro del mundo. Una frase muy de Obama. Mientras tanto, su Administración, como él mismo reconocería, aumentó sin parar la búsqueda de petróleo perforando tierra y mar. Según informó *The Guardian*, durante el Gobierno de Obama, el Banco de Exportación e Importación de Estados Unidos dio préstamos a muy bajo interés equivalentes a 34.000 millones de dólares a empresas y Gobiernos extranjeros que querían construir, expandir y promover proyectos de combustibles fósiles más allá de sus fronteras.

Debido a su influencia en un amplio grupo de la población mundial, uno de los documentos más importantes sobre el cambio climático es, sin duda alguna, la encíclica *Laudato si* del papa Francisco, promulgada en el año 2015. Este documento está influido por comentarios previos de otros papas sobre este problema, pero nunca se había expresado de una manera tan clara ni la reflexión había sido tan profunda y extensa. Es una encíclica moderna —el papa no ignora que han pasado dos mil años desde la cruz— y valiente, que intenta llamar a muchas cosas por su nombre. Si obviamos los aspectos religiosos, que tienen que ver de manera directa con la fe cristiana, y pasamos por alto los ya clásicos ataques más o menos directos a la ciencia y a la tecnología, *Laudato si* muestra la sensibilidad de un hombre de Estado con una visión global que ha comprendido que la humanidad está ensuciando y empobreciendo de forma peligrosa el medio ambiente y contiene reflexiones que abarcan la situación actual, sus causas y los riesgos que conlleva la crisis del clima. Ahí se analizan algunas de las causas filosóficas, sociales y culturales que constituyen la base de la perversa relación de la humanidad con el planeta. El papa acusa directamente a los poderosos de ser responsables del calentamiento global, que tiene su origen en el comportamiento humano, y es duro con los dueños de las industrias que ensucian la Tierra amenazando la vida. De alguna manera, el papa viene a decir que a Dios le importa su creación y que no acepta sobornos. Francisco, en una línea de pensamiento paralela a la de la justicia climática, pide solidaridad con los países más pobres y, con las gentes humildes de los países ricos, ataca la indiferencia de las personas sobre el daño que se está haciendo a la vida en el planeta. Pide protección para la biodiversidad haciendo un énfasis especial en las especies en vías de extinción. Las soluciones laicas que propone van desde la reconsideración del sistema social imperante hasta la necesidad de establecer un diálogo inclusivo sobre el futuro de la Tierra.

En el capítulo 1 de la sorprendente encíclica, titulado «Qué está ocurriendo en nuestra casa», el papa proclama que un sistema social equivocado está destruyendo el planeta:

> Una mirada sobria a nuestro mundo muestra que el grado de intervención humana, a menudo al servicio de los intereses comerciales y el consumismo, en realidad está haciendo que nuestra tierra sea menos rica y hermosa, cada vez más limitada y gris [...]. Parece que pensamos que podemos sustituir una belleza irreemplazable e irrecuperable por algo que hemos creado nosotros mismos.

En el capítulo 4, titulado «Ecología integral» pide una nueva filosofía humanista:

Hoy en día, el análisis de los problemas ambientales no puede separarse del análisis de los contextos humanos, familiares, laborales y urbanos, ni de cómo los individuos se relacionan consigo mismos, lo que lleva a su vez a cómo se relacionan con los demás y con el medio ambiente.

El papa y quienes buscan el desarrollo de una política efectiva que frene el cambio climático parecen estar de acuerdo con la escritora afroamericana Octavia E. Butler cuando esta dice:

> He visto cómo el acomodamiento, el beneficio y la inercia excusaban una degradación medioambiental cada vez mayor y más peligrosa. He visto cómo la pobreza, el hambre y la enfermedad se volvían inevitables para cada vez más gente.

Algunos de los párrafos de la encíclica, quizá porque coinciden por completo con mis puntos de vista, me han agradado o impactado por encima de los demás, como por ejemplo los que transmiten un mensaje optimista («aún podemos solucionarlo») y los que reconocen que esta revolución está liderada por la juventud:

> Los jóvenes nos reclaman un cambio. Ellos se preguntan cómo es posible que se pretenda construir un futuro mejor sin pensar en la crisis del ambiente y en los sufrimientos de los excluidos.

Más adelante en el texto, y esto me tomó por sorpresa, se defienden los movimientos medioambientales:

> El movimiento ecológico mundial ya ha recorrido un largo y rico camino, y ha generado numerosas agrupaciones ciuda-

danas que ayudaron a la concienciación. Por desgracia, muchos esfuerzos para buscar soluciones concretas a la crisis ambiental suelen quedar frustrados no solo por el rechazo de los poderosos, sino también por la falta de interés de los demás. Las actitudes que obstruyen los caminos de solución, aun entre los creyentes, van de la negación del problema a la indiferencia, la resignación cómoda o la confianza ciega en las soluciones técnicas.

El papa también recoge algunos signos que muestran que el crecimiento de los últimos dos siglos no ha significado en todos sus aspectos un verdadero progreso integral ni una mejora en la calidad de vida, entre ellos las repercusiones laborales de la innovación tecnológica; la exclusión social; la inequidad en la disponibilidad y el consumo de energía y de otros servicios; la fragmentación social; el crecimiento de la violencia y el surgimiento de nuevas formas de agresividad social; el narcotráfico y el consumo creciente de drogas entre los más jóvenes; la pérdida de identidad. Síntomas de una verdadera degradación social, de una silenciosa ruptura de los lazos de integración social.

Francisco plantea de nuevo que las discusiones sobre el medio ambiente integren también el concepto de la justicia climática («un verdadero plan ecológico se convierte siempre en un plan social»), para escuchar «tanto el clamor de la tierra como el clamor de los pobres».

Para el papa está claro que la crisis climática es también la crisis de la paz mundial e incide en que la humanidad tiene armas de destrucción masiva:

A pesar de que determinados acuerdos internacionales prohíban la guerra química, bacteriológica y biológica, de hecho, en los laboratorios se sigue investigando con el objetivo de desarrollar nuevas armas ofensivas capaces de alterar los equilibrios naturales.

El líder de la Iglesia católica parece estar más de acuerdo con activistas como Paul Hawken, que proponen una regeneración de la vida para acabar con la raíz de la crisis climática, y menos con Bill Gates, para quien la solución del problema implica el desarrollo de nueva tecnología: «Buscar solo un remedio técnico a cada problema ambiental que surja es aislar cosas que en la realidad están entrelazadas y esconder los verdaderos y más profundos problemas del sistema mundial».

El pontífice se aleja de las versiones más optimistas del futuro, como las de Steven Pinker, y asegura que, si no cambiamos la actitud, si no variamos el rumbo de las cosas, llegaremos a una gran tragedia:

Las predicciones catastróficas ya no pueden mirarse con desprecio e ironía. A las próximas generaciones podríamos dejarles demasiados escombros, desiertos y suciedad. El ritmo de consumo, de desperdicio y de alteración del medio ambiente ha superado las posibilidades del planeta, de tal manera que el estilo de vida actual, por ser insostenible, solo puede terminar en catástrofes.

Este documento es, por lo tanto, un análisis lúcido de la situación y de sus riesgos, y una llamada a un humanismo que ponga por delante la calidad de vida de los seres humanos al progreso tecnológico y los beneficios económicos. Quizá su llamada a que los cristianos dejen de ser indiferentes frente a la continua destrucción de la vida en el planeta consiga crear un movimiento poderoso que influya de manera radical en la solución del problema.

Después de repasar este importantísimo documento publicado por el Vaticano, quise acercarme a otros grupos políticos cuya preocupación por el cambio climático es no solo sincera y auténtica, sino histórica, amplia y profunda.

El primer grupo al que me acerqué buscando opiniones es un partido político que tiene como agenda prioritaria la mejora de las relaciones de la sociedad con el medio ambiente, me refiero a Los Verdes. Un partido político atípico que, como hemos mencionado en otros capítulos, se originó en Alemania de la mano de Petra Kelly en 1979 y que ahora tiene representantes en el Congreso de los Diputados de España. Para tener una información concreta de la misión y la labor de Los Verdes en España me pongo en contacto con David Díaz Delgado, coportavoz de Alternativa Verde por Asturias EQUO.

En la conversación por Zoom compruebo con agrado que David es una persona entrañable, un apasionado defensor del programa de los verdes y un experto en los aspectos relacionados con combustibles fósiles, cambio climático y calentamiento global. David es un activista social preocupado por el rumbo que pueden tomar las cosas si no llegamos a un cambio social en el que una sociedad basada en la competición se mueva hacia una afirmada en la colaboración y en la que el progreso no implique la destrucción de la vida en el planeta: «El futuro será verde o no merecerá la pena vivirlo», dice en su cuenta de Twitter.

En nuestra conversación informal, abundando en la idea de cooperación, David me dice que cuando puede nunca hace las cosas por sí solo, sino que intenta siempre establecer una colaboración, involucrar a más gente, como si quisiese poner en práctica en el ámbito personal lo que piensa que debería hacerse en el ámbito social. Le pregunto por la encíclica del papa sobre el cambio climático y me contesta que en líneas generales le parece que está bien. También le pregunto qué piensa sobre la noción de que Los Verdes son en realidad comunistas disfrazados y me explica que en Los Verdes caben ciudadanos de ideologías muy diferentes: cristianos, comunistas y muchos más, que el comunismo es una ideología más estrecha que la de Los Verdes, porque propone un sistema basado en la lucha de clases, mientras que el movimiento verde propone un cambio de orden social en el que se tienen en cuenta las relaciones justas entre las personas, se valora el pacifismo como una meta global y las relaciones de toda la ciudadanía con el planeta en el que vivimos. Cuando hablamos de los plásticos, David me transmite que el derroche es el problema principal y que los microplásticos están contaminando la cadena alimentaria de tal modo que probablemente estamos ingiriendo plástico o sustancias derivadas de este al comer carne o pescado.

David es un orador fascinante, que usa un lenguaje llano, alejado de las perífrasis y sentencias vagas que utilizan en ocasiones algunos políticos, y habla convencido de la gran crisis en la que nos encontramos, y al mismo tiempo se muestra como un tipo calmado y afable. Para él no existe una solución fácil para ninguno de los grandes problemas de la crisis climática y piensa que se requiere entrar en el Gobierno, ya que los otros partidos no se toman demasiado en serio los aspectos fundamentales del cambio climático. Hablando de temas concretos, David critica el uso del PIB como único marcador de progreso, porque la subida del PIB no refleja con precisión si existe o no reducción en las diferencias económicas en la sociedad: un aumento de PIB puede ir en paralelo con un aumento de las desigualdades, porque no todas las personas prosperan al mismo ritmo.

Un tema que le preocupa sobremanera es que nuestro sistema social siga basado en el consumismo, porque es justo ese consumismo excesivo el que hace que se explote el medio ambiente de manera irracional. En contraste, me dice, deberíamos movernos hacia una «economía circular», un concepto que aparece después de la Segunda Guerra Mundial y que busca redefinir en qué consiste el progreso. En una economía circular, el modelo de fabricar, usar y tirar en el que vivimos inmersos hoy en día se reemplazaría por otro: reducir el consumo, reparar, reutilizar, reciclar, elegir materiales fácilmente reutilizables y sin tóxicos, tratar de eliminar la posibilidad de producción de residuos desde el diseño, regenerar sistemas naturales, comercio de proximidad para evitar el consumo de combustibles en el transporte... y todo ello creando empleo local. Este modelo de economía moderna también postula la transición de los combustibles fósiles a las energías renovables.

Como complemento de nuestra conversación a través del ordenador, le mandé también una serie de preguntas para que pudiera desarrollar algunos aspectos clave de la ideología verde y tuvo la amabilidad de devolverme estas respuestas tan interesantes:

JUAN FUEYO: ¿Cómo enlaza su partido con la tradición verde iniciada por Petra Kelly?

DAVID DÍAZ DELGADO: Alternativa Verde por Asturias EQUO es un «gajo» del proyecto político de Verdes EQUO, que representa al Partido Verde Europeo en España. Hay coordinación permanente con el Partido Verde Europeo para alinear las propuestas políticas y para mantener una serie de señas de identidad propias del movimiento verde: equilibrio económico-social-ambiental, ecofeminismo, paridad en los órganos internos, pacifismo...

JUAN FUEYO: ¿Tienen programas comunes con otras asociaciones verdes como Greenpeace?

DAVID DÍAZ DELGADO: Más que programas comunes, en realidad se trata de una relación amistosa, con contactos frecuentes, con intercambio de ideas y propuestas. En Asturias tenemos contacto con entidades como Greenpeace, Coordinadora Ecologista, Ecologistas en Acción, ASCEL, Plataforma para la Defensa de la Cordillera, y otras más locales.

JUAN FUEYO: ¿Cuál es su posición con respecto a la energía nuclear?

DAVID DÍAZ DELGADO: Hemos propuesto en reiteradas ocasiones el cierre de las centrales nucleares existentes en España en el menor plazo posible. En 2017 se pidió en el Congreso el cierre progresivo de las centrales nucleares en un plan ordenado hasta 2024.

Nuestro posicionamiento en contra de la energía nuclear sigue siendo el mismo, así que en estos momentos estamos realmente indignados por el paso dado por la UE de incluir a la energía nuclear como energía verde. Es un enorme paso atrás.

David se queja del paso dado por la UE, que considera que al no producir gases con efecto invernadero, la energía nuclear debe ser incluida entre las energías no contaminantes o verdes.

JUAN FUEYO: Son de los pocos partidos manifiestamente pacifistas. ¿Cómo se une el desarrollo sostenible con la defensa de la paz mundial? ¿No son temas muy distanciados, sin conexión?

DAVID DÍAZ DELGADO: En absoluto, son temas que tienen mucha relación. El modelo socioeconómico actual se basa en un consumismo exacerbado que precisa de la extracción permanente de materias primas que se encuentran repartidas por todo el mundo; y luego hay un movimiento de mercancías de una magnitud increíble. Todo ello lleva a unos intereses creados muy fuertes, con mucha tensión por el control de las rutas comerciales y de las zonas del mundo donde se consiguen materiales y donde se fabrican los productos a precios muy bajos. Precisamente por eso ese modelo es incompatible con la sostenibilidad, con la justicia social y con la paz mundial.

Un modelo como el que proponemos desde Verdes EQUO se basa en el consumo de cercanía, en la recuperación del sector primario para nuestro país y el empleo que ello conlleva, en un consumo más responsable y respetuoso con el medio, en el desarrollo de todos los conceptos asociados a la economía circular, en el reparto del trabajo y la reducción de la jornada laboral y la aplicación de la RBUI.

La RBUI a la que se refiere David es la renta básica universal incondicional, que propone que todo ciudadano reciba un salario por el hecho de serlo. Se trataría de cubrir a la totalidad de la ciudadanía, independientemente de la situación laboral o la riqueza personal de cada uno.

JUAN FUEYO: ¿Podría explicar con palabras sencillas qué significa la meta de «alcanzar el desarrollo sostenible de la humanidad en el planeta Tierra», tal y como se menciona en la carta de Los Verdes europeos?

DAVID DÍAZ DELGADO: Lo puedo intentar, que no es tarea fácil. Tiene que ver con lo que he expuesto en la respuesta anterior. Se trata de modificar el modelo socioeconómico para instaurar un nuevo orden social y económico que permita un bienestar humano que sea compatible con el resto de los seres vivos que cohabitan en el planeta. Y ese bienestar tiene que estar repartido de manera más equitativa entre toda la población.

En la actualidad, nuestro consumo supera con creces la capacidad de regeneración de la Tierra, provoca calentamiento global y la pérdida más rápida de biodiversidad que se haya podido constatar en la historia del planeta. A la par, se da que las diferencias entre las personas son cada vez mayores y los índices de pobreza en España, por ejemplo, superan el 20 % de la población.

Juan Fueyo: ¿Cuál es la medida política más necesaria para frenar la progresión del cambio climático?

David Díaz Delgado: La exigencia por parte de los países más avanzados de estándares sociales y ambientales para todos los productos que se consumen, dondequiera que se produzcan. Y ello acompañado de medidas para la recuperación del sector primario para un comercio de corto recorrido o de cercanía.

Juan Fueyo: ¿Qué opina sobre los acuerdos de la conferencia de Glasgow?

David Díaz Delgado: Decepcionantes. En realidad, son igual de decepcionantes que los acuerdos de cumbres anteriores, porque es fácil darse cuenta de que son palabras vacías, que no van acompañadas de un compromiso real por alcanzar las metas que se proponen. Como decía Greta Thunberg, «bla, bla, bla».

Juan Fueyo: El progreso actual está unido al consumo de combustibles fósiles. ¿Cree que podríamos tener una sociedad que ofrezca la misma calidad de vida usando energías alternativas?

David Díaz Delgado: Sin duda alguna, aunque supongo que habría que aclarar qué entiende cada cual por calidad de vida. Pero hay que empezar por la reducción drástica del consumo energético, en parte por la mejora de la eficiencia en el transporte, la producción y la vivienda; y quizá en mayor medida por el descenso en el consumo a través de un comercio más de cercanía. A la par que se reduce el consumo habría que implantar energías renovables.

Tiene que ser un esfuerzo muy decidido y muy bien enfocado, o de lo contrario llevará décadas poder conseguirlo.

Juan Fueyo: ¿Hay solución para el problema del plástico? Parece que está en todos los sitios y que nada puede fabricarse sin utilizarlo.

David Díaz Delgado: Ese es un tema muy complejo. He comentado en muchos foros que el plástico, o mejor dicho el uso desaforado e irresponsable del plástico, es el mayor desastre ambiental del siglo xx y que todos los seres vivos de la Tierra lo van a pagar muy caro durante todo el siglo xxi.

Para lo que ya no hay solución es para las decenas de millones de toneladas de plásticos que ya están en los mares, ni para otras decenas de millones de mesoplásticos repartidos por toda la Tierra. Seguirán degradándose en trozos más pequeños, liberando numerosos tóxicos y provocando más y mayores problemas para la biología de todos los seres vivos. Ya está probado que está presente en el cuerpo humano a través de nuestra alimentación y que se encuentran fibras de plástico casi en cualquier lugar del mundo y en todas las especies de flora y fauna. Está por ver cuáles serán las consecuencias, pero los hallazgos que va mostrando la ciencia no son muy halagüeños.

Para lo que sí que hay solución es para sustituir el plástico por otros materiales que no causen todos esos problemas y que al menos detengan el crecimiento del problema. La investigación de materiales alternativos está lo bastante avanzada como para dar respuesta a muchas necesidades prescindiendo del plástico y son también urgentes las estrategias para la implantación de la economía circular y la mejora de los ciclos de vida de los materiales.

JUAN FUEYO: ¿Cómo debería hacerse la transición ecosocial para mantener la vida de las especies? ¿Proponen medidas en su programa para proteger la biodiversidad durante esta sexta extinción?

DAVID DÍAZ DELGADO: Nuestra propuesta es ecosocialismo y ecofeminismo. Ello implica no dejar a nadie atrás, revertir las diferencias entre las personas y plantearse modos de vida en convivencia con el resto de los seres vivos. Una de las claves es pasar de la competencia a la cooperación y la convivencia, pero no solo para el ser humano, sino en la relación con el resto de las formas vivas en la Tierra.

Y sí, por supuesto que en nuestros programas hay muchas medidas para proteger la biodiversidad. Pero creo que hay una medida fundamental por encima de todo ello: la educación ambiental. Es necesario que la generalidad de la población sea consciente de las consecuencias de todos nuestros actos y que sepan interpretar de manera adecuada la realidad que la rodea y los procesos naturales.

JUAN FUEYO: ¿Son los Gobiernos europeos cada vez más receptivos a las agendas verdes o sigue habiendo oposición a estos programas? ¿En qué se diferencia su programa del de los verdes que están integrados en partidos clásicos, con Gobiernos neoliberales cuyas agendas no están limitadas al medioambientalismo?

DAVID DÍAZ DELGADO: Yo diría que, en general, los partidos tradicionales en Europa utilizan las llamadas «agendas verdes» como puro *greenwashing* —David se refiere aquí a las prácticas de relaciones públicas «verdes» que realizan los partidos políticos para crear la falsa impresión de que tienen una preocupación sincera por el medio ambiente—. Saben que hay que hacer algo para modificar la forma de vivir y de convivir, pero son rehenes de sus convicciones economicistas y de las corrientes de largo recorrido que lo basan todo en la economía.

Hay quien se dice «verde», pero acepta el capitalismo y la economía liberal, cuando en realidad justo esas dos corrientes son la causa de fondo de los problemas.

El programa de un partido verde integra medidas en todos los ámbitos para un cambio integral del modelo socioeconómico. Otra cosa es que cuando se llega a la tramitación de leyes o a acuerdos de Gobierno haya que ceder en algunos temas para conseguir otros; la realidad es la que es, no todo el mundo piensa igual y debemos avanzar en nuestras propuestas a base de acuerdos y de convencer cada vez a más gente.

JUAN FUEYO: ¿Cómo afecta la crisis climática a la justicia social?

DAVID DÍAZ DELGADO: La crisis climática y las diferencias entre las personas son dos consecuencias de un mismo problema: el modelo económico imperante. Como ya expliqué antes, durante décadas se ha buscado el progreso económico provocando a la vez una desigualdad social creciente y una gran degradación ambiental. Esa actividad económica es la que también provoca la crisis climática en forma de calentamiento global y de pérdida de biodiversidad. Y la crisis climática no afecta a todas las personas por igual; las personas en peor situación tienen menos oportunidades para afrontar esas nuevas dificultades. En nuestra sociedad tiene que ver con la pobreza energética o con la emigración, por ejemplo.

JUAN FUEYO: ¿Por qué unen la lucha ecológica con la lucha por el respeto a los derechos de las minorías, la democracia y la libertad? ¿Existe un vínculo entre todas ellas?

DAVID DÍAZ DELGADO: Como ya indiqué antes, el mismo modelo que causa problemas ambientales también los causa de orden social. Y, por otro lado, la democracia no se puede convertir en una dictadura de mayorías. En muchas ocasiones se confunde el bien de la mayoría con el bien común, que son cosas muy diferentes. No se puede basar el desarrollo en actividades que dejen a gente atrás.

Ahora eso lo estamos viendo con las vacunaciones de la covid, por ejemplo. En los países más avanzados ya hay una gran mayoría de población vacunada y ya hay una parte que empieza a ver el sinsentido de vacunar a la población europea si no está vacunada también de forma equilibrada la población de otros lugares del mundo. La palabra clave quizá sea «egoísmo».

JUAN FUEYO: ¿Cómo ve los movimientos del indigenismo? ¿Cree que tienen influencia en los movimientos medioambientales?

DAVID DÍAZ DELGADO: Es probable que sí que haya acierta influencia en un tipo de grupos ambientalistas que ponen más énfasis a la relación del ser humano con la tierra. El indigenismo yo creo que es una forma de levantarse contra la injusticia de un progreso que llega a ciertas tierras con aires de ocupación y con la intención fundamental de aprovecharse de los recursos humanos y materiales de esos territorios. Como la relación que se pretende es de explotación, entiendo que la defensa del derecho de los pueblos a vivir a su manera es una reacción lógica. Y es que, además, esos pueblos indígenas, en teoría menos desarrollados, suelen ser más felices y vivir en mejor armonía con su entorno.

Otra organización que conecta en sus objetivos los problemas meteorológicos y sociales que causará la crisis climática es Greenpeace. De ella hemos hablado en otros capítulos, pero en este decidí ponerme en contacto directamente con sus portavoces en España para conocer de primera mano cuáles eran sus posiciones en ciertos temas políticos que no parecían estar conectados, al menos de un modo obvio, con el calentamiento global. Como veréis, algunas de las respuestas complementan las de David debido a que Los Verdes y Greenpeace comparten temas que han hecho suyos desde el principio de su historia, pero otras amplían la información sobre las posiciones particulares de Greenpeace.

La persona que contesta a mis correos electrónicos y tuits es María José Caballero de la Vega, que es la responsable de Campañas de Greenpeace en España. Greenpeace es una organización combativa —no se pueden olvidar sus enfrentamientos con los balleneros— que no rehúye señalar con el dedo a los culpables de la situación en la que nos encontramos. Este aspecto da un tono singular a la entrevista: no hay duda de que quien habla es una mujer de acción que se siente empujada por la urgencia de afrontar una crisis compleja y grave.

JUAN FUEYO: ¿Cómo enlazan los objetivos de Greenpeace con el abordaje del calentamiento global y el cambio climático?
MARÍA JOSÉ CABALLERO: La emergencia climática está en el centro de los objetivos que Greenpeace persigue como organización. Tratamos de abordarlo desde todos los ámbitos posibles. Consideramos imprescindible demostrar que tanto la emergencia climática como la crisis energética en la que estamos inmersos es consecuencia del poder de la industria de los combustibles fósiles y que es imprescindible avanzar hacia soluciones basadas al cien por cien en energías renovables en manos de la ciudadanía. También creemos que necesitamos un cambio profundo en el modelo socioeconómico porque todo está interconectado.

Según el informe de agosto de 2021 del Grupo de Trabajo I del Grupo Intergubernamental de Expertos sobre el Cambio Climático (IPCC), nunca antes en la historia de la humanidad se habían visto cambios climáticos a gran escala como los que estamos sufriendo últimamente. Desde Greenpeace hacemos un seguimiento constante de lo que dice la ciencia mundial. Los impactos climáticos ya se sienten en todo el mundo. Para evitar el peor escenario, necesitamos un recorte urgente en las emisiones de gases de efecto invernadero y que se haga justicia climática. Denunciamos a los culpables del cambio climático (la industria fósil) y sus enormes consecuencias. Es prioritario para nosotros que las soluciones se conozcan, sean accesibles y estén compartidas por toda la ciudadanía.

Muy enlazada con el cambio climático está la crisis de pérdida de biodiversidad en todo el planeta, que ya es extremadamente grave de por sí, y que se ve también profundizada como consecuencia del cambio climático. Por eso, también ponemos el foco de nuestro trabajo en la preservación de los servicios y valores que aporta una biodiversidad en buen estado (los llamados «servicios ecosistémicos»), que son muy elevados: la producción de alimentos, de agua limpia, la regulación del clima que aportan los bosques y océanos. Su buen estado asegura una mejor calidad de vida, y también una mejor salud y economía para las personas y el planeta.

JUAN FUEYO: ¿Cuál es el principal objetivo de Greenpeace España durante la crisis climática?

MARÍA JOSÉ CABALLERO: Nuestros principales objetivos son, por un lado, señalar a los mayores responsables del cambio climático y, por otro, dar a conocer las soluciones.

La industria de los combustibles fósiles es la mayor responsable de las emisiones de gases de efecto invernadero y parece que todos sus esfuerzos van destinados a perpetuar sus beneficios sin importar el daño que están causando al planeta. El cambio climático es el peor impacto del modelo económico predominante en el mundo y de la falta de actuación para ponerle solución. Vemos que cada año los Gobiernos se reúnen auspiciados bajo Naciones Unidas para avanzar en las soluciones, pero, año tras año, estas se quedan muy cortas ante la urgencia del problema.

Las soluciones se conocen desde hace tiempo: el abandono de los combustibles fósiles y la apuesta por un modelo energético 100 % renovable y sostenible. La transición hacia el modelo energético que no achicharre el planeta no se está haciendo a la velocidad necesaria por falta de ambición política, por una mirada cortoplacista centrada en el beneficio de unos pocos y que está perjudicando gravemente al resto del planeta.

Las soluciones se extienden, además, a casi todos los ámbitos de la vida; por eso también trabajamos para que las ciudades sean cada vez más sanas y sostenibles y que en ella la movilidad esté centrada en las personas y su salud. Abordamos la destrucción causada por el consumismo. Todo está interconectado y creemos que así debe trabajarse.

Juan Fueyo: ¿Podría darme algunos ejemplos de cómo lucha Greenpeace contra la pesca excesiva y la deforestación en España?

María José Caballero: La sobrepesca es uno de los graves problemas a los que se enfrentan los océanos. Greenpeace lleva décadas denunciando esta situación insostenible, señalando a los culpables y mostrando las consecuencias que esta pesca excesiva tiene tanto para los océanos como para los millones de personas que tienen el pescado como fuente de alimentación única o principal. En la actualidad, nuestro trabajo está centrado en conseguir un Tratado global que proteja el 30 % de las aguas internacionales en 2030. Se trata de las zonas donde la gestión global es imprescindible. Es una medida clave para asegurar los objetivos de conservación marcados internacionalmente y para garantizar que se detenga el saqueo de la pesca por parte de los países con una mayor industria pesquera. Este año puede ser clave para que se apruebe ese tratado internacional.

En el caso de la deforestación, nuestro foco no es nacional, sino internacional. Dirigimos nuestros recursos a asegurar el fin de la deforestación en los grandes bosques del planeta, sobre todo la Amazonia y los bosques de Indonesia.

Juan Fueyo: ¿Cómo puede mejorarse de una manera práctica el consumismo o «sobreconsumo»? ¿Podría darme un par de ejemplos?

María José Caballero: El consumismo está poniendo en jaque al planeta. El impacto del desequilibrio que existe entre lo que producimos, consumimos y desechamos es cada vez mayor. Y es insostenible.

Hay una gran diferencia entre lo que necesitamos consumir y el consumismo, esa tendencia a acumular y reemplazar vorazmente bienes y servicios, que incluyen muchos productos no esenciales o que son resultado de necesidades inventadas.

Al ritmo actual de consumo de recursos, serán necesarios tres planetas para abastecernos. Y claramente no hay tres planetas, solo tenemos uno. Y es finito. Es imprescindible cambiar los patrones actuales de consumo para revertir hábitos inadecuados y poco sostenibles.

Reutilizar y reciclar resulta imprescindible, pero no es suficiente. Hay que reducir lo que consumimos, evitar la generación de residuos y ser conscientes de las consecuencias de nuestro consumo desenfrenado.

El consumo de alimentos puede hacernos conscientes del modelo que estamos soportando. Apoyar el consumo de proximidad, los productos ecológicos, consumir alimentos de temporada y reducir la ingesta de carne resulta urgente si no queremos seguir degradando el planeta. El primer gesto es mirar las etiquetas, asegurarnos de que la información es clara y completa para poder elegir las opciones más sostenibles.

Otro de los aspectos en los que podemos cambiar nuestros hábitos es la ropa. Conservar una prenda de ropa uno o dos años más supone reducir las emisiones de CO_2 en un 24 %. No solo estaremos ahorrando dinero, también agua y materias primas. Y evitamos que los químicos y los pesticidas usados en su producción dañen los ríos, el suelo y la vida silvestre. Estaremos recortando el uso de combustibles fósiles, además.

Por último, debemos apostar por la reparación y por la lucha contra la conocida «obsolescencia programada»: negarnos a utilizar productos con baterías no reemplazables, herramientas no estándar, productos sin manuales de reparación o piezas de repuesto.

En los últimos años, estas son las dificultades que encuentra a menudo el consumidor. Desde Greenpeace demandamos al sector de las tecnologías el diseño de productos que puedan repararse o actualizarse con mayor facilidad y que ofrezcan una atención posventa adecuada.

JUAN FUEYO: ¿Cuál es la relación entre justicia climática y cambio climático? ¿Qué quiere decir exactamente «justicia climática»?

MARÍA JOSÉ CABALLERO: La justicia climática define el calentamiento global que sufre el planeta como un problema, además de ambiental, social y político. Supone tener en cuenta que el cambio climático tiene un impacto importante sobre los derechos humanos, el género y la equidad, y que no se puede dejar de lado la responsabilidad histórica de los mayores emisores de gases de efecto invernadero.

No se puede abordar el cambio climático, los impactos que origina y sus soluciones sin tener en cuenta estas cuestiones. Como ya he dicho antes, vivimos en un sistema interconectado e interdependiente del que nadie se salva y en el que nadie debe ser olvidado.

La crisis climática y de biodiversidad en la que estamos inmersos está alimentando la desigualdad en todo el mundo. El año pasado, el cambio climático afectó a todo el mundo con olas de calor récord, sequías, incendios forestales y tormentas extremas. Y este año no será diferente. A menudo, las personas que más sufren los efectos del cambio climático son las que menos han hecho para provocarlo.

Los expertos nos dicen que a medida que aumentan las emisiones de gases de efecto invernadero de un país, estas están menos vinculadas con los elementos esenciales para el bienestar. Los aspectos asociados al bienestar humano aumentan muy rápido en un país acompañados de aumentos relativamente pequeños en las emisiones, pero luego se estabilizan. Sabiendo esto, los países con emisiones altas podrían reducirlas significativamente sin que ello afectara al bienestar de su población, algo que no pueden hacer los países con menores ingresos (y menores emisiones). La justicia climática pone el foco en esta cuestión, ya que los países y regiones empobrecidos a menudo también se enfrentan a los peores impactos y riesgos originados por el cambio climático.

Muchos países con escasa responsabilidad en las emisiones acumuladas en la atmósfera que están recalentando nuestro planeta se enfrentan a graves amenazas; es el caso de países insulares, que afrontan la subida del nivel del mar, o países de África, donde los cambios de temperatura y los fenómenos meteorológicos extremos en forma de lluvias torrenciales devastadoras están poniendo en riesgo la seguridad alimentaria.

No solo son los que están más en riesgo, sino que, además, tienen menor cantidad de recursos para afrontar el cambio climático, protegerse y garantizar las condiciones de vida.

Incluso en países como el nuestro, vemos pruebas del impacto social desigual del cambio climático. Las mujeres españolas, junto con los niños o personas con enfermedades crónicas, sufren más en esta emergencia climática. No es posible combatir el cambio climático sin tener en cuenta todos estos factores clave para la justicia climática.

JUAN FUEYO: ¿Cuál es la base política para alinear los objetivos de Greenpeace con la lucha feminista?

MARÍA JOSÉ CABALLERO: Consideramos que la degradación que sufre el planeta y la subordinación a las mujeres tienen un mismo origen. Por ello, el ecofeminismo es clave para encontrar propuestas que nos permitan salir de la crisis económica, social, ambiental y de cuidados actual.

La paz, el aire limpio, los ríos sin contaminación o los cuidados que necesitamos no quedan contabilizados en el PIB de los países al no producirse un intercambio monetario. Es el mismo PIB que se utiliza para medir la suma de todos los bienes y servicios producidos pero que, paradójicamente, no asegura el verdadero bienestar, progreso y por qué no decirlo, felicidad. No se contabiliza vivir en paz, la dignidad, la salud o la equidad.

Por tanto, las políticas actuales ponen en el centro el dinero, pero no la vida, de los seres humanos y del planeta. Y entre los seres humanos, estamos las mujeres, que, lejos de ser un «colectivo vulnerable», somos ciudadanas de pleno derecho y estamos más perjudicadas por la degradación ambiental y sometidas a violencia estructural. Hay un vínculo entre la destrucción del medio ambiente y la violencia contra las mujeres. La competencia por recursos cada vez más escasos y deteriorados está exacerbando la violencia que sufren las mujeres y las niñas.

La ONU, la UNESCO o la FAO afirman que los problemas ambientales afectan de manera distinta a hombres y mujeres. Resulta imprescindible identificar las desigualdades y visibilizar a las mujeres como agentes de cambio. La acción directa femenina, la elaboración de análisis anticolonialistas, antipatriarcales y antiglobalizadores, mantener una visión holística del mundo y de la responsabilidad de la humanidad en el mantenimiento de la vida son principios ecofeministas que están integrados en Greenpeace.

JUAN FUEYO: ¿Están relacionadas las ideas pacifistas de Greenpeace con el cambio climático? Y si es así, ¿cómo?

MARÍA JOSÉ CABALLERO: Greenpeace surge en la misma década en la que cobran fuerza varios movimientos sociales: el ecologismo, el pacifismo y el feminismo. Bebe de ellos y establece sus objetivos centrados en las mayores amenazas para el planeta, y desde hace años el cambio climático es la principal de ellas.

En la actualidad, el cambio climático es la mayor amenaza para la seguridad humana. Pone en evidencia una crisis aún mayor, la del propio modelo en el que vivimos. Abordar el cambio climático desde posturas no pacifistas sería un error. Como pacifistas, somos personas que colaboran para fortalecer el bien común, para encontrar la mejor fórmula para salir de esta situación como sociedad reforzada, más resiliente.

Para impedir los peores impactos del cambio climático debemos aplicar mucha solidaridad y mucha equidad. Y dejar de lado la desconfianza y la confrontación que abren la puerta a una violencia que corre el riesgo de legitimarse.

La receta pacifista para la emergencia climática en la que está inmersa la sociedad globalmente tiene que pasar, más pronto que tarde, por el abandono de los combustibles fósiles y la transformación del modelo económico en uno que sea respetuoso con el planeta y asegure una sociedad más justa e igualitaria, con voz y derechos, donde nadie se quede atrás.

JUAN FUEYO: Aunque esto vaya contra la historia de Greenpeace, ¿deberíamos comenzar a considerar la energía nuclear pacífica como una energía cercana a las energías «verdes»?

MARÍA JOSÉ CABALLERO: La historia de Greenpeace está muy asociada a la energía a nuclear. El origen de la organización está en un viaje en septiembre de 1971 desde Vancouver para intentar detener las pruebas nucleares que Estados Unidos realizaba en la isla de Amchitka (Alaska). Muchas de las personas que organizaron el viaje y fundaron Greenpeace eran activistas antinucleares. Desde entonces hasta ahora, hemos denunciado los peligros y mentiras que esconde la energía nuclear.

Etiquetar la energía nuclear como una energía verde porque las centrales nucleares no emiten CO_2 y considerar que almacenar residuos radiactivos durante milenios es un mal necesario para la lucha contra el cambio climático es simplemente inaceptable.

Es una farsa considerar la energía nuclear como limpia, verde o no contaminante cuando genera residuos radiactivos que continuarán siendo peligrosos durante decenas de milenios y para cuya gestión no se ha encontrado una solución satisfactoria.

Sabemos que mantienen su radiactividad durante miles de años. Por muchos planes de almacenamiento que se diseñen, no desaparecen jamás. En nuestro país, es necesario el cierre del parque nuclear de forma programada. El envejecimiento de las instalaciones nucleares debe considerarse cuidadosamente, ya que a partir de los cuarenta años de operación son necesarias revisiones especiales. Sin embargo, tanto la politización como la falta de control de organismos y empresas públicas suponen un riesgo añadido. Decirles adiós a las nucleares es una oportunidad para el empleo y la economía. El desarrollo de planes de inversión local, la transición energética prioritaria en las comarcas con centrales nucleares es una oportunidad que no deberíamos dejar pasar.

Es necesario eliminar las trabas a las energías renovables, que son las únicas que garantizan una transición a un sistema energético que nos aleje de los peores escenarios del cambio climático. Cuanto más rápidamente avance la transición energética, mejor preparación tendremos para resistir las inclemencias del tiempo y el empeoramiento que traerá el cambio climático provocado por el uso de combustibles fósiles.

JUAN FUEYO: ¿Siguen los Gobiernos y las multinacionales atacando a Greenpeace como en el pasado?

MARÍA JOSÉ CABALLERO: A lo largo de los cincuenta años de historia de Greenpeace, los ataques han sido feroces y constantes. Denunciar a los responsables de la degradación del medio ambiente forma parte de nuestro ADN y la respuesta de los poderes establecidos nunca ha cesado. Nuestro compromiso con la defensa del espacio democrático y la capacidad de decidir de la ciudadanía, requisitos fundamentales para la defensa del medio ambiente, es firme. No habría victorias significativas en el combate del cambio climático y la conservación de la biodiversidad si no se abordara la desigual relación de poder entre las empresas y la ciudadanía.

Los beneficios de las grandes empresas han estado por encima del coste que sus actividades tienen para las personas y el medio ambiente. Esto es sobre todo grave en los países del Sur Global, donde el enriquecimiento de las compañías ha ignorado la ética, los derechos humanos y laborales, la destrucción de los espacios naturales y ha ido acompañada de la persecución del activismo ambiental y los pueblos indígenas.

Es el compromiso con la defensa del planeta y con las personas lo que guía nuestras acciones. Ejercer ese contrapoder contra el sistema establecido nos hace sufrir ataques y persecuciones desde hace cincuenta años.

En países como Brasil, la India, China o Rusia nuestro trabajo es realmente complicado de llevar a cabo, pero eso no nos desalienta. Los ataques son constantes por parte de Gobiernos y empresas. Lo han sido desde que comenzamos a trabajar. Ayer y hoy, las sanciones económicas o las denuncias constantes no van a impedir que sigamos siendo cada vez más los activistas en defensa de la paz, la democracia, nuestra salud y la del planeta.

No sé qué opinará la lectora o el lector. A mí me parece que tanto la encíclica del papa Francisco como Los Verdes y Greenpeace nos han dado respuestas rotundas y valientes para un problema grave y urgente. Quizá sigan sonando un poco utópicas, pero ¿qué sería de nosotros sin las utopías del hoy que buscan mundos mejores mañana? Y, además, no todo es tan oscuro, no todo es tan negro en el futuro. La humanidad siempre ha sabido cambiar de curso cuando ha sido necesario. Nuestra civilización está a punto de demostrar que aún puede regenerarse. Y justo de eso trata el siguiente y último capítulo de este libro.

11

REGENERACIÓN

Cada día al despertarme me gusta resucitar.

JOAQUÍN SABINA

En cuanto a mí, yo sé de milagros y nada más.

WALT WHITMAN

Las posibles soluciones a la crisis climática abarcan toda una serie de medidas diseñadas a partir de las evaluaciones, opiniones y teorías de diferentes especialidades científicas y sociales, entre ellas las de sociólogos, activistas, ecologistas, científicos del clima, grandes corporaciones, políticos, periodistas, divulgadores de ciencia y otros estudiosos del tema. A lo largo del libro hemos ido revisando alguna de esas teorías o posiciones, pero quizá una de las más atrevidas e interesantes sea la llamada «regeneración» que está expuesta en el libro homónimo *Regeneration: Ending the Climate Crisis in One Generation*, del que ya hemos hablado con anterioridad. Compré *Regene-*

ration en el aeropuerto de San Francisco y comencé a leerlo en el avión que me llevaba de vuelta a Houston. Enseguida me impresionó.

El prólogo está escrito por la naturalista y activista Jane Goodall, una de las grandes expertas en este asunto.[42] Para ella, acabar con la crisis climática es un proceso; la meta real sería, entre otras muchas, eliminar la pobreza en el mundo. Jane sitúa *Regeneration* en ese momento clave en el que el destino moral del hombre está unido al de la solución de la crisis climática. Solventar esta crisis debería hacernos mejores personas y mejores ciudadanos de un mundo mejor.

En la primera frase de *Regeneration*, el autor explica que «regeneración» es «poner la vida en el centro de cada acción y decisión». Esa es la actitud necesaria para salvar la vida en la Tierra y solucionar la crisis climática. Nos llevará, piensa este escritor, una generación, y de ahí el juego de palabras del título: «regenerar» la vida en el planeta durante una «generación». Esta idea está en la misma línea de pensamiento que la de un personaje de la novela *El clamor de los bosques*,[43] de Richard

42. Jane Goodall ha estudiado el comportamiento de los chimpancés salvajes durante cincuenta años en Tanzania. Está considerada una de las mayores expertas del mundo en chimpancés. Su viaje de estudios comenzó en 1960, cuando Louis Leakey la contrató (las otras dos «ángeles de Leakey» fueron Diane Fossey, estudiosa del comportamiento de los gorilas, y Biruté Galdikas, que se centró en los orangutanes). Con el tiempo, Goodall se convirtió en una defensora de la naturaleza, los animales y el medio ambiente, y está considerada una voz prestigiosa e influyente, llena de conocimiento y compasión. Es mensajera de la Paz de la ONU. Piensa que los tres mayores problemas, o desafíos, de la humanidad son erradicar la pobreza extrema, cambiar estilos de vida insostenibles en los que tenemos más de lo que necesitamos (e incluso más de lo que queremos) y frenar el crecimiento de la población, que impacta tanto en los recursos como en el cambio climático. Una de sus frases, quizá la que más me gusta, es: «Para acabar con el cambio climático hay que terminar con la pobreza en el mundo».
43. *El clamor de los bosques*, de Richard Powers, es uno de esos libros que podrían cambiarle al lector su manera de ver el mundo. El libro tiene ocho personajes y miles de árboles. Según el autor, tuvo la idea de la novela cuando

Powers, ganadora del Premio Pulitzer del 2019. En esta novela, donde los protagonistas son los árboles —que se consideran
seres iguales a nosotros, con capacidad para ayudarse, que tienen familias y que incluso envían a sus hijos a vivir lejos si
surgen problemas en el bosque, pero con una vida mucho más
larga que la nuestra—, una mujer llamada Patricia, cuyo carácter está basado en el de una activista real, se pregunta: «Si solo
pudiese acometer una acción, ¿cuál sería la mejor que alguien
podría hacer por el mundo de mañana?». Powers y el autor de
Regeneration creen que si la humanidad pusiera la vida en el
centro de sus decisiones y actuara de manera conjunta, podría
cambiar el ritmo del cambio climático y recuperar la vida en la
Tierra antes de que se produzca una extinción masiva.

La idea de regeneración está también latente en la *La princesa Mononoke*. La naturaleza está presente en casi todas las
películas de Miyazaki,[44] pero en *La princesa Mononoke* (1997)

---

se dio cuenta, paseando por el bosque, de que aquellos árboles que hasta el
momento para él eran simples objetos estéticos se habían utilizado en el pasado
para reconstruir San Francisco dos veces. Y pensó que la conexión directa entre
aquellos seres vivos y los seres humanos no se había tratado nunca en una novela. Los personajes incluyen ecologistas, agricultores y migrantes, y sus historias de amor y pérdidas, que suceden al ritmo y con la longitud de nuestra
vida humana, se presentan sobre un trasfondo de vidas mucho más largas, las
de los bosques. Si escuchas a Powers hablar sobre esta novela, te das cuenta
de que se trata de un poeta, de un filósofo profundo, cálido y afectuoso. Alguien ha dicho que *El clamor de los bosques* es la mejor novela jamás escrita
sobre árboles. Y otros han añadido que quizá sea, simplemente, una de las
mejores novelas de todos los tiempos. De lo que no cabe duda es de que, en
medio de la crisis climática, esta es la corriente de novelas que la humanidad
más necesita.

44. El activismo conservacionista y medioambientalista de Miyazaki, que
en numerosas ocasiones ha manifestado sus deseos de poder vivir en un mundo
donde la naturaleza esté preservada y rodee las actividades de los seres humanos,
se ve reflejado en sus películas. Cintas como *El castillo en el cielo* y *El castillo
ambulante* contraponen la belleza de la naturaleza a los conflictos de la humanidad. Guerras e incendios, como ocurre también en *La princesa Monokoke*, amenazan con destruir el mundo natural. *Nausicaä en el valle del Viento*, una película precursora de muchas de las técnicas e ideas utilizadas y desarrolladas en las

la lucha entre los guardianes sobrenaturales del bosque y los humanos que profanan sus recursos es relevante para la situación de calentamiento global y cambio climático a la que nos enfrentamos hoy en día: de alguna manera, la película ha adquirido aspectos proféticos. En esta cinta, la actividad industrial, quizá no un mal en sí mismo, tiene una actitud violenta contra la naturaleza y transforma todo lo que toca convirtiendo dioses en demonios. Progreso *versus* conservacionismo. Miyazaki pide en esta historia que la humanidad reevalúe el concepto de progreso. Una película impresionante, más para adultos que para niños, *La princesa Mononoke* se mueve en la línea de *El clamor de los bosques*; por ejemplo, uno de los personajes dice: «Los árboles lloran con fuerza cuando mueren, pero tú no puedes oírlos».

Los primeros capítulos de *Regeneration* se centran en los océanos. Sobre estos ecosistemas clave hay acciones que son obvias, como por ejemplo dejar de convertirlos en un basurero. Pero hay otros conceptos que son menos conocidos por el público o sobre los que no existe una concienciación real, como el papel que desempeñan las zonas marinas protegidas por la UNESCO en la protección frente a la crisis climática.

Estas zonas, según la UNESCO, actúan como custodios de los mayores ecosistemas de carbono azul (carbono almacenado

---

siguientes, está catalogada como una película de ciencia ficción ecologista y un alegato contra la energía nuclear y sus usos perniciosos. En un mundo diezmado por una guerra en la que la Tierra fue arrasada, la protagonista trata de evitar que la humanidad se autodestruya utilizando tecnologías que no comprende del todo. En *El viaje de Chihiro* hay una escena que muestra la contaminación del agua por la humanidad que al parecer estuvo inspirada por una experiencia del propio director cuando limpiaba de basura un río en Japón. Miyazaki, como sus películas, es demasiado complejo para poder definirlo con una sola etiqueta, pero sus protagonistas muestran una curiosidad por el mundo natural y una admiración por la belleza de lo que nos rodea que, sin duda, expresan su amor y respeto por nuestro planeta azul.

por el mar y las costas, llamado así para diferenciarlo del carbono verde, que se concentra en los bosques y en junglas como la del Amazonas) y abarcan una superficie de más de doscientos millones de hectáreas. Incluyen los manglares[45] de Sundarbans (la India y Bangladés); el Parque Nacional de los Everglades (Estados Unidos) y la Bahía Shark (nordeste de Australia), que contienen las mayores praderas marinas del planeta; la Gran Barrera de Coral, con el mayor ecosistema de algas marinas del mundo; el mar de Wadden (Dinamarca, Alemania y Países Bajos), que incluye algunos de los mayores bajos intermareales del mundo; y, en Ibiza, las praderas marinas de posidonia, uno de los organismos vivos más antiguos del planeta.

Bernardo Herradón, químico del CSIC, me dijo que si me interesaba la ciencia del cambio climático debería leer los trabajos de Carlos Duarte. Duarte es uno de los científicos que más ha contribuido a poner en primera plana el papel de los océanos en el cambio climático. Este científico estudió Biología en Madrid e hizo el doctorado en Canadá, fue miembro del profesorado del CSIC —como Bernardo— y ahora, entre otros muchos cargos, es profesor de Ciencias del Mar de la Universidad King Abdullah de Arabia Saudí.

Tratando de equiparar el papel de las praderas y los bosques marinos a sus equivalentes en tierra firme, Duarte ha estudiado como nadie el carbono azul. Para él está claro que los bosques sumergidos son los pulmones de la Tierra porque capturan y acumulan CO_2 y desprenden oxígeno. Su extensión

---

45. Los manglares son los bosques o praderas que crecen en regiones de la costa sumergidas por completo o que se sumergen durante ciertos periodos del año. Los árboles de estos bosques pueden sobrevivir en aguas con diversos grados de salubridad. Geográficamente son más abundantes en las regiones tropicales. Es fácil entender que protegen las líneas costeras de las agresiones del mar y que sus raíces, troncos y hojas favorecen y protegen la fauna marina y su biodiversidad.

es tan grande como la de la selva amazónica y constituyen un oasis frente al cambio climático. Estos bosques protegen el mar de la acidificación, contrarrestan la producción de metano, fomentan la biodiversidad, sirven de barrera contra huracanes y tsunamis, y proveen de alimento a las poblaciones costeras. Carlos Duarte, a raíz de una de sus publicaciones más recientes, declaró:

> Debido a que almacenan tanto carbono, los ecosistemas de carbono azul se convierten en fuentes de emisiones de CO_2 cuando se degradan o destruyen. La protección y la restauración de estos ecosistemas presentan una oportunidad única para mitigar el cambio climático. Al conservar los ecosistemas de carbono azul, se pueden proteger las grandes reservas de carbono que se han acumulado durante milenios.

Este científico español es también partidario de seguir incrementando la extensión de las granjas de algas, que en un futuro sostenible podrían convertirse en una fuente de alimentación generalizada. Según un informe de la UNESCO de febrero del 2021, las estrategias de carbono azul pueden restaurar servicios ecosistémicos vitales y ayudar de manera crucial a las naciones a cumplir sus compromisos en el marco del Acuerdo Climático de París. Sin embargo, se lamenta la organización mundial, hasta la fecha, un número limitado de países ha incorporado estrategias de carbono azul en sus políticas de mitigación del cambio climático.

Muchas de estas ideas figuran también en los primeros capítulos de *Regeneration*, donde se enfatiza el papel de los bosques marinos en la lucha contra el cambio climático. En el capítulo sobre bosques de *Regeneration*, el autor dedica una sección entera al bambú. Es un capítulo impresionante que muestra cómo podemos optimizar el uso de los materiales no derivados del petróleo para conseguir muchas cosas a la vez. La versatilidad del bambú es extraordinaria y los múltiples usos que el ser humano puede darle no lo son menos. Según *Regeneration*, el bambú es «una solución múltiple para el cambio climático». Por ejemplo, el bambú es muy eficaz para extraer CO_2 de la atmósfera. Plantarlo en las ciudades ayudaría a mejorar la polución. El bambú es también un alimento que puede cocinarse de muchas maneras y que distintas culturas lo usan en recetas que son cada vez más populares. Con el bambú se pueden construir casas, se pueden hacer vallas para jardines, huertas y corrales. El bambú permite fabricar muebles y se usa mucho para la construcción de canastas, recipientes y otros utensilios del hogar. Es probable que existan otras plantas que tengan esta misma versatilidad; favorecer su proliferación nos ayudaría a ahorrar madera, acero y cemento.

La sección titulada «Gentes» es una de las más entrañables y amenas de *Regeneration*. Mientras que Bill Gates aboga por que la solución del cambio climático llegará de la mano del descubrimiento y la aplicación de nuevas tecnologías, como una energía nuclear más segura, y Michael Mann sugiere que el uso competitivo de las energías renovables ya desarrolladas sería bastante para sustituir de inmediato los combustibles fósiles y detener el calentamiento global, el autor de *Regeneration* nos habla del importante papel que desempeñan, y que desempeñarán en el futuro aún con mayor fuerza, los pueblos indígenas en la recuperación de la vida en un planeta amenazado. La combinación del conocimiento moderno con una interacción más tradicional y respetuosa con la naturaleza, como la que mantienen las poblaciones indígenas de todos los continentes con su entorno, es el modo lógico de caminar hacia un progreso con el planeta y no contra él. Cabría preguntarse si estos movimientos podrán tener suficiente fuerza como para inducir un cambio de gran importancia en la crisis climática, y podría ser que ya existiesen algunas instancias en que esto ya fuera así. Por ejemplo, y tal y como recogíamos en otro capítulo, Nemonte Nenquimo, miembro de la nación Huaorani en la región amazónica de Ecuador, consiguió mediante una denuncia legal contra el Gobierno detener la perforación del suelo de su región para buscar petróleo. Esa victoria puede haber sido solo una excepción, pero, a raíz de ella, Nemonte Nenquimo ha sido nombrada una de las cien personas más influyentes del mundo por la revista *Time* y ha recibido el premio de Champions of the Earth de la ONU. A pesar de estas historias, o precisamente por ellas, los indígenas se enfrentan a una presión política cada vez mayor. Los Gobiernos populistas radicales los persiguen y marginan. Para ellos el indigenismo es el nuevo comunismo y no los ven como minorías acosadas a las que se les está destruyendo en nombre del progreso la tierra donde han vivido sus ancestros, sino como un impedimento para llegar a una sociedad más civilizada y moderna. Hay quien plantea que el indigenismo tiene ideas, pero no ideología, pero no cabe duda de que en su resistencia a las grandes corporaciones y en su protesta contra la usurpación de sus tierras existe también, cómo no, una agenda política.

Utilizar la arquitectura de las ciudades para absorber el carbono atmosférico puede ser otra gran idea. ¿Os imagináis los rascacielos de España, de Estados Unidos, de China o de los países árabes absorbiendo el carbono que produce la industria local en esas ciudades? Es una idea genial. Una presentación de SOM (Skidmore, Owings & Merrill) en YouTube explica que el objetivo va más allá de construir edificios sin necesidad de usar materiales que requieran la participación de combustibles fósiles (como el cemento o el acero), porque esos edificios deberían ser capaces de absorber la misma cantidad de CO_2, o incluso tres veces más, que la que se ha emitido durante su construcción. Esos edificios incorporarían algas y otros productos naturales que absorben CO_2 y se usaría tecnología para hacer circular el aire a través de la estructura arquitectónica para eliminar el exceso de CO_2. Serían algo así como «edificios que respiran». SOM compara un edificio a un árbol y una ciudad a un bosque. La presentación de YouTube aspira a que imaginemos ciudades enteras construidas para eliminar el CO_2 atmosférico.

En esta misma sección de *Regeneration*, los bosques se describen como una comunidad y no como un grupo de especies que compiten entre sí. Este concepto se encuentra con frecuencia en los otros capítulos. Así, podríamos pensar que los puntos de vista de *Regeneration* están de acuerdo con la hipótesis de Gaia en la que la Tierra se considera un organismo vivo compuesto por los demás organismos vivos, en los que influye y que influyen constantemente en ella. La Tierra es también ese bosque, esa comunidad de especies diferentes que trabajan a una para proteger la vida. Gaia sería el ejemplo máximo de un organismo generado por la simbiosis de todo aquello que está vivo en la Tierra. Y no nos olvidemos de que la vida no solo crea vida, sino que también crea materia, como muestran los estromatolitos generados por bacterias y que forman paisajes de piedra en las playas de Australia y en muchos otros lugares del planeta. Y mientras escribo esto pienso en la solución que Octavia E. Butler da en *La parábola de los talentos*, publicada en 1998: «Se trata de aprender a vivir en asociación unos con otros en comunidades pequeñas y, al mismo tiempo, trabajar en una asociación sostenible con nuestro medio ambiente. Hay que tratar la educación y la adaptabilidad como absolutamente esenciales».

Otra sección interesante en *Regeneration* es la titulada

«Mujeres y alimentos». En ella, el autor nos recuerda que las mujeres son la columna vertebral de los sistemas de alimentación en muchas partes del mundo. Es importante hablar de las mujeres porque, con pocas excepciones, los científicos y los políticos del cambio climático las han ignorado. Esta misoginia histórica es la misma que ha existido en todos los demás campos de la ciencia y la política. Petra Kelly, cabeza visible de Los Verdes en Alemania, terminó con una bala en la cabeza sin que se haya aclarado del todo si fue un suicidio o un asesinato...

El capítulo de *Regeneration* titulado «La ciudad en quince minutos» contiene una fotografía en que se ve a personas paseando al atardecer en una calle llena de terrazas en las que los vecinos toman un refresco o un café. Esa calle presentada como un paraíso del futuro no es otra que la Rambla de la Llibertat de Girona. He caminado por ella, me he sentado en sus terrazas, he disfrutado el paseo tanto como los afortunados que salen fotografiados en esa imagen. El capítulo habla, entre otras cosas, de ciudades en las que se puede caminar, en las que el peatón tiene preferencia sobre el automóvil y los servicios públicos sobre el coche privado. Según www.walkable.org, las ciudades transitables son entornos construidos para poder llevar una vida feliz y saludable, ciudades que mantienen puestos de trabajo y atraen a adultos jóvenes, familias y niños.

Hay muchos otros temas en *Regeneration*. En un capítulo dedicado a renovar la vida salvaje, incluyendo las junglas, el autor cita varios ejemplos puntuales de cómo podría progresarse en esos campos, pero no me convenció del todo. De hecho, hay numerosas pruebas de que el Amazonas en particular y los trópicos en general están sufriendo de un modo extraordinario, y que la biodiversidad en esas regiones está disminuyendo tan drástica y aceleradamente que sugeriría que la recuperación a la normalidad preindustrial sería ya imposible. Mucho esfuerzo debe hacer la humanidad para evitar el cataclismo. En otro capítulo de Regeneration se cita el libro *We are the Weather: Saving the Planet Begins at Breakfast* («Nosotros somos el tiempo: salvar el planeta comienza en el desayuno»), de Jonathan Safran. Este libro plantea cambiar nuestros hábitos de alimentación y disminuir la ingesta de carne para luchar contra el cambio climático. Y Paul cita una frase que dice así: «¿Quién ha curado la polio? Nadie lo hizo. Todos lo hicimos». Ese es otro tema central de *Regeneration*: todos somos necesarios para curar el planeta. No es una labor de alguien en particular. Nadie es más importante. Todos somos necesarios. Es un bello mensaje y ciertamente la solidaridad y el esfuerzo común serán necesarios para conseguir salir de la crisis climática. Pero también es un mensaje un poco ingenuo. No todos tenemos la misma responsabilidad, y el esfuerzo de los ciudadanos sin la cooperación de los Gobiernos y la transición real y urgente a las energías renovables no parece que fuera a servir de mucho. En *Regeneration* nunca se habla de presionar, de obligar, de forzar a las poderosas corporaciones del petróleo y del carbón a disminuir o eliminar la producción de combustibles fósiles. Y esta parte es vital para conseguir acabar con la crisis climática; lo demás ayudará a regenerar la Naturaleza, pero no a poner fin al problema. Las buenas intenciones y los esfuerzos comunitarios de los ciudadanos así tomados, sin ninguna otra ayuda, no pueden cambiar las leyes de la física. El CO_2 ha de eliminarse de la atmósfera. Todo eso es verdad, pero la filosofía holística del autor de *Regeneration* va mucho más allá.

El mensaje central de este libro anima a profundizar en los problemas que está experimentando la Tierra durante esta crisis, pero también deja entrever la importancia que tienen la amistad, el respeto y el amor por otras especies, por todos los seres vivos de la Tierra y por el planeta en sí mismo, visto como el mayor ser vivo, madre de todos los demás y solución de ese rompecabezas gigante al que llamamos «naturaleza». Debemos renovar nuestra pasión por la naturaleza y por los pueblos que tienen una mayor comunicación con ella. El escritor nos anima a que emprendamos un cambio filosófico, casi espiritual, en nuestra relación con todo aquello que nos rodea, con todo aquello en lo que estamos inmersos, y que nos define y que nos hace ser nosotros. En este sentido, una expresión japonesa habla de tomar «baños de bosque» y tiene una construcción simétrica a la nuestra de «baños de sol». Los japoneses quieren decir que de vez en cuando deberíamos sumergirnos en el bosque, pasear entre los árboles, sentirnos rodeados de ellos, reconectar con ellos. Los baños de bosque pretenden ofrecer un antídoto natural al estrés y al distanciamiento de la naturaleza que ocasiona la vorágine tecnológica. Esa filosofía es común en el pensamiento de muchos conservacionistas en todo el mundo. Y hay un mensaje de un gran conservacionista con el que me gustaría cerrar este capítulo y terminar el libro. En el ensayo «Apartar el hierro de nuestras almas», recogido en la antología *El arte de ver las cosas*, de John Burroughs, el filósofo y escritor amigo de Walt Whitman, enlaza el tipo de energía que usa la humanidad con el carácter de su alma:

Vivimos en una edad de hierro y tenemos que hacer todo lo necesario para impedir que el hierro entre en nuestras almas [...] Escarbamos para obtener nuestra energía y todo es bárbaro y antiestético. Cuando el carbón y el petróleo se acaben y subamos a la superficie y más allá de esta para hacernos con la hulla blanca, el petróleo sin humos, los vientos y la luz del Sol,

¡cuánto más atractiva será la vida! Nuestras propias mentes habrán de estar más limpias. Quizá nunca enganchemos nuestros coches a las estrellas, pero podemos engancharlos a los arroyos de montaña y hacer que las brisas veraniegas levanten nuestras cargas. Entonces, la edad de plata desplazará a la de hierro.

GLOSARIO

Acuerdo de París. Se denominó así a un acuerdo internacional jurídicamente vinculante sobre el cambio climático. Está basado en el acuerdo de 196 países que participaron en la COP 21 en París, en diciembre de 2015, y que entró en vigor en noviembre de 2016. Su objetivo principal y el más publicitado era limitar el calentamiento global a 1,5 grados centígrados para el año 2030, en comparación con los niveles preindustriales. Este acuerdo no ha tenido el éxito deseado y parece que la meta propuesta de máximo incremento de temperatura no se alcanzará.

    Agujero de ozono. El ozono atmosférico actúa como un escudo contra los rayos ultravioleta (responsables, por ejemplo, del cáncer de piel) procedentes del Sol. Según la NASA, cada año durante la primavera del hemisferio sur, las reacciones químicas que contienen cloro y bromo causan que el ozono en la región del Polo Sur se destruya de forma rápida y grave. Esta región empobrecida se conoce como el «agujero de ozono». Los clorofluorocarbonos o CFC contaminaron el aire y fueron responsables de un aumento del agujero de ozono, cuya capa se recuperó en parte al abandonar el uso masivo de estos productos.

Atmósfera. Capa de gas que rodea la masa sólida de la Tierra o de otros cuerpos celestes.

Antropoceno. Época geológica actual que ha sucedido al Holoceno y que comenzó con la Revolución industrial. En esta época geológica la civilización está siendo capaz de influir en el clima del planeta y participa de manera activa en la aceleración del calentamiento global.

Antropogénico. Que resulta de la actividad del ser humano.

Atribución, ciencia de atribución. Después de las técnicas de detección que demuestran, tomando como referencia análisis estadísticos, cómo cambia el clima, ha aparecido la ciencia de la atribución que utiliza modelos informáticos matemáticos para establecer la probabilidad de que un acontecimiento, por ejemplo, una ola de calor, pueda relacionarse con el cambio climático.

Biodiversidad. Espectro y relativa abundancia de las especies de organismos vivos en una determinada región o en el planeta.

Carbono azul. Captación de CO_2 por los océanos y las costas. Es complementario del carbono verde captado por los bosques y las selvas como el Amazonas.

Carbono neutral. Ser neutral en carbono implica reducir a cero las emisiones antropogénicas de carbono o compensar las que no pueden eliminarse mediante métodos de secuestración o extracción del carbono atmosférico.

Curva de Keeling. Gráfico donde se muestra la progresión de la acumulación en la atmósfera del CO_2 desde el año 1958 hasta nuestros días. Los primeros registros los llevó a cabo Charles David Keeling, un científico americano.

Ciclón bomba. Según el Scientific American un ciclón bomba es «una tormenta desarrollada en latitudes medias, que tiene una presión baja en el centro, constituye un frente meteorológico y conlleva una variedad de condiciones meteorológicas asociadas, desde tormentas de nieve hasta tormentas eléctricas intensas y fuertes precipitaciones. Se habla de una "bomba" cuando su presión central disminuye mucho y muy rápidamente: 24 milibares o más en 24 horas».

Clima. Análisis de las condiciones atmosféricas durante periodos duraderos de tiempo.

Clima, predicción. El pronóstico o predicción del clima es el intento de modelar la evolución del clima en el futuro.

Clima, proyección. Modelos actuales de informática intentan predecir los cambios que se producirían en el clima en el contexto de diferentes escenarios de concentración de CO_2 u otros gases con efecto invernadero. Estos modelos los introdujo, entre otros científicos, Syukuro Manabe, que ganó el Premio Nobel de Física del 2021. Las proyecciones del clima también son importantes para tratar de establecer cuáles serán las repercusiones sociales y económicas de la evolución del clima.

Cambio climático. Modificaciones del clima de la Tierra debidas a la acumulación de gases de efecto invernadero en la atmósfera. La aceleración del cambio climático se debe al consumo exagerado de combustibles fósiles por la humanidad. El cambio climático lleva, entre otras cosas, al aumento de la temperatura de la superficie terrestre y a la acidificación de los océanos. Algunos aspectos característicos del cambio climático incluyen la aparición de fenómenos extremos como las olas de frío o de calor, la pérdida de hielo en los polos y la subida del nivel del agua en las costas.

Combustibles fósiles. Están formados a partir de restos de organismos vivos que vivieron hace millones de años. Entre ellos están el carbón y el petróleo. Su utilización genera gases de efecto invernadero. Las fuentes de los combustibles fósiles no son renovables.

COP26. Las llamadas Conferencias de las Partes o COP de la ONU son el órgano supremo de toma de decisiones de convenciones de la ONU sobre cambio climático. La COP21 llevó a la implementación del Acuerdo de París. La COP26 celebrada en Glasgow propuso cuatro metas. Primero: adaptación, y no solo mitigación, del cambio climático. Segundo: acuerdo financiero para apoyar a las naciones pobres, que son las que sufrirán más los efectos del cambio climático. Tercero: intentar disminuir las emisiones, algo en lo que se va por detrás de lo acordado en París. Y cuarto: completa puesta en marcha del Acuerdo de París. Por primera vez en una COP, se dio una plataforma a la salud —dirigida por María Neira— y se llamó la atención sobre los riesgos para la salud a los que se expone la población debido al cambio climático y a la contaminación del medio ambiente.

Crisis climática. Concepto utilizado para establecer que el cambio climático requiere una intervención inmediata y global. Vivimos en una situación de urgencia con poco tiempo para poder frenar la evolución del cambio climático.

Descarbonización. Se habla así del proceso destinado a conseguir la reducción de las concentraciones atmosféricas de CO_2 mediante la transición de los combustibles fósiles a las energías verdes, entre otros procedimientos.

Deforestación. Destrucción de tierras forestales. Puede producirse por medios mecánicos o por el fuego, entre otras. La deforestación aumenta la concentración de CO_2 en la atmósfera cuando este gas se produce por la quema de vegetación y cuando la desaparición de los bosques merma la capacidad fotosintética de la Tierra, que contribuye a la conservación del carbono verde. La deforestación es también responsable del aumento de las zoonosis y, por lo tanto, de las pandemias al acercar al ser humano a animales salvajes portadores de bacterias y virus a los que la humanidad no ha estado expuesta con anterioridad.

Desarrollo sostenible. Se habla de un progreso económico que no impide, sino que favorece, la posibilidad de generaciones futuras para seguir progresando. Las Naciones Unidas en el año 2015 propusieron las metas de un desarrollo sostenible: poner fin a la pobreza, proteger el planeta y garantizar que para el año 2030 todos los habitantes de la Tierra disfruten de paz y prosperidad.

Economía circular. Un modelo económico que intenta reducir la extracción de materiales de la Tierra y la consiguiente producción de basura. Su lema sería «construir y reconstruir, usar y reusar, y reciclar», no tirar cuando no funciona. En esta economía, por ejemplo, el diseño inicial de un objeto se basaría en evitar que produjera basura cuando no fuera posible utilizarlo más.

Ecosistema. Un lugar donde los organismos vivos interaccionan entre ellos y con el medio ambiente creando un intercambio circular de nutrientes que preserva las condiciones necesarias para mantener un equilibrio entre las especies de ese territorio. Un ecosistema se considera una unidad natural.

Emisiones. Cuando hablamos de cambio climático nos referimos con este término a la liberación de un compuesto, normalmente un gas, al medio ambiente.

Energías renovables. Fuentes de energía que no se agotan con el tiempo. Entre ellas están la energía solar y la eólica. Estas energías no producen la liberación de gases de efecto invernadero. En ocasiones nos referimos a ellas como «energías alternativas» (a los combustibles fósiles) o «energías verdes», que no producen CO_2. Hay quien incluye la energía nuclear en esta categoría porque no produce CO_2, pero no es una energía renovable, ya que las reservas de uranio, por ejemplo, son tan finitas como las del petróleo.

Especies invasivas. En el contexto de este libro se refiere a las especies introducidas por el ser humano en hábitats que no les son propios. La invasión de ecosistemas por esas especies suele llevar a la desaparición de especies autóctonas.

Fenómenos extremos. Un fenómeno o suceso extremo es un acontecimiento inusual (desde un punto de vista estadístico) que muchas veces se acompaña de desastres naturales o afecta de manera negativa a la vida de las personas de una región. Ejemplos de fenómenos extremos son las olas de calor y frío, los huracanes, las inundaciones y los incendios de sexta generación. Todos estos fenómenos están aumentando de frecuencia y en ocasiones de intensidad con la aceleración del cambio climático.

Fermentación entérica. Producción de metano como parte de la digestión de los alimentos por los rumiantes, en especial el ganado bovino. Este proceso representa la tercera parte de las emisiones de metano por parte del sector agrícola. «Vacalandia», el país imaginario que tendría por ciudadanos al ganado bovino del planeta, sería una de las naciones más contaminantes del mundo.

Gases de efecto invernadero. Componentes de la atmósfera que dificultan la irradiación del calor procedente del Sol desde la Tierra hacia el exterior. Estos gases atmosféricos dejan pasar la luz visible, pero no la radiación infrarroja. Los principales gases con efecto invernadero son el dióxido de carbono o CO_2, el metano o CH_4, el vapor de agua y el óxido nitroso o N_2O.

Geoingeniería. Conjunto de estrategias que intentan intervenir para frenar los efectos del cambio climático en el planeta. Algunas de estas propuestas incluyen verter material en la atmósfera para disminuir la cantidad de radicación solar que llega a la Tierra o productos químicos en el mar para mitigar los efectos de la acidificación de los océanos. Son medidas drásticas que para muchos solo deberían adoptarse cuando todas las demás medidas fallasen o que no deberían aplicarse nunca.

Glaciar. Masa de hielo normalmente descendiente que se origina en una montaña y progresa hacia el valle constreñida por la orografía del terreno. El calentamiento global está ocasionando la desaparición de los glaciares. Su desaparición se ha convertido en un síntoma y una unidad de medida de la evolución del cambio climático.

Huella de carbono. Este concepto, inventado por las compañías de petróleo para distraer la responsabilidad sobre la contaminación de la atmósfera, se refiere a la cantidad total de gases de efecto invernadero que vierte cada año una persona, organización o empresa. La huella de carbono de una persona incluye las emisiones de gases de efecto invernadero producidas por los combustibles fósiles que un individuo genera cuando, por ejemplo, usa la calefacción, viaja en avión, utiliza el coche para el trasporte urbano o consume carne de animales rumiantes.

Huracán. Una tormenta normalmente originada en los trópicos, cuyos vientos igualan o superan los 118 km/hora.

Incendios de sexta generación. Incendios imparables, relacionados con las condiciones del terreno y del tiempo atmosférico propiciadas por el cambio climático. En ocasiones son capaces de generar nubes de fuego y tornados que dificultan o imposibilitan las actuaciones de los servicios contra incendios.

Impuesto del carbono o impuesto verde. Un impuesto especial para las empresas que emiten gases con efecto invernadero. Este impuesto es uno de los modos de intentar que las energías alternativas compitan con justicia en el mercado con las producidas por los combustibles fósiles.

Justicia climática. Se refiere a que los efectos del cambio climático en el ámbito de las naciones los sufrirán los países que menos contribuyen a producir la polución mediada por los combustibles fósiles. A nivel intranacional, el término se refiere a que son las clases menos potentes económicamente las que más sufrirán el impacto de la crisis climática.

Marejada ciclónica. El aumento del oleaje en un lugar determinado de la costa como consecuencia de la presencia de un huracán. Las olas deben ser significativamente mayores que las que se producen por la subida de la marea en ese lugar. En algunas ocasiones las olas son similares a las producidas por un tsunami, aunque aquí la causa sería el viento y no un terremoto marino. Este tipo de marejada es uno de los tres factores relacionados con los huracanes que ponen en peligro la vida y las propiedades del ser humano. Los otros dos factores son las inundaciones y la fuerza del viento.

Medicanes. El término es una contracción de *«mediterranean»* y *«hurricanes»*. Son tormentas fuertes originadas en otoño en el área mediterránea. Algunos expertos no los consideran huracanes. Su efecto, de todos modos, puede ser devastador en las Baleares y la costa este de España. Se espera que su frecuencia aumente con el cambio climático.

Megaciudades. Ciudades con más de diez millones de habitantes. En un futuro próximo la mayor parte de la humanidad vivirá en megaciudades. Debido a su tamaño, y muchas veces a su crecimiento espectacularmente rápido, las condiciones de salud pública son deficientes. Las megaciudades pueden ser el origen de futuras pandemias, sobre todo si están bien comunicadas con ciudades de su propio país y con destinos internacionales.

Mitigación. Una intervención antropogénica para reducir las fuentes de producción o aumentar las estrategias de reducción del cambio climático.

Ola de calor. Un episodio de calor en el que la temperatura supera al menos en un 10 por ciento durante tres días consecutivos las temperaturas históricas de una región determinada.

Ola de frío. Tres días o más consecutivos con temperaturas bajas inferiores al 10 por ciento de las mínimas en los registros históricos de una zona determinada.

Ozono. También llamado O_3 por su fórmula química, es un componente de la atmósfera que tiene un papel beneficioso en las capas altas, donde se comporta como una «crema de protección solar» frente a los rayos ultravioleta, y un papel negativo cuando se acumula en las capas bajas del aire al actuar como un contaminante que provoca, entre otras cosas, ataques de asma.

Pandemia. Una epidemia global.

Panel Intergubernamental sobre Cambio Climático (IPCC). Un panel de cientos de científicos de todo el mundo cuyo trabajo es consultado y revisado por miles más, que examina, evalúa y redacta informes sobre la información publicada en la literatura científica del cambio climático. Este panel lo establecieron de manera conjunta el Programa de las Naciones Unidas para el Medio Ambiente y la Organización Meteorológica Mundial en 1988, y ganó el Premio Nobel de la Paz en el año 2007.

Permafrost. Suelo congelado de modo perenne en zonas del planeta donde la temperatura permanece de modo constante por debajo de los cero grados centígrados.

PIB. Siglas de «producto interior bruto», una medida económica que se utiliza para determinar el estado económico de un país y que está basado en factores que incluyen producción y consumo de bienes.

Polución del aire. Está producida por el vertido de contaminantes al aire. Los principales causantes de la polución del aire son las partículas sólidas (clasificadas en pm10 y PM2,5 según su diámetro en micras), el ozono u O_3, el óxido nitroso o N_2O, el monóxido de carbono o CO, y el dióxido de azufre o SO_2. Otros gases que contaminan el aire son los clorofluorocarbonos o CFC, responsables en parte del agujero de ozono. El ozono es particularmente peligroso para los pacientes de enfermedades de las vías respiratorias en los días soleados y calientes.

PPM y PBM. Partes por millón y partes por mil millones, respectivamente; son una manera de expresar la concentración de los gases de efecto invernadero. Cada unidad refleja una parte por cada millón o mil millones de la masa total.

Protocolo de Kioto. El Protocolo de Kioto lo propusieron en diciembre de 1997 un centenar de países, pero debido a la oposición de muchos otros a sus medidas entró en vigor en el año 2005. En la actualidad hay 192 partes en el Protocolo de Kioto. En este protocolo las partes se comprometen a observar y examinar sus emisiones y su participación en el cambio climático. Solo se pide a los diferentes países que adopten políticas y medidas de mitigación y que informen sobre ellas de forma periódica. No existe obligación alguna de llevar ninguna medida a cabo y ningún país u organización puede obligar a una parte a cumplir con ninguna medida. Me temo que, a pesar de la importancia innegable que tuvo como punto de arranque de las políticas internacionales del cambio climático, el protocolo mostró, de hecho, las enormes resistencias para llegar a un acuerdo en la reducción de emisiones o la transición hacia las energías renovables y se quedó en el ya famoso «bla, bla, bla».

Revolución industrial. Un periodo de rápido crecimiento industrial que comenzó en Inglaterra durante la segunda mitad del siglo XVIII y se extendió a Europa y luego a todo el mundo. La Revolución industrial se basó en el uso sistemático y global de combustibles fósiles.

Secuestro. Capturar y almacenar CO_2 atmosférico fuera del aire. Esto se puede conseguir de modo natural, por ejemplo, a través de la reforestación o eliminando el CO_2 de los combustibles fósiles o utilizado maquinaria para extraer el CO_2 directamente del aire.

Sexta extinción. Se denomina así a la actual desaparición de las especies del planeta, que es más evidente en la pérdida de diversidad de los trópicos. Han existido cinco extinciones mayores y ahora estaríamos en la sexta. Dos peculiaridades de esta extinción son que la humanidad está jugando un papel importante en su aceleración y que el ser humano podría ser una de las especies en peligro de extinción.

Sustentabilidad. Propiedad de mantenerse por sí mismo. El desarrollo sostenible podría definirse como un modelo duradero de bienestar que puede producirse utilizando medidas que no destruyan el medio ambiente.

Testigo, núcleo o core de hielo. Es un cilindro de hielo extraído de un glaciar o una capa de hielo que permite estudiar el clima del pasado. Mediante el análisis de las burbujas de aire atrapadas en el hielo se puede calcular el porcentaje de CO_2 atmosférico que existió en un momento determinado de la historia de la Tierra. Con ese dato se puede inferir cuál era la temperatura del planeta en aquella época. Algunos han comparado los testigos de hielo a los aros concéntricos que se pueden observar en los troncos de los árboles y que indican la edad del árbol y los años en los que predominaron la sequía o la lluvia.

Vapor de agua. El vapor de agua es el gas con efecto invernadero más abundante en la atmósfera y uno de los factores clave para el efecto invernadero natural.

Vector. Un organismo que transmite un patógeno de un animal a otro. Los mosquitos y las garrapatas son vectores para numerosas enfermedades producidas por virus y bacterias.

Zoonosis. Enfermedades del ser humano producidas por agentes bacterianos que provienen de los animales. Las zoonosis están aumentando debido al cambio climático y son uno de los orígenes más frecuentes de las pandemias. Ejemplos de zoonosis incluyen la gripe, el sida y la COVID-19.

BIBLIOGRAFÍA

Bryson, Bill, *Una breve historia de casi todo*, traducción de José Manuel Álvarez Flórez, Barcelona, RBA Bolsillo, 2021.

Burroughs, John, *El arte de ver las cosas*, Madrid, Errata Naturae Editores, 2018.

Carson, Rachel, *Primavera silenciosa*, traducción de Joan-Domènec Ros, Barcelona, Booket, 2017.

Conrad, Joseph, *Lord Jim*, traducción de Verónica Canales, Barcelona, Literatura Random House, 2015.

—, *Tifón*, traducción de Ana Alegria D'Amonville, Madrid, Alianza Editorial, 2008.

Crichton, Michael, *Estado de miedo*, Barcelona, Plaza y Janés, 2005.

Cronin, Archibald J., *La ciudadela*, traducción de Enrique Pepe, Madrid, Ediciones Palabra, 2017.

Diamond, Jared, *Colapso: por qué unas sociedades perduran y otras desaparecen*, Barcelona, Debate, 2006.

Dyer, Gwynne, *Guerras climáticas: la lucha por sobrevivir en un mundo que se calienta*, traducción de Martín Bragado Arias, Barcelona, Librooks, 2014.

Ehrlich, Paul R., *Human Natures: Genes, Cultures, and the Human Prospect*, Londres, Penguin, 2002.

Emanuel, Kerry A., *What We Know about Climate Change*, Massachusetts, The MIT Press, 2018.

—, *Divine Wind: the History of Science and Hurricanes*, Londres, Oxford University Press, 2005.

Fueyo, Juan, *Viral: la historia de la eterna lucha de la humanidad contra los virus*, Barcelona, Ediciones B, 2021.

Gates, Bill, *Cómo evitar un desastre climático: las soluciones que ya tenemos y los avances que aún necesitamos*, traducción de Carlos Abreu Fetter, Barcelona, Vintage Español, 2021.

Gilding, Paul, *Great Disruption: Why the Climate Crisis will Bring on the End of Shopping and the Birth of a New World*, Londres, Bloomsbury Press, 2012.

Gore, Al, *Una verdad incómoda: la crisis planetaria del calentamiento global y cómo afrontarla*, traducción de Rafael González del Solar, Barcelona, Gedisa, 2007.

Graeber, David, y David Wengrow, *El amanecer de todo: Una nueva historia de la humanidad*, Barcelona, Ariel, 2022.

Gribbin, John R., *Solos en el universo: el milagro de la vida en la tierra*, Barcelona, Editorial Pasado y Presente, 2012.

Harari, Yuval N., *Sapiens. De animales a dioses: breve historia de la humanidad*, Barcelona, Debate, 2015.

Hawken, Paul, *Regeneration: Ending the Climate Crisis in One Generation*, Londres, Penguin Books, 2021.

Herbert, Frank, *Dune*, Barcelona, Nova, 2021.

Hotez, Peter J., *Preventing the Next Pandemic: Vaccine Diplomacy in a Time of Anti-science*, Maryland, Johns Hopkins University Press, 2021.

Huxley, Aldous, *Un mundo feliz*, traducción de Jesús I. Gómez López, Madrid, Cátedra, 2013.

Jahren, Hope, *The Story of More: how we Got to Climate*

Change and Where to Go from Here. Londres, Vintage Books, Penguin Random House LLC, 2020.

Klein, Naomi, *Esto lo cambia todo: el capitalismo contra el clima*. Traducción de Albino Santos Mosquera, Barcelona, Paidós, 2015.

Kolbert, Elizabeth, *La catástrofe que viene*, traducción de Emilio-Germán Muñiz, Barcelona, Planeta, 2008.

—, *La sexta extinción: una historia nada natural*, traducción de Joan Lluí Riera Rey, Barcelona, Crítica, 2015.

—, *Bajo un cielo blanco: cómo los humanos estamos creando la naturaleza del futuro*, Barcelona, Crítica, 2021.

Krauss, Lawrence M., *The Physics of Climate Change*, Nueva York, Post Hill Press, 2021.

Le Guin, Ursula K., *Los desposeídos*, traducción de Matilde Horne, Barcelona, Minotauro, 1985.

MacKay, David J. C., *Sustainable Energy: without the Hot Air*, Cambridge, UIT Cambridge Ltd., 2009.

Mann, Michael E., *The New Climate War: the Fight to Take Back our Planet*, Nueva York, PublicAffairs, 2021.

Marsh, George P., *Man and Nature, or, Physical Geography as Modified by Human Action*, Carolina del Sur, CreateSpace Independent Publishing Platform, 2018.

McCarthy, Cormac, *La carretera*, traducción de Luis Murillo Fort, Barcelona, Literatura Random House, 2007.

Otto, Friederike, *Angry Weather: Heat Waves, Floods, Storms, and the New Science of Climate Change*, Vancouver, Greystone Books, 2020.

Palacio Valdés, Armando, *La aldea perdida*, Carolina del Sur, CreateSpace Independent Publishing Platform, 2015.

Pinker, Steven, *En defensa de la Ilustración: por la razón, la ciencia, el humanismo y el progreso*, traducción de Pablo Hermida Lazcano, Barcelona, Ediciones Paidós, 2018.

Powers, Richard, *El clamor de los bosques,* traducción de Teresa Lanero Ladrón de Guevara, Madrid, ADN, Alianza de Novelas, 2019.

Quammen, David, *Contagio: la evolución de las pandemias,* traducción de Francesc Pedrosa y Marcos Pérez, Barcelona, Debate, 2020.

—, *El árbol enmarañado: una nueva y radical historia de la vida,* traducción de Joaquín Chamorro, Barcelona, Debate, 2019.

Remnick, David, y Henry Finder, editores, *The Fragile Earth: Writing from the New Yorker on Climate Change,* Nueva York, Ecco, HarperCollins Publishers, 2020.

Roberts, Alice, *Evolución: historia de la humanidad,* Barcelona, Akal, 2018.

Sagan, Carl, *Cosmos,* con introducción de Ann Druyan, traducción de Miguel Muntaner y María del Mar Moya, Barcelona, Planeta, 2004.

Saramago, José, *Ensayo sobre la ceguera,* Madrid, Alfaguara, 2006.

Shah, Sonia, *Pandemia: mapa del contagio de las enfermedades más letales del planeta,* traducción de Catalina Muñoz, Madrid, Capitán Swing Libros, 2020.

Sinclair, Upton, *Oil!,* Londres, Penguin Books, 2007.

Smedley, Tim, *Clearing the Air: the Beginning and End of Air Pollution,* Nueva York, Bloomsbury Sigma, 2019.

Smil, Vaclav, *Energía y civilización. Una historia,* traducción de Álvaro Palau, Barcelona, Arpa Editores, 2021.

Squarzoni, Philippe, *Cambio de clima: un ensayo gráfico (y autobiográfico) sobre el cambio climático,* traducción de Elena Pérez, Madrid, Errata Naturae Editores, 2022.

U. S. Global Change Research Program, *The Climate Report: the National Climate Assessment. Impacts, Risks, and*

Adaptation in the United States, Nueva Jersey, Melville House, 2019.

Vollmann, William T., *No Good Alternatives: Volume Two of Carbon Ideologies*, Londres, Penguin Books, 2019.

— *No Immediate Danger: Volume One of Carbon Ideologies*, Londres, Penguin Books, 2019.

Wallace-Wells, David, *El planeta inhóspito: la vida después del calentamiento*, traducción de Marcos Pérez Sánchez, Barcelona, Debate, Penguin Random House, 2019.

Williams, Jack, *National Geographic Pocket Guide to the Weather of North America*, Washington, National Geographic, 2017.